中原现代农业科技示范区水资源承载力及高效利用关键技术

主　编　温季　郭树龙　周超峰　刘小军

黄河水利出版社
·郑州·

内 容 提 要

本书是一部系统研究中原现代农业科技示范区水资源承载力及高效利用的著作。本书以国家中原现代农业科技示范区所覆盖的河南省中原地区的10个市为例，研究水资源对社会经济发展的支撑程度，建立了从研究区的资源、经济、社会及生态四个方面的指标体系，分析了每个城市水资源开发利用中存在的问题，提出了相应的对策。

本书可供水利、环境、农业及相关部门科技工作者和管理人员参考使用，也可供大专院校相关专业的师生参考。

图书在版编目(CIP)数据

中原现代农业科技示范区水资源承载力及高效利用关键技术/温季等主编. —郑州:黄河水利出版社,2018.8
ISBN 978-7-5509-2124-5

Ⅰ.①中… Ⅱ.①温… Ⅲ.①农业技术-示范区-水资源-承载力-研究-河南 ②农业技术-示范区-水资源-利用-研究-河南 Ⅳ.①TV213.4

中国版本图书馆CIP数据核字(2018)第204106号

出 版 社:黄河水利出版社　　网址:www.yrcp.com
地址:河南省郑州市顺河路黄委会综合楼14层　　邮政编码:450003
发行单位:黄河水利出版社
发行部电话:0371-66026940、66020550、66028024、66022620(传真)
E-mail:hhslcbs@126.com
承印单位:虎彩印艺股份有限公司
开本:787 mm×1 092 mm　1/16
印张:12.75
字数:310千字　　印数:1—1 000
版次:2018年8月第1版　　印次:2018年8月第1次印刷

定价:60.00元

《中原现代农业科技示范区水资源承载力及高效利用关键技术》编委会

主　编	温　季　郭树龙　周超峰　刘小军
副主编	姜　新　张　艳　邹　红　屈培源
编　委	刘　茹　王忠斌　王　瑞　冯云峰
	邢金海　李呈辉　王明印　潘韶春
	张丽艳　刘思芳　温　婧　孙　莹
	王红霞　张淑芸

前 言

中原现代农业科技示范区目前包含了7个国家级农业科技园区,基本覆盖了河南省农业科技资源比较集中、产业化优势明显的区域,包括郑州、开封(含兰考)、安阳、鹤壁、新乡、焦作、濮阳、许昌、漯河、驻马店10个市。本书以国家“中原现代农业科技示范区”所覆盖的河南省中原地区的10个市为研究范围,探讨每个市水资源对社会经济发展的支撑程度,为该地区国民经济发展及产业结构的调整提供依据。

河南省天然河川径流量的主要补给来源是大气降水,属地表水资源不丰富的省区,河南省多年平均水资源总量为403.53亿m^3,占全国多年平均水资源总量的1.44%。报告分析计算了研究区10个市的地表水资源可利用量、地下水资源可利用量和水资源可利用总量,预测研究区规划年2020年和2030年的需水量,预测结果显示研究区10个市2020年总需水量为114.85亿m^3,2030年总需水量为119.19亿m^3,并结合未来的供水情况,进行水资源平衡分析。平衡分析结果表明,研究区的水资源可利用量不能满足区域内未来的用水需求,但通过引用黄河过境水和南水北调工程的外调水,目前已规划的供水能力能够满足未来的用水需求。

为了分析研究区的供水量对未来社会经济发展用水需求的支撑情况,建立了从研究区的资源、经济、社会及生态四个方面的指标体系,分别采用基于二元比较法确定权重的欧氏距离法和绝对值距离法、模糊综合评价法和BP神经网络法3种方法对河南省研究区10个市的水资源承载能力情况进行评价。

(1)基于欧氏距离的水资源承载能力研究。利用加权的欧式距离法进行研究区的水资源承载能力评价,首先从经济、社会、生态和水资源状况4个方面选取人均水资源可利用量、人均GDP、万元GDP用水量等13项指标,将各指标评价分为五个等级,并对各指标进行标准化处理,利用AHP计算得到各评价指标的权重,计算各市水资源承载力的欧式距离结果,同时利用绝对值距离法对研究区的承载力进行评价。两种方法得出研究区10个市2015年的欧氏距离的指标等级大多集中在Ⅲ级,都处于水资源承载能力已接近或超过饱和值的状态,几乎没有开发利用潜力,水资源承载能力较差,只有郑州市、漯河市、驻马店市尚有开发利用潜力。规划年2020年、2030年的承载能力情况从欧氏距离计算结果可以看出,规划年的水资源情况与现状年的承载等级一致,但承载程度有变好的趋势。

(2)基于模糊综合评判的水资源承载能力研究。在利用研究区水资源开发利用程度、需水模数、万元GDP用水量等8个指标综合分析的基础上,建立每个评价指标的隶属函数,根据指标的计算值,得出相应的隶属度,根据指标体系及其每个指标的隶属度结果计算每个市在不同规划年的水资源承载力模糊评价结果。在此基础上,利用层次分析法和熵权法所确定的组合权重作为每个指标的权重,利用考虑权重的模糊综合评判法分析了区域内10个市的水资源承载能力。结果表明,河南省研究区的水资源承载能力状况整体较差,整体水平处在可承载及准不可承载间,承载水平在未来规划年有一定的改善和提高。

(3)基于BP神经网络的水资源承载能力研究。采用三层BP神经网络对水资源承载能力进行评价,网络包括输入层、隐含层和输出层3部分。选取13个指标作为评价因素集,计算水资源承载能力综合评价值,该值是衡量水资源承载程度的综合性指标,数值越高,水资源承载能力的状况越差。结果表明,现状年鹤壁、焦作、开封、濮阳和新乡5个市的水资源承载能力在Ⅳ级水平,即水资源承载能力已达到饱和值,几乎没有开发利用潜力;其余区域水资源承载能力均为Ⅲ级,即水资源承载能力已接近饱和值,开发利用潜力较小。规划年2020年和2030年的水资源承载能力情况与现状年相比有一定程度的好转。

为了验证分析三种水资源承载能力分析结果的一致性及可靠性,利用SPSS相关性分析功能分析3组评价等级的相关性。结果表明,3种评价方法得到的结果虽然存在一定的差异,但3种方法的评价结果都具有一定的可靠性和一致性,模糊综合评判和BP神经网络得到的结果一致性极高,欧式距离法得到的评价结果最为乐观,BP神经网络得到的结果最为悲观,该结果可以作为最主要的评价结果为研究区的发展和规划提供参考依据。

最后,根据分析区的水资源承载能力分析结果及各市的水资源、社会、经济、生态几个方面的特点,分析每个市水资源开发利用中存在的问题,并提出提高水资源承载能力的对策。

由于水资源的短缺和水需求量增加的矛盾日益突出,节水、节能的灌水方式已成为灌溉技术发展的一种趋势。节水灌溉的基本要求,就是要采取最有效的技术措施,使有限的灌溉水量创造最佳的生产效益和经济效益。高效节水灌溉可扩大灌溉面积,还可发挥节水功能、节能降耗、降低灌溉成本、优质增产,得到了高度的重视和广泛的推广应用。大力发展节水灌溉,采用先进的节水灌溉产品与设备装备节水农业,不仅可有效地推动节水灌溉事业的发展,还可拉动相关产业的发展。

节水灌溉产品的优劣直接影响着节水灌溉项目的成败,节水灌溉产品研发和创新是节水灌溉技术研发的核心问题,因此节水灌溉的重点是对灌水器的研制与开发。推广先进的灌水技术和研制开发新型的灌溉产品已成为水利部门的一个重要课题,新产品的开发也为提高我国节水灌溉产品在国内外市场的竞争力注入了新的活力,将进一步促进节水农业的全面发展,具有显著的社会效益和生态效益。

为应对水资源短缺问题,雨水利用技术逐渐引起全世界的关注。雨水利用研究体系越来越受到重视,通过将雨水收集、储存、利用,可节约大量的自来水,并减少城市洪涝灾害,减轻地下排水系统的排水负担,雨水利用具有节水、水资源涵养与保护、防治水土流失和水涝、减少水污染和改善生态环境等综合效益。雨水集蓄利用可缓解水资源紧缺,不但可以解决农村生活用水问题,还可以利用集蓄的雨水补充灌溉,有利于农业结构调整,种植高效经济作物,发展庭园经济,改善生活生产条件,促进农村经济发展。

本书撰写人员及撰写分工如下:全书共分十四章,前言由温季撰写;第1章由郭树龙撰写;第2章由周超峰撰写;第3章由张艳撰写;第4章由刘小军撰写;第5章由周超峰撰写;第6章由邹红撰写;第7章由刘小军撰写;第8章由屈培源撰写;第9章由姜新撰写;第10章由郭树龙、王忠斌、姜新、屈培源、温婧撰写;第11章由周超峰、郭树龙、张艳、邹红、刘小军、屈培源、刘茹、王明印、孙莹撰写;第 12 章由刘小军、王瑞、李呈辉撰写;第 13 章由姜新、屈培源、刘茹、郭树龙、潘韶春、张丽艳、王红霞撰写;第 14 章由周超峰、刘小军、张艳、冯云峰、刘思芳、邢金海、姜新、李呈辉、张淑芸撰写。

全书由姜新、刘茹、温婧、王明印、李呈辉担任绘图工作。

本书的出版得到了有关专家和领导的大力支持和帮助,并参考和引用了国内外文献,在此表示衷心的感谢!

作　者

2018 年 4 月

目 录

第 1 章　概　论

1.1　水资源承载能力定义和内涵

承载能力(Bearing Capacity),原为力学中的一个指标,是指物体不产生明显破坏时的极限荷载,是静态的,无交互的。人们在研究区域系统时,常借用这一概念来描述区域对外部环境变化的最大承受能力,最早明确地用于生态学中衡量某一特定区域维持某一物种最大个数的潜力,是动态的,相互影响的,如著名的草原“鼠口”问题“狼群问题”等。对多种生物的研究历史表明,任何物种的生存发展都遵循着一定的规律,即开始增长缓慢,环境条件好时增长较快,数量急剧增长,当达到一定数目时,由于环境的制约,种群出现大量死亡导致数量大量下降,重新回到新的平衡。

此后承载能力被广泛用于环境或生态系统承受发展和特定活动能力的研究。随着资源短缺与社会经济发展矛盾的不断加剧,承载能力的概念和理论被应用于资源科学领域。承载能力在实践中最初是应用于畜牧业。由于过度开垦、过度放牧等造成一些草原地区土地开始退化,为了防止这一现象的进一步恶化,许多学者将承载能力的理念引用到草原管理当中,提出了草地承载能力的概念。后来,随着全球人口不断增加、耕地等资源日趋减少、生态环境的不断恶化,衍生出人口承载能力、土地承载能力、生态承载能力和环境承载能力等概念。

承载能力随着社会、环境的发展而发展,具有动态变化的内涵,在对资源短缺和环境污染问题的研究中,“承载能力”概念得到延伸发展,并广泛用于说明环境或生态系统承受发展和特定活动能力的限度,其发展经过了种群(人口承载能力)—资源承载能力—环境承载能力的过程。

1.1.1　水资源承载能力的定义

20 世纪以来,随着人口膨胀、工农业用水猛增而出现的水资源紧缺以及水环境污染日益严重等问题,已严重威胁人类自身的生存,因此水资源可持续发展的观点随之出现。而“水资源承载能力”的概念,是伴随着可持续发展理念的产生以及人们对社会可持续发展与水环境相互关系有了深刻认识基础上提出的。

在众多资源承载能力问题的研究中,水资源承载能力是较为复杂的一种。但目前为止,国际上还没有对水资源承载能力的统一定义,也很少有专门以水资源承载能力为专题的研究报道,只是将其纳入可持续发展的研究中。国内对于水资源承载能力概念的论述很多,但也没有形成统一公认的界定,总的来说,还是处于一个逐步发展完善的过程中。国内最早开展水资源承载能力的研究是在 1989 年,新疆水资源软科学课题组首次对新疆的水资源承载能力和开发战略对策进行了研究。此后,20 世纪 90 年代以来,关于水资源承载能力的研究方兴未艾,各种观点、概念、方法如雨后春笋般不断涌现,但迄今为止仍然没有形成一个系统的、科学的理论体系。以往研究主要代表性概念有:

(1)水资源承载能力是指某一地区的水资源,在一定社会历史和科学技术发展阶段,在不破坏社会和生态系统时,最大可承载(容纳)的农业、工业、城市规模和人口的能力,是一个随着社会、经济、科学技术发展而变化的综合目标。

(2)在未来不同尺度上,以预期的技术、经济和社会发展水平及与此相适应的物质生活水准为依据,一个国家或地区利用其自身的水资源所能满足其工农业生产及城镇发展需要和能够持续稳定供养的人口数量。

(3)在某一具体的历史发展阶段,以可预见的技术、经济和社会发展水平为依据,以可持续发展为原则,以维护生态环境良性发展为前提,在水资源合理配置和高效利用的条件下,区域社会经济发展的最大人口容量。

(4)中国水利水电科学研究院水资源研究所在《西北地区水资源合理配置与承载能力研究技术大纲》中提出水资源承载能力是"在某一具体的历史发展阶段下,以可以预见的技术、经济和社会发展水平为依据,以可持续发展为原则,以维护生态环境良性发展为条件,经过合理的优化配置,水资源对该地区社会经济发展的最大支撑能力"。

(5)一个流域、一个地区、一个国家,在不同阶段的社会经济和技术条件下,在水资源合理开发利用的前提下,当地水资源能够维系和支撑的人口、经济和环境规模总量。

(6)在一定流域或区域内,其自身的水资源能够持续支撑经济社会发展规模,并维系良好的生态系统的能力。

(7)某一区域在特定历史阶段的特定技术和社会经济发展水平下,以维护生态良性循环和可持续发展为前提,当地水资源系统可支撑的社会经济活动规模和具有一定生活水平的人口数量。

(8)国家"九五"科技攻关项目《西北地区水资源合理配置与承载能力研究》将水资源承载能力定义为:"在某一具体历史发展阶段下,以可预见的技术、经济和社会发展水平为依据,以可持续发展为原则,以维护生态环境良性循环发展为条件,经过合理的优化配置,水资源对该地区社会经济发展的最大支撑能力"。

(9)区域(地区)水资源在某一具体的历史发展阶段下,以可以预见的技术、经济和社会发展水平为依据,以可持续发展为原则,在满足生态用水的前提下,经过合理的优化配置,可以支撑的最大的、协调发展的社会经济、环境与人口的规模。

(10)某一区域在某一具体的历史发展阶段下,以可预见的技术、经济和社会发展水平为依据,以维持生态良性循环和可持续发展为前提,经过合理的优化配置,水资源对该地区社会经济发展的最大支撑能力。

水资源承载能力不是简单的水资源问题,不能仅在水资源系统中研究,它是研究人口、水资源、社会经济和生态环境等方面的边缘学科,因此需要按系统科学的原理,从水资源系统—自然生态系统—社会经济系统耦合机制上综合考虑水资源人口、资源、环境和经济协调发展的支撑能力。

纵观水资源承载能力的定义,大致可以将其归纳为两种:一种是水资源开发规模论或容量论,另一种是水资源支持可持续发展能力论。这两种观点立足于不同的考虑角度进行阐述,前者从水资源系统出发,试图用一个具体的量,如供水能力作为水资源承载能力的指标;后者从人类社会经济系统出发,用人口和社会经济规模作为水资源承载能力的指标。

尽管他们立足于不用的角度,采用不同的表述方式,但其表达的基本观点和思路并无本质差异,都强调了"水资源最大支撑能力"的含义。其核心问题是:在一定的水资源开发利用阶段和生态环境保护目标下,一个流域或区域的可再生利用的水资源量究竟能够支撑多大规模的经济社会系统发展以及如何管理有限的水资源、维持和改善陆地系统水资源承载能力。水资源承载能力不只是一个数值,而是由表征社会经济发展规模的一组数值组成的集合,如人口数、工业产值、农业产值、城市面积等。

1.1.2 水资源承载能力内涵

1.1.2.1 生态内涵

水资源承载能力的生态内涵具有两层含义:第一,水资源所承载的综合效用具有生态上的极限,水资源的开发利用应以不超过这种极限为前提;第二,由于水资源承载能力具有极限含义,所以当达到水资源承载能力时,也必然意味着这一生态极限得到充分的利用。而且,水资源承载能力的生态极限还应当建立在水生态系统的整体性上。

1.1.2.2 时空内涵

从时间角度讲,"水资源承载能力"具有时间属性。在不同的时期,社会经济发展水平不同,科技水平不同,开发利用水资源的能力不同,水资源利用率不同,对污水的处理能力不同,用水定额不同以及人均对水资源的需求不同,从而单位水资源量的承载能力也不同。因此,在计算水资源承载能力时必须要指明计算时段。"水资源承载能力"具有空间属性。从空间角度讲,不同区域的水资源量、水资源可利用量、社会发展水平、产业结构、经济基础、生态环境问题、其他资源潜力等方面存在差异,水资源承载能力就可能不同。

1.1.2.3 社会经济内涵

水资源承载能力的社会经济内涵主要表现在三个方面:第一,水资源承载能力是以"可预见的经济技术发展水平"为依据的。这里"可预见的经济技术发展水平"主要包括水资源的投资水平、开发利用和管理水平。第二,水资源承载能力是"经过合理的水资源优化配置"而得到的,而水资源优化配置是一种社会经济活动行为。第三,水资源承载能力的最终表现之一为区域社会经济发展规模,体现了水资源承载能力的社会经济内涵。

1.1.2.4 可持续内涵

水资源承载能力的可持续内涵主要体现在两个方面:第一,水资源承载能力以可持续发展为研究原则,包含了水资源应能满足社会经济和生态环境的可持续发展;第二,水资源承载能力的增强是可持续的,即随着社会的持续发展,水资源承载能力的增强总是持续的。

水资源承载能力的这四个内涵并不是相互独立的,而是相互联系彼此交叉的。水资源承载能力的生态内涵主要表现在区域或流域复合生态系统中水资源所能承载的可维持系统基本繁衍的生态极限。这里的极限含义主要是指当达到水资源承载能力时,即满足水生态系统的安全性和区域宏观生态环境的用水需求的同时,也满足区域社会、经济和环境协调持续发展的要求,并且建立在水生态系统基础上的复合系统在一定时空范围内也达到了生态极限。由于水生态系统具有一定的弹性,所以水资源承载能力的生态极限具有一定的动态性。但水生态系统的生态极限往往并不能脱离特定区域人口的价值观和具体的效用需求而确定,而且在相同的水资源利用和污水排放水平下,通过社会经济系统的优化,社会经济容量或规模会有所不同,这就使得水资源承载能力不可避免地又具有社会经济方面的内涵。其经济内涵是指水资源对经济发展速度的支撑能力,它通过测算经济发展对水资源的需求,来确定未来可利用水资源条件下的经济发展速度,从而间接地反映水资源所能持续供养的人口量。

1.2 国内外研究现状

水资源承载能力作为可持续发展研究的基础课题,已经引起学术界的高度关注,成为当前水资源领域中的一个重点和热点研究问题。为了使水资源承载能力理论得到更广泛的应用,必须对其进行量化研究,同时,定性评价水资源承载能力问题也是水资源可持续开发利用的前提条件和有益补充。

1.2.1 国外水资源承载能力研究现状

水资源承载能力在国外的专门研究较少,常常仅是在可持续发展问题中得到泛泛的讨论。国外往往使用“可持续利用水量”、水资源的生态限度或水资源自然系统的极限、水资源紧缺程度指标等来表述类似的含义,且一般直接指天然水资源数量的开发利用极限。

20 世纪 70 年代以来,承载能力研究从土地资源扩展到整个资源领域,较具影响的研究有:1973 年澳大利亚的 Millington 等应用多目标决策方法,以土地资源、水资源、大气、气候等条件为约束,计算澳大利亚的土地承载能力,然后依据研究结果提出了几种社会发展策略并分析了相应的发展前景。1977 年,联合国粮农组织也开始了发展中国家土地的潜在人口支持能力和承载能力相关的研究工作,目的是研究发展中国家土地资源的人口承载能力。这项研究首次应用了农业生态区域法(AEZ),为土地承载能力的计算开辟了新途径。它将气候生产潜力和土地生产潜力相结合,来反映土地用于农业生产的实际潜力,并考虑了对土地的投入水平和社会经济条件对承载能力的影响,定量分析了人口、资源和发展的关系。

随着研究的深入,20 世纪 80 年代初,联合国教科文组织资助研究开发了资源承载能力研究的 ECCO 模型(enhancement of carrying),该模型是由英国科学家斯莱瑟教授提出的一种承载能力估算的综合资源计量技术,也称为“提高承载能力的策略模型”。按照联合国教科文组织提出的已经被广泛采用的承载能力定义“一个国家或地区的资源承载能力是指在可预见的时期内,利用本地能源及其他自然资源和智力、技术等条件,在保证符合其社会文化准则的物质生活水平下所能持续供养的人口数量”的基础上,斯莱瑟教授提出了为长远规划服务的承载能力研究模型,该模型采用系统动力学方法,综合考虑人口、资源、环境与发展之间的关系,可以模拟不同发展策略下,人口变化和承载能力之间的动态变化。

进入 20 世纪 90 年代以来,在地区和国家社会经济发展中坚持走可持续发展道路已是普遍的共识,而水资源短缺与"水资源安全"问题也已成为影响可持续发展的重要制约因素,作为可持续发展研究和水资源安全战略研究中的一个基础课题,水资源承载能力研究已引起学术界的高度关注,并成为当前水资源科学中的一个重点和热点研究问题。近期有关资源承载能力的研究方向已逐渐融入从水—生态—社会经济复合系统下的二元模式水文循环和水量平衡等宏观领域到水环境容量、植被耗水机制等微观领域。从水文水资源科学到经济科学、规划科学等不同层次、不同学科研究范围的多种技术方法已为水资源承载能力的理论体系和应用研究奠定了基础。

1998 年,美国陆军工程兵团(US Army Corps of Engineers)和佛罗里达州社会事务局(Florida Department of Community Afairs)共同委托 URS 公司对佛罗里达 Keys 流域的承载能力进行研究;Jonathan(1998)等从供水的角度对城市水资源承载能力进行了相关研究;Rijisberman 等在研究城市水资源评价和管理体系中将承载能力作为城市水资源安全保障的衡量标准。此外,瑞典水文学家 Mailn Falekmnak 提出的"水紧缺指标"(water-stress index)涉及水资源的承载限度等方面。

Jonathan 将水资源作为重要的影响因素,着重研究了农业生产区域水资源农业承载能力,并把此作为区域发展潜力的一项重要衡量标准。Olli Varis 等(2001)以水资源开发利用为核心,分析了中国长江地区日益快速的工业化、不断增长的粮食需求、环境退化等问题给水资源系统造成的压力,并参照不同地区发展历史把长江流域的社会经济现状同其水环境承载能力进行初步比较。2002 年,美国环保局(United States Environmental Protection)进行了 4 个镇区环境承载能力研究(Four Township Environmental Carrying Capacity Study),具体计算了 4 个湖泊的环境承载能力,并提出了保护和改善湖泊水质的建议。2003 年,Furuya 进行了日本北部水产业环境承载能力的研究。《城市可持续发展政策的社会多目标评价》一文,探讨了来自生态方面的概念,如城市环境承载能力、生态足迹;来自经济方面的概念,如成本效益、成本效率分析等问题,将社会多目标评价方法作为城市可持续发展政策的多目标框架(Giuseppe Munda,2004)。

众多文献表明,国外大多数研究是在可持续发展的框架下进行的,严格意义上的水资源承载能力概念和定义则源于中国。

1.2.2　国内水资源承载力研究现状

国内水资源承载能力研究起步较晚。随着我国 20 世纪 80 年代末进行的西部大开发的不断深入,经济社会的发展对水资源需求迅速增加,并挤占生态用水,使西北干旱区出现了生态环境恶化的态势。在此情况下,以中国科学院寒区旱区环境与工程研究所施雅风院士为代表的中国科学院水资源新疆课题组进行了水资源承载能力相关研究,但当时的概念、理论和计算方法等都处于萌芽状态。

进入 20 世纪 90 年代以来,在社会经济发展中坚持走可持续发展道路已是普遍的共识,而水资源短缺与"水资源安全"问题也已成为影响可持续发展的重要制约因素,作为可持续发展研究和水资源安全战略研究中的一个基础课题,水资源承载能力研究已引起学术界的高度关注,并成为当前水资源科学中的一个重点和热点研究问题。

我国的水资源承载能力研究在一定程度上吸收了国外承载能力研究的成果,在量化方法上则吸收了《增长的极限》中提出的系统动力学方法。结合水资源的特殊性、我国国情、水资源学科的发展和研究人员特定的学科背景,水资源承载能力在我国也得到了独立的发展。

将我国对水资源承载能力的研究进展总结如表1-1所示。由水资源承载能力研究进展(见表1-1)不难发现,水资源承载能力研究中较传统方法有常规趋势法、模糊综合评价法、系统动力学法、多目标决策分析法、主成分分析法。随着水资源承载能力研究的不断深入,越来越多的新方法、新手段运用于该领域,如投影寻踪评价法、物元分析法、人工神经网络方法、密切值法等。

表1-1 国内水资源承载能力研究进展

年份	研究者	研究方法	研究主题
2011	揭秋云	常规趋势法	海南省旅游水资源承载力研究
2016	李磊,严贤春		淮河流域水资源承载力及其可持续利用研究
2010	任高珊	模糊综合评价法	榆林市水资源承载力综合评价研究
2012	陈凯,李就好		汕头水资源承载力变化趋势研究
2013	王海静		黄河三角洲高效生态经济区水资源承载力研究
2014	聂卫杰		漯河市水资源承载力分析
2014	刘锐,陈伟亚	主成分分析法	基于主要成分分析法的武汉市水资源承载力评价
	李高伟		郑州市水资源承载力评价
2015	童纪新,顾希		南京市水资源承载力研究
2011	李燐楷	系统动力学法	咸阳市水资源承载力研究
	王勇,李继清等		天津市水资源承载力系统动力学模拟
2014	陈威,周铖		基于系统动力学仿真模拟评价武汉市水资源承载力
2016	王翠,杨广等		基于系统动力学的水资源承载力研究
2010	郑奕,魏文寿	多目标决策分析法	新疆焉耆盆地数据资源承载力研究
2013	张海斌		浏阳河流域水系统承载力及其管理研究
2014	王兴,刘欣		山西省水资源承载力及可持续发展对策研究
2011	姜秋香,付强,王子龙	投影寻踪评价法	三江平原水资源承载力评价及区域差异
2012	马蜂,王千等		基于指标体系投影寻踪模型的水资源承载力评价——以石家庄为例
2012	施开放,刁承秦	物元分析法	重庆市三峡库区水资源承载力分析

续表1-1

年份	研究者	研究方法	研究主题
2012	陈凯,李就好等	人工神经网络法	汕头市水资源承载力评价研究
2014	门惠芹		基于人工神经网络方法宁夏水资源承载力评价
2014	陈威,周铖	密切值法	武汉市水资源承载力评价及应用研究
	刘洋		浑河流域水资源承载力研究

水资源承载能力的研究方法多样,目前主要分为以下三类:

(1)评价区域水资源承载能力,主要有综合指标法、模糊综合评价法、主成分分析法。

(2)研究区域某种状态下水资源的承载状况,主要有系统动力学法、多目标决策分析法、投影寻踪评价法、物元分析法、密切值法、人工神经网络法。

(3)寻求区域水资源最大承载能力,主要有背景分析法、简单定额估算法、动态模拟递推法等。

然而,对于每一种方法都有各自的特点,同时难免存在缺陷。因此,现在已经有许多学者在合适的条件下,将多种方法联合使用,从而得到更加完善的研究方法和研究结果。如:付强(2003)将实码加速遗传算法与投影寻踪模型相结合,建立了水质评价投影寻踪模型(RAGA-PPE),用于对长春南湖水的营养状态进行评价。朱一军、夏军(2004)将多目标情景分析方法和综合评判法相结合,对西北地区水资源承载能力进行了研究。Michael(2005)将神经网络强大的多元非线性数据处理能力和自适应学习能力与投影降维方法相结合,提出了两种具有广泛适应性的多元非线性函数的投影寻踪—神经网络优化学习算法 PPLM(Projection Pursuit Learning Model)和 DPPLM(Discrete Projection Pursuit Learing Model)。梁春玲(2006)将模糊集理论与最大熵原理相结合,用于对肥城市水资源承载能力进行评价,而且陈南祥、班培莉(2008)将该方法应用于河南省水资源承载能力的评价中。赵益军(2006)利用遗传算法优化神经网络,并将该方法应用于淮河流域水资源承载能力的综合评价中。

水资源承载能力系统是一个关于水资源—人口—生态环境—经济的特定的复杂巨系统,其自身具有特殊性,大多数影响因素是灰色、模糊、不确定的和难以定量化的。因此,不同区域或流域水资源承载能力评价及计算问题相对复杂,一定要选择合适的方法进行系统研究。

第2章 研究区域概况

2.1 自然概况

2.1.1 地理位置

河南省位于我国中东部,南北纵跨530 km,东西横越580 km,处于北纬31°23′~36°22′和东经110°21′~116°39′之间,全省总面积为16.70万km^2,约占全国总面积的1.74%,其中,山地面积约6.14万km^2,占11.7%;平原面积约占51.2%。河南省中原地区范围示意图见图2-1。

图2-1 河南省中原地区范围示意图

2015年9月,科技部正式批复河南省中原现代农业科技示范区为第一批国家级现代农业科技示范区。中原现代农业科技示范区将以食品产业为主导,整合现有科技资源,创新体制机制,依靠现代信息技术,打造现代食品产业,培育农业全产业链和食品安全技术体系,实现从土地到餐桌全链条增值。计划通过示范区建设,努力探索一、二、三产业融合发展的新模式,创新实现"四化"同步发展和新农村建设的新机制,为支撑国家粮食核心区建设和全省现代农业发展做出示范。中原现代农业科技示范区目前包含了7个国家级农业科技园区,基本覆盖了河南省农业科技资源比较集中、产业化优势明显区域,包括郑州、开封(含兰考)、安阳、鹤壁、新乡、焦作、濮阳、许昌、漯河、驻马店10个市。

本书以国家"中原现代农业科技示范区"所覆盖的河南省中原地区的10个城市为研

究范围，探讨每个城市水资源对社会经济发展的支撑程度，为该地区发展规划的制定及产业结构的调整提供依据。

2.1.2 地形地貌

中国地貌自西向东呈三个巨大地貌台级逐级急剧降低，河南省跨全国地貌中第二和第三两级地貌台级，具有自西向东突变特点和自北向南过渡性质，地势基本上是西高东低。就河南地貌总体而言，其西北大半部和东南部为山地丘陵，东、北大半部和西南部为平原和盆地。西部的伏牛山和北部的太行山等山地属于第二地貌台级，一般在海拔在1 000 m 以上；东部平原、南阳盆地及其东南部山地、丘陵则属于第三地貌台级的组成部分；淮河南、北高差悬殊，南部为桐柏—大别山山区，海拔最高在 1 500 m 以上，北部黄淮海平原，一般海拔为 50 ~ 100 m。京广铁路和信阳至合肥公路基本上为河南山地和平原的粗略分界线，伏牛山和桐柏—大别山构成黄河、淮河与长江三大流域的分水岭。因此，河南地貌呈多种类型，形态结构和区域差异显著。

河南省中东部为辽阔平原（属黄淮海平原），属于我国地势第三阶梯的一部分。地势平坦，略向东南倾斜，海拔均在 200 m 以下，其中绝大部分在 40 ~ 100 m，接近山麓的山前平原地区，海拔增高到 100 ~ 200 m。平原区土地肥沃，是全省农作物的主要播种区。

2.1.3 气候特征

全国划分暖温带和亚热带的地理分界线基本上为秦岭—淮河一线，以该线为界，河南省分为两个气候区，南部为亚热带，包括南阳、信阳及驻马店的部分地区，面积约占全省总面积的 30%；北部为暖温带，面积约占全省总面积的 70%。南部呈湿润半湿润特征，北部呈半湿润半干旱特征。受季风气候影响，南北气候差异较大。加上南北所处的纬度不同，东西地形的差异，使河南的热量资源南部和东部多，北部和西部少；降水量南部和东部多，北部和西北部少；气候的地区差异性比较明显，具有明显的过渡性特征。全省气候大致可概括为：冬季寒冷少雨雪，春季干旱多风沙，夏季炎热易水涝，秋季晴朗日照长。

河南省处于暖热带和亚热带的过渡地带，南北两个气候带的优点兼而有之，具有南北之长，有利于多种植物的生长，也有不利的一面，具体表现在年降水量的时空分布不均，全年降水量主要集中在夏季，降水的不稳定性极易引起旱涝灾害。

2.1.4 河流水系

河南省地跨淮河、长江、黄河、海河四大流域，流域面积分别为 8.61 万 km^2、2.77 万 km^2、3.60 万 km^2、1.53 万 km^2。全省 100 km^2以上的河流有 493 条。其中，河流流域面积超过 10 000 km^2的有 9 条，为黄河、洛河、沁河、淮河、沙河、洪河、卫河、白河、丹江；河流流域面积 5 000 ~ 10 000 km^2的有 8 条，为伊河、金堤河、史河、汝河、北汝河、颍河、贾鲁河、唐河；河流流域面积有 1 000 ~ 5 000 km^2的有 43 条，河流流域面积为 100 ~ 1 000 km^2的有 433 条。按流域范围划分：100 km^2以上的河流，黄河流域 93 条，淮河流域 271 条，海河流域 54 条，长江流域 75 条。因受地形影响，大部分河流发源于西部、西北部和东南部的山区，流经河南省的形式可分为 4 类，即穿越省境的过境河流，发源地在河南的出境河流，发源地在外省而在河南汇流及干流入境的河流;以及全部在省内的境内河流。

研究区 10 个市所在的流域及其面积如表 2-1 所示。

表 2-1 研究区各市所在流域及其面积

市	土地面积(亩)❶	海河流域(km^2)	黄河流域(km^2)	淮河流域(km^2)	长江流域(km^2)	各流域合计(km^2)
郑州	1 129.88		2 032.73	5 499.2		7 531.93
开封	939.14		368.66	5 892.55		6 261.21
安阳	1 103.12	5 661.68	1 692.43			7 354.11
鹤壁	320.53	2 136.85				2 136.85
新乡	1 237.42	3 718.2	4 531.25			8 249.45
焦作	600.13	1 900.66	2 100.42			4 001.09
濮阳	628.19	1 918.19	2 269.75			4 187.94
许昌	746.75			4 978.36		4 978.36
漯河	404.06			2 693.72		2 693.72
驻马店	2 264.29			13 461.17	1 634.13	15 095.3
合计	9 373.51	15 335.58	12 995.24	32 525	1 634.13	62 489.96

2.2 各市概况

河南省地处我国腹地,承东启西、连南贯北,承载了全国 7.7% 的人口、5.7% 的经济总量和 9.5% 的粮食产量,在我国空间格局和经济社会发展中具有重要地位。河南省是"两横三纵"城市化战略格局中陆桥通道和京广通道的交汇区域,是国家重要的粮食生产和现代农业基地,是全国重要的经济增长板块。全省共有 126 个县(市),其中包括 18 个省辖市、10 个直管县、98 个市管县(市)。河南省总人口 10 601 万人(常住人口 9 416 万人),城镇化率 43.8%,为全国人口最多的省份;全省 GDP 总量达到 32 156 亿元,居全国第五位、中西部第一位,人均 GDP 为 30 333 元;河南省农业生产条件优越,是我国重要的农、畜产品生产区,粮食产量 5 713.7 万 t;以丰富的农副产品资源和矿产资源为依托,河南省形成了包括纺织、轻工、食品、煤炭、石油、电力、冶金、化工、建材、机械、电子等门类较为齐全的工业体系,工业增加值 1.6 万亿元;省内矿产资源丰富,煤、铝、钼、金、天然碱等储量较大,是全国重要的能源原材料基地。中原现代农业科技示范区各地区的社会概况分述如下。

郑州市是河南省省会,是全省的政治、经济、文化、金融、科教中心,地处中华腹地,史谓"天地之中"。全市多年平均水资源总量为 11.24 亿 m^3,人均水资源量为 179 m^3,占全

❶ 1 亩 = 1/15 hm^2,全书同。

国人均水资源量的1/10。郑州是中国纺织工业基地之一,也是中国重要的冶金建材工业基地。

开封市地处豫东平原,是中原经济区核心城市之一。全市多年平均水资源总量为12.47亿m^3,人均水资源量为273 m^3,不到河南省人均水资源量的50%。全市总面积6 266 km^2,现辖4县6区。开封地势平坦,是典型的以种植业为主的农业大市,是全国著名的小麦、棉花、花生、大蒜、西瓜的生产和出口基地。

安阳市是河南省经济区的重要组成部分,是河南省的重要工业基地。全市多年平均水资源总量为12.56亿m^3,但是安阳市人均水资源量不足350 m^3。水资源的日益匮乏,已成为制约安阳市经济发展的主要因素。

鹤壁市是一个以煤炭工业为主的新兴重工业城市。全市当地水资源量为5.5亿m^3,人均水资源量为423 m^3。近年来,鹤壁市实施产业转型,大力发展循环经济,被确定为国家首批循环经济试点市、国家循环经济标准化试点城市、全国可再生能源建筑应用示范城市,全市经济和社会各项事业取得明显进步。

新乡市是中原地区重要的工业城市,是国内十大电池出口基地之一。全市多年平均水资源总量为16.97亿m^3,人均水资源量仅301 m^3,不足全国平均水平的1/6,全市平原面积占总面积的78%,土层深厚,土壤肥沃,是全国重要的商品粮基地和优质小麦生产基地。

焦作市位于河南省西北部,属于暖温带季风型大陆性气候,多年平均水资源总量为8.1亿m^3,人均水资源量为255 m^3,仅为全国平均水平的1/8。主要农作物有小麦、玉米、水稻、棉花、油料及其他经济作物。其中小麦以稳产、高产而闻名,是河南省主要的商品粮基地。

濮阳市位于河南省东北部,黄河下游,属于河南省比较干旱的地区之一,降水稀少。多年平均水资源总量为7.37亿m^3,人均水资源量只有220 m^3。濮阳市是河南省的重要商品粮生产基地,地区生产总值达到532.84亿元,工业增加值311.19亿元,也是全省重要的化工和能源基地。

许昌市位于河南省中部,中原经济区核心城市,著名历史文化名城。全市多年平均水资源总量为9.35亿m^3,人均水资源量为208 m^3。许昌市现代工业体系齐全,以电力和电子装备制造业为主体的省级重点产业集聚区打造中原电气谷和现代化机电研发基地。另外,许昌在烟草种植上历史悠久、深加工现代化,具有“烟草王国”美誉。

漯河市位于河南省中部,为省定体制改革试点市,是一个以食品、造纸、制革、纺织、化工等轻工业为主的新兴城市。多年平均水资源总量为5.827亿m^3,人均水资源量为230 m^3。总面积为2 617 km^2,耕地面积248.6万亩,该市地处平原地区,地势平坦,局部低洼。沙河、澧河、颍河流经全境,交通发达,地理位置优越,正逐渐发展成为全国有影响的食品加工基地、全省农业产业化基地、高新技术产业基地和豫中南区域性中心城市。

驻马店市位于河南中南部,北接漯河,南临信阳,地处淮河上游的丘陵平原地区。素有“豫州之腹地、天下之最中”的美称。驻马店市是河南省的丰水区,全市多年平均水资源总量为63.6亿m^3,人均水资源量为780 m^3。驻马店市四季分明,雨量充沛,土地肥沃,气候温和,适宜多种农作物生长,是国家和河南省重要的粮油生产基地,素有“中原粮仓”

“豫南油库”和“芝麻王国”之称。

2.3 研究区各市国民经济发展及产业结构

初步核算,河南省2015年生产总值37 010.25亿元,比上年增长8.3%。其中,第一产业增加值4 209.56亿元,增长4.4%;第二产业增加值18 189.36亿元,增长8.0%;第三产业增加值14 611.33亿元,增长10.5%。三个产业结构为11.4:49.1:39.5。

2015年郑州市实现生产总值7 315亿元,同比增长10.1%,其中第一产业增加值151亿元,同比增长3%;第二产业增加值3 625亿元,同比增长9.4%;第三产业增加值3 539亿元,同比增长11.4%。全市经济增长速度不断加快,经济发展持续向好。一至四季度累计GDP增速分别为8%、9.3%、9.8%、10.1%,全年增长速度分别比一季度、上半年、前三季度提高2.1、0.8、0.3个百分点,比上年同期加快0.7个百分点,经济提速势头明显。2015年郑州市人均GDP超过12 000美元,即将步入高收入国家(地区)水平。

2015年开封全市生产总值1 604.84亿元,比上年增长9.4%。其中:第一产业增加值285.20亿元,同比增长4.4%;第二产业增加值657.84亿元,同比增长9.1%;第三产业增加值661.79亿元,同比增长12.3%。三个产业结构为17.8:41.0:41.2。

安阳市2015年的生产总值1 672亿元,同比增长7.2%;规模以上工业增加值727.8亿元,同比增长5.6%;一般公共预算收入100.3亿元,同比增长5.3%;固定资产投资1 682亿元,同比增长16.3%,城乡居民收入分别达到28 128元和12 382元,均增长8%。

鹤壁市全市地区生产总值完成713.23亿元,比上年增长8.0%。其中,第一产业增加值61.85亿元,同比增长4.1%;第二产业增加值471.41亿元,同比增长7.4%;第三产业增加值179.97亿元,同比增长12.0%,增速居全省第5位。

新乡2015年生产总值1 982.25亿元,同比增长6.0%。其中,第一产业增加值221.7亿元,同比增长4.4%;第二产业增加值1 004.7亿元,同比增长5.8%;第三产业增加值755.9亿元,同比增长6.8%。三个产业结构为11.2:50.7:38.1。

2015年焦作市生产总值1 929亿元,同比增长9%;一般公共预算收入115亿元,同比增长9%;固定资产投资1 883亿元,同比增长16%,社会消费品零售总额625亿元,同比增长12%;城乡居民人均可支配收入分别达到25 895元、13 682元,同比增长8%、9.3%,主要指标增速在全省位次前移,呈现稳中有进、稳中向好的发展态势。

2015年濮阳市生产总值1 333.64亿元,同比增长9.5%,增速居全省第2位;第三产业增加值421.65亿元,同比增长12.9%,居全省第1位;规模以上工业增加值764.14亿元,同比增长9.3%,居全省第9位。

许昌市2015年全市生产总值达到2 170.6亿元,人均生产总值突破5万元,为2010年的1.7倍;规模以上工业增加值1 294.2亿元,是2010年的1.8倍;一般公共预算收入138.5亿元,是2010年的2.4倍;累计完成固定资产投资7 906亿元,是“十一五”时期的2.9倍;规模以上工业增加值、生产总值、一般公共预算收入分别居全省第三、四、五位。

漯河市2015年实现生产总值992.9亿元,比上年增长9.0%,增速高于全省平均水平0.7个百分点。其中,第一产业增加值106.6亿元,同比增长4.0%;第二产业增加值

624.8亿元,同比增长9.2%;第三产业增加值261.5亿元,同比增长10.8%。人均生产总值37 997元。三个产业结构为10.7∶63∶26.3。

2015年驻马店市生产总值1 648.26亿元,比上年增长8.9%。其中,第一产业增加值356.72亿元,同比增长4.4%;第二产业增加值664.59亿元,同比增长8.4%;第三产业增加值626.94亿元,同比增长12.3%。三次产业结构由上年的23.6∶44.9∶31.5调整为21.7∶40.3∶38.0。其中,第一产业比重下降1.9个百分点,第二产业比重下降4.6个百分点,第三产业比重提高6.5个百分点。

2.4　研究范围及水平年

本书采用的现状年(基准年)为2015年,近期水平年为2020年,中期水平年为2030年。

第3章 中原现代农业科技示范区水资源评价

3.1 降雨及蒸发

3.1.1 降雨

河南省天然河川径流量的主要补给来源是大气降水。地形、地貌和气候等因素对其也有很大影响,地表水资源属不丰富的省区。全国的平均年降水量为630 mm,呈自沿海向内地、自东南向西北递减的特点,河南省的多年平均降水量为776.3 mm,汛期(6~9月)降水量占全年总降水量的60%~70%;多年平均天然河川径流量为312.8亿 m^3,折合径流深为187.4 mm,其中淮河流域178.5亿 m^3、黄河流域47.4亿 m^3、长江流域66.9亿 m^3、海河流域20.0亿 m^3。

地表水资源由于受地形地貌的影响,地区分布极为不均。其分部与降水的总趋势大体一致,径流的高低值区与多雨、少雨区彼此相应。基本上是南部大于北部、山区大于平原,且由西至东递减。地表水资源的地区分布与土地及人口分布组合很不平衡,加剧了水资源的供需矛盾。

由于受大气环流等气候影响,地表水资源的年内分配高度集中。汛期雨量丰沛,地表径流量占全年总径流量的60%~80%,且往往集中在几次大的暴雨洪水过程。特别是秋伏大汛,暴雨洪水暴涨暴落,易引起洪涝灾害。非汛期径流量随降水量的减少而大幅度减少。春季地表径流约占全年的15%,冬季是全省地表径流的最枯季节,仅占全年的6%~10%。此时正值冬小麦需水季节,由于大多数河流干枯断流,长达数月,往往造成农业干旱灾害。

由于河南省地表径流量受降雨影响年际变化相差很大,丰水年1964年地表水径流量为718.2亿 m^3,而枯水年1966年仅有99.4亿 m^3,丰水年是枯水年的7.2倍,也是造成河南省自然灾害频繁发生的主要原因。地表径流量不但丰枯交替出现,而且连续发生。

2015年全国的平均降水量为660.8 mm,河南省年降水量704.1 mm,折合降水总量1 165.487亿 m^3,较2014年减少3.0%,较多年均值偏少8.7%,属水平年份。

全省汛期6~9月降水量377.1 mm,占全年的53.6%,较多年均值偏少22.5%;非汛期降水量327 mm,占全年降水量的46.4%,比多年均值偏多近10%。

研究区各市2015年降水量及多年降水量如表3-1所示。

表 3-1　研究区各市降水量成果

市	计算面积(km²)	2015 年降水量(mm)	多年平均降水量(mm)
郑州	7 533	585.1	621.4
开封	6 261	587.6	566.1
安阳	7 354	511.5	526.8
鹤壁	2 137	490.5	612
新乡	8 249	537.1	552.8
焦作	4 001	565	553.8
濮阳	4 188	559.4	551.3
许昌	4 979	684.4	706.9
漯河	2 694	707.8	779
驻马店	15 095	704	958.1
平均	62 491	593.2	642.8

3.1.2 蒸发

蒸发是水循环中的重要环节之一,它的大小用蒸发能力来表示。蒸发能力是指在充分供水条件下的路面蒸发量,一般通过水面蒸发量的观测来确定。

水面蒸发量受湿度和温度变化影响,年内最大水面蒸发量主要发生在5~8月,北部少数站集中在4~7月。最大连续4个月的水面蒸发量一般占年总蒸发量的50%左右,在地区分布上比较稳定。

干旱指数是反映地域气候干燥程度的指标,在气候学上一般以年蒸发能力与年降水量之比表示。年蒸发能力与E601蒸发器测得的水面蒸发量存在着线性关系,所以多年平均干旱指数采用多年平均E601年水面蒸发量与多年平均年降水量的比值。当干旱指数小于1.0时,降水量大于蒸发能力,表明该地区气候湿润;反之,当干旱指数大于1.0时,蒸发能力超过降水量,表明该地区偏于干旱。干旱指数越大,干旱程度越严重。研究区各代表站多年平均蒸发量见表3-2。

河南省淮河以南地区最大月蒸发量大部分出现在7月,个别最大月蒸发量出现在8月,其他地区最大月蒸发量多出现在6月。最大月蒸发量占年总蒸发量的百分比一般为14%左右。最小月蒸发量多出现在1月,占年蒸发量的4%左右。最大与最小月蒸发量的比值为3.0~6.0,新郑站最大为10.5,总体趋势呈现西部小于东部、南部小于北部的分布特征。

表 3-2 研究区各代表站多年平均蒸发量

市	多年平均蒸发量(mm)	干旱指数
郑州	1 117.8	1.8
开封	1 043.7	1.84
安阳	1 157.6	2.2
鹤壁	1 143.3	1.87
新乡	988.9	1.79
焦作	1 103	1.99
濮阳	828.1	1.5
许昌	986.9	1.4
漯河	963.2	1.24
驻马店	892.9	0.93
平均	1 022.5	1.66

一年四季中,夏季(6~8月)蒸发量最大,约占年总蒸发量的36.5%,春季(3~5月)占28.3%,秋季(9~11月)占23.3%,冬季(12月~次年2月)最小,占11.9%。在地区分布上,春冬两季占年总蒸发量的百分数自西向东递增,夏季占年总蒸发量的百分数变化不大,秋季占年总蒸发量的百分数北部略大于南部。

3.2 水资源量

3.2.1 地表水资源量

全国1956~2000年平均地表水资源量为2.68万亿 m^3,而河南省1956~2000年平均地表水资源量为303.99亿 m^3,折合径流深183.6 mm。其中,省辖海河流域地表水资源量最贫乏,多年平均为16.350亿 m^3,折合径流深106.6 mm,黄河流域多年平均为44.970亿 m^3,折合径流深124.4 mm;淮河流域多年平均为178.29亿 m^3,折合径流深206.3 mm;长江流域地表水资源量相对最丰富,多年平均为64.380亿 m^3,折合径流深233.2 mm。研究区各市地表水资源量见表3-3。

研究区10个市中,地处京广线以西和淮河流域沙河以南的市,地表径流深均超过100 mm,豫东、豫北平原均小于100 mm。其中,驻马店市地表水资源量为36.279亿 m^3,折合径流深均超过160 mm。而北部的濮阳市地表水资源量相对最贫乏,多年平均为1.861亿 m^3,折合径流深仅44.4 mm。另外,还有开封、许昌、新乡3市的地表水资源量分别为4.044亿 m^3、4.190亿 m^3、7.521亿 m^3,折合径流深均不足100 mm。

表 3-3　研究区各市地表水资源量

市	面积	均值		C_v	不同频率地表水资源量(万 m^3)			
	km	万 m^3	mm	矩法	20%	50%	75%	95%
郑州	7 534	76 781	101.9	0.6	106 410	63 815	43 470	29 816
开封	6 262	40 439	64.6	0.6	58 213	35 704	22 602	10 277
安阳	7 354	83 316	113.3	0.6	117 830	71 320	46 671	26 796
鹤壁	2 137	21 853	102.3	0.8	32 507	16 488	9 400	5 267
新乡	8 249	75 212	91.2	0.6	108 270	66 405	42 038	19 115
焦作	4 001	41 534	103.8	0.56	57 933	36 293	24 448	14 364
濮阳	4 188	18 614	44.4	0.8	28 668	14 829	7 735	2 335
许昌	4 978	41 903	84.2	0.78	64 172	33 779	17 989	5 685
漯河	2 694	33 385	123.9	0.76	50 827	27 224	14 796	4 889
驻马店	15 095	362 793	240.3	0.74	548 948	299 149	165 891	57 241
合计	62 492	795 830	1 069.9	6.84	1 173 778	665 006	395 040	175 785

3.2.2　地下水资源量

全国多年平均地下水资源量为 8 081 亿 m^3，河南省地下水资源量为 173.07 亿 m^3，地下水资源模数平均为 105 万 m^3/km^2。其中，山丘区 70.7 亿 m^3、平原区 116.37 亿 m^3、平原区与山丘区重复计算量 14.0 亿 m^3。全省地下水资源量比多年均值减少 11.7%，比 2014 年增加 3.7%；省辖海河、黄河、淮河、长江流域地下水资源量分别为 18.31 亿 m^3、32.12 亿 m^3、100.03 亿 m^3、22.61 亿 m^3。研究区各市地下水资源量见表 3-4。

表 3-4　研究区各市地下水资源量

市	降水量(mm)	地表水资源量(万 m^3)	地下水资源量(万 m^3)	地表水与地下水资源重复量(万 m^3)
郑州	585.1	43 500	77 600	29 580
开封	587.6	34 160	68 740	9 620
安阳	511.5	29 640	75 000	15 980
鹤壁	490.5	6 050	20 990	4 230
新乡	537.1	35 690	101 460	22 260
焦作	565	29 050	52 720	6 640
濮阳	559.4	11 200	49 870	18 470
许昌	684.4	25 570	62 230	9 710
漯河	707.8	14 090	33 050	1 870
驻马店	704	155 930	153 680	62 140
合计	5 932.4	384 880	695 340	180 500

3.2.3 水资源总量

研究区各市水资源总量见表3-5。

表3-5　研究区各市水资源总量

市	计算面积(km^2)	时段	多年平均水资源总量(万 m^3)	产水模数(万 m^3/km^2)	降水量(mm)	产水系数
郑州	7 534	1956～2000	131 844	17.5	625.7	0.28
		1980～2000	132 174	17.54	603.9	0.29
开封	6 262	1956～2000	114 797	18.33	658.6	0.28
		1980～2000	101 406	17.31	628.7	0.28
安阳	7 354	1956～2000	130 352	17.73	595.2	0.3
		1980～2000	105 362	14.33	543	0.26
鹤壁	2 137	1956～2000	37 035	17.33	629.2	0.28
		1980～2000	29 863	13.97	579.1	0.24
新乡	8 249	1956～2000	148 800	18.04	611.6	0.29
		1980～2000	129 009	15.56	571.6	0.27
焦作	4 001	1956～2000	76 536	19.13	590.8	0.32
		1980～2000	72 158	18.03	564.8	0.32
濮阳	4 188	1956～2000	56 779	13.56	668.3	0.2
		1980～2000	52 335	12.5	638.8	0.2
许昌	4 978	1956～2000	87 990	17.68	698.9	0.25
		1980～2000	90 192	18.12	692.4	0.26
漯河	2 694	1956～2000	64 020	23.76	772	0.31
		1980～2000	62 834	23.32	774.2	0.3
驻马店	15 095	1956～2000	494 876	32.78	896.6	0.37
		1980～2000	482 939	31.99	884.3	0.36
合计	62 492	1956～2000	1 343 029	19.6	674.7	0.29
		1980～2000	1 258 272	18.3	648.1	0.28

全国多年平均水资源总量为2.8万亿 m^3，河南省多年平均水资源总量为403.53亿 m^3，占全国的1.44%，其中海河流域水资源总量27.62亿 m^3、黄河流域水资源总量58.54亿 m^3、淮河流域水资源总量246.08亿 m^3、长江流域水资源总量71.29亿 m^3。

1956～2000年多年平均水资源总量从南向北递减，安阳市多年平均水资源总量为13.035 2亿 m^3，产水模数为17.73万 m^3/km^2，产水系数为0.30；濮阳市多年平均水资源总量为5.677 9亿 m^3，产水模数为13.56万 m^3/km^2，产水系数为0.20。

3.3　水资源可利用量

3.3.1　地表水资源可利用量

地表水可利用量计算因河流水系特点、水资源量的丰枯及变化、水资源开发利用程度等具体情况，采用不同的计算方法。河南省属于北方水资源紧缺地区，按照《地表水资源可利用量计算补充技术细则》要求采用倒算法。

倒算法是用多年平均水资源量减去不可以被利用水量和不可能被利用水量，求得多年平均地表水资源可利用量，计算式如下：

$$W_{地表水可利用量} = W_{地表水资源量} - W_{河道内最小生态环境需水量} - W_{洪水弃水} \tag{3-1}$$

倒算法的基本思路是多年平均地表水资源量中扣除非汛期河道内最小生态环境用水和生产用水，以及汛期难以控制利用的洪水量，剩余的水量可供河道外用水户利用，即为地表水资源可利用量，见表3-6。

表3-6　流域分区地表水可利用量分析计算成果

水资源分区名称		面积(km^2)	多年平均天然径流量(万 m^3)	河道生态环境需水量(万 m^3)	多年平均下泄洪水量(万 m^3)	地表水资源可利用量(万 m^3)
一级分区	三级分区					
海河流域	漳卫河区	13 631	158 650	24 480	36 600	97 570
	徒骇马颊河区	1 705	4 850	730	1 750	2 370
	流域合计	15 336	163 500	25 210	38 350	99 940
黄河流域	龙门—三门峡区间	4 207	58 370	8 760	25 880	22 730
	三门峡—小浪底干流区间	2 364	29 410	4 410	16 170	8 830
	小浪底—花园口干流区间	3 415	37 200	5 580	18 220	13 400
	伊洛河	15 813	252 640	46 990	63 140	142 500
	沁河	1 377	14 450	2 170	6 880	5 400
	金堤河天然文岩渠	7 309	45 340	6 770	16 400	22 170
	花园口以下干流区间	1 679	12 300	1 840	10 460	
	流域合计	36 164	449 710	76 520	158 150	215 030
淮河流域	王家坝以上南岸区	13 205	575 450	86 320	222 750	266 380
	王家坝以上北岸区	15 613	388 630	58 300	209 570	120 760
	王蚌区间南岸	4 243	204 620	30 690	100 560	73 370
	王蚌区间北岸	46 478	561 760	83 280	241 510	236 970
	蚌洪区间北岸	5 155	41 650	7 340	12 900	21 410
	南四湖西区	1 734	10 790	1 620	4 860	4 310
	流域合计	86 428	1 782 900	267 550	792 150	723 200

续表 3-6

水资源分区名称		面积（km^2）	多年平均天然径流量（万 m^3）	河道生态环境需水量（万 m^3）	多年平均下泄洪水量（万 m^3）	地表水资源可利用量（万 m^3）
一级分区	三级分区					
长江流域	丹江口以上区	7 238	179 290	26 890	104 300	48 100
	丹江口以下区	525	9 130	1 370	7 660	
	唐白河区	19 426	428 920	64 200	231 310	133 410
	武汉—湖口区间	420	26 460	3 970	22 490	
	流域合计	27 609	643 800	96 430	365 860	181 510
	全省	165 537	3 039 910	465 710	1 354 520	1 219 680

3.3.2　地下水资源可利用量

因山丘区地下水大部分以河川基流量、泉水出露量排泄于地表，已计入地表水可供水量中，不宜再纳入地下水可开采计算中，山丘区地下水开采将减少河川基流量与泉水出露量，使河川径流量减少。同时，考虑到大部分山区不具备大规模开发利用地下水的条件，且开发利用地下水不会增加水资源可利用量。为此，本次没有计算山丘区地下水可开采量。本次评价只计算平原区浅层地下水可利用量（可开采量）。而且采用可开采系数法进行开采量的计算。

3.3.2.1　计算分区

本次平原区可开采量计算分区采用平原区地下水资源量计算分区。

3.3.2.2　可开采系数 ρ 值

1. 可开采系数 ρ 值的确定依据

1）水文地质条件

（1）包气带土壤岩性。包气带土壤岩性决定地下水补给条件，因而也就决定地下水资源量的多少。一般在补给条件相同的情况下，包气带土壤颗粒粗，下渗能力强，有利于下水补给，反之不利。

（2）含水层岩性和厚度。含水层岩性和厚度决定地下水开发利用难易程度，即单井出水量大小。单井出水量大，一般可开采系数可以确定得大些，反之确定得小些。

2）开发利用程度

开发利用程度高低主要是说明当地对地下水的需水量多少，反映当地的开采能力，并以地下水实际开采系数作为参考。

3）地下水埋深大小

地下水埋深大小决定地下水消耗情况，埋深小，有一部分地下水资源量要消耗于潜水蒸发和侧向排泄到河流的基流，所以可开采系数不宜选用过大，反之埋深大，消耗量则小，就可以选用稍大的可开采系数。

2. 可开采系数 ρ 值确定

依据可开采系数 ρ 值的确定条件，按上述方法和步骤，先进行大的分区，并确定各分区的特征情况并结合计算分区的情况具体确定计算分区的可开采系数 ρ 值。

3. 平原区浅层地下水可开采量计算成果

确定计算取可开采系数 ρ 值后，用 ρ 值乘以计算区总补给量就可求得计算区可利用量（可开采量），计算如下：

$$W_{dk} = \rho \cdot W_{dz} \tag{3-2}$$

式中　W_{dk}——平原区浅层地下水可开采量；

ρ——平原区浅层地下水可开采系数；

W_{dz}——平原区浅层地下水总补给量。

根据 $M \leqslant 2$ g/L、$M > 2$ g/L 和总量进行行政分区汇总，研究区各市地下水可开采量计算成果见表3-7。

表3-7　研究区各市地下水可开采量计算成果

市	计算面积（km²）	总补给量（万 m³）	可开采量（万 m³）	$M \leqslant 2$ g/L 可开采量（万 m³）	$M > 2$ g/L 可开采量（万 m³）	可开采模数（万 m³/km²）
郑州	1 695	41 990	29 890	29 890		17.6
开封	5 568	92 180	70 640	70 240	410	12.7
安阳	3 947	48 940	41 380	41 200	180	10.5
鹤壁	1 218	14 050	11 660	11 660		9.6
新乡	5 851	120 300	93 400	89 890	3 510	16
焦作	2 407	51 230	42 530	41 770	760	17.7
濮阳	3 687	56 170	43 900	43 900		11.9
许昌	2 806	44 990	34 950	34 950		12.5
漯河	2 425	10 640	30 170	30 170		12.4
驻马店	9 725	181 420	128 510	128 510		13.2
合计	39 329	661 910	527 030	522 180	4 860	13.4

3.3.3　水资源可利用总量

（1）地表水资源可利用量与浅层地下水资源可开采量之和再扣除两者之间重复计算量。两者的重复计算量主要是平原区浅层地下水的渠系渗漏和田间入渗补给量的再利用部分。计算公式如下：

$$W_{可利用总量} = W_{地表水可利用量} + W_{地下水可开采量} - W_{重复量} \tag{3-3}$$

$$W_{重复量} = \rho(W_{渠渗} + W_{田渗}) \tag{3-4}$$

式中　$W_{重复量}$——地下水可开采量计算与地表水可利用量计算的重复水量，万 m³；

ρ——可开采系数，是地下水资源可开采量与地下水资源量的比值；

$W_{渠渗}$——地下水资源量中渠系水入渗补给量，万 m^3；

$W_{田渗}$——地表水灌溉田间水入渗补给量，万 m^3。

（2）地表水资源可利用量加上降水入渗补给量与河川基流量之差的可开采部分。计算公式如下：

$$W_{可利用总量} = W_{地表水可利用量} + \rho(P_r - R_g) \quad (3\text{-}5)$$

式中 P_r——降水入渗补给量（含山丘区，山丘区降水入渗补给量即为山丘区地下水资源量），万 m^3；

R_g——降水入渗形成的河川基流量，万 m^3。

研究区各市规划年水资源可利用总量成果分析见表 3-8。

表 3-8 研究区各市规划年水资源可利用总量成果分析 （单位：万 m^3）

市	水平年	水资源总量	水资源可利用总量	水资源可利用系数
郑州	2015	91 510	80 890	0.88
	2020	131 840	68 280	0.52
	2030	131 840	68 280	0.52
开封	2015	93 290	68 590	0.74
	2020	114 800	88 029	0.77
	2030	114 800	88 029	0.77
安阳	2015	88 650	86 420	0.97
	2020	130 350	77 207	0.59
	2030	130 350	77 207	0.59
鹤壁	2015	22 810	15 169	0.67
	2020	37 040	24 333	0.66
	2030	37 040	24 333	0.66
新乡	2015	114 890	46 680	0.41
	2020	148 800	127 244	0.86
	2030	148 800	127 244	0.86
焦作	2015	75 130	42 800	0.57
	2020	75 540	59 957	0.79
	2030	75 540	59 957	0.79
濮阳	2015	42 630	15 330	0.4
	2020	56 780	51 902	0.91
	2030	56 780	51 902	0.91

续表 3-8

市	水平年	水资源总量	水资源可利用总量	水资源可利用系数
许昌	2015	78 100	57 380	0. 73
	2020	87 990	52 967	0. 6
	2030	87 990	52 967	0. 6
漯河	2015	45 270	31 510	0. 7
	2020	64 020	44 527	0. 7
	2030	64 020	44 527	0. 7
驻马店	2015	247 470	210 120	0. 85
	2020	494 880	284 509	0. 58
	2030	494 880	284 509	0. 58
合计	2015	899 750	666 310	0. 74
	2020	1 342 040	868 802	0. 72
	2030	1 342 040	868 802	0. 72

第4章　水资源供需预测及平衡分析

4.1　现状年供需水分析

4.1.1　供用水量

4.1.1.1　供水量

2015年全国总供水量为6 103.2亿m^3,河南全省总供水量为222.83亿m^3,占全国总供水量的3.7%。地表水资源供水量100.57亿m^3,占全省总供水量的45.1%;地下水源供水量120.65亿m^3,占总供水量的54.1%;集雨及其他工程供水1.61亿m^3,占总供水量的0.8%。在地表水开发利用中,引用入过境水量45.49亿m^3,其中南水北调中线工程调水量9.13亿m^3(含引丹灌区4.26亿m^3),引黄河干流水量28.62亿m^3;四大流域间相互调水20.20亿m^3(含南水北调中线工程调入淮河、黄河、海河流域水量4.84亿m^3)。在地下水源利用中,开采浅层地下水116.22亿m^3,中深层地下水4.44亿m^3。

省辖海河流域供水量37.78亿m^3,占全省总供水量的17%;黄河流域供水量50.75 m^3,占全省总供水量的22.8%;淮河流域供水量111.51亿m^3,占全省总供水量的50.0%;长江流域供水量22.79亿m^3,占全省总供水量的10.2%。

郑州、焦作、新乡、安阳、鹤壁、许昌、漯河、驻马店等市以地下水源供水为主,地下水源占其总供水量的50%以上,其他市则以地表水源供水为主,地表水源占其总供水量的50%以上。2015年研究区各市供用耗水量见表4-1。

表4-1　现状年2015年研究区各市供用耗水量　(单位:万m^3)

市	供水量				用水量				耗水量
	地表水	地下水	其他	合计	农、林、渔业	工业	城乡生活、环境综合	合计	
郑州	81 530	91 670	8 890	182 090	49 200	54 230	78 650	182 080	88 040
开封	83 130	59 250		142 380	90 450	20 430	31 500	142 380	81 340
安阳	41 540	102 010		143 550	91 770	19 870	31 910	143 550	99 030
鹤壁	16 400	33 690	50	50 140	32 540	7 240	10 360	50 140	33 780
新乡	78 760	94 570		173 330	120 530	24 910	27 890	173 330	103 120
焦作	58 320	78 300		136 620	85 410	32 490	18 710	136 620	81 330
濮阳	94 650	53 290		147 940	97 830	29 080	21 040	147 940	91 360
许昌	24 160	55 250	1 310	80 720	33 230	25 096	21 540	80 720	44 910
漯河	5 740	30 790		36 530	15 630	13 060	7 840	36 530	11 450
驻马店	31 280	76 160	690	108 130	66 460	13 340	28 320	108 130	76 170
合计	515 510	674 980	10 940	1 201 420	683 050	240 610	277 760	1 201 420	710 530

4.1.1.2 用水量

2015年河南省用水量为222.83亿 m^3,占全国总用水量的3.7%。其中农、林、渔业用水量为120.09亿 m^3(农田灌溉110.90亿 m^3),占全省总用水量的53.9%;工业用水量为52.51亿 m^3,占23.6%;城乡生活、环境用水量为50.23亿 m^3(城市生活、环境用水量为32.41亿 m^3),占22.5%。

省辖海河流域用水量为37.78亿 m^3,占全省总用水量的17.0%;黄河流域用水量为50.75亿 m^3,占全省总用水量的22.8%;淮河流域111.51亿 m^3,占全省总用水量的50.0%;长江流域用水量为22.79亿 m^3,占全省总用水量的10.2%。

由于水源条件、产业结构、生活水平和经济发展状况的差异,研究区各市用水量及其结构有所不同。郑州、许昌、漯河3市工业用水相对较大,占其用水总量的比例超过25%;开封、安阳、鹤壁、新乡、焦作、驻马店6市农、林、渔业用水比例相对较大,均在60%以上。

4.1.1.3 耗水量

2015年全省耗水总量为123.16亿 m^3,占总用水量的55.3%。其中农、林、渔业用水消耗量占全省用水消耗总量的67.0%;工业用水消耗量占9.4%,城乡生活、环境用水消耗量占23.5%。

4.1.2 用水水平分析

用水指标是衡量用水水平和用水效率的一种尺度参数,要全面地反映河南省的用水现状,需要用多个指标所组成的指标体系进行综合评价。结合河南省的用水特点和河南省2015年用水资料,计算各指标以及统计指数,采用比较分析法进行分析研究。

4.1.2.1 用水总量

2015年全省总用水量为222.83亿 m^3,比2014年的209.29亿 m^3 新增用水量13.54亿 m^3,新增用水中,城镇生活用水增加最多,为81%,其次是生态环境用水和工业用水,农业用水稳中有升;在研究区中濮阳新增用水量最大,主要是由农业用水增加引起的,其中商丘农业用水量增加,高达71%;许昌是唯一出现负增量的省辖市,工业用水增加了17%,农田灌溉用水减少了28%。这些变化格局与河南省灌溉面积的分布和产业结构演变的方向是一致的。

4.1.2.2 人均用水量

近10年河南省人均综合用水量稳中缓慢上升,均低于相应年份的全国平均水平,并与近10年全国人均用水量的发展过程基本一致。在研究区各市中,人均用水量大于300 m^3 的有开封、安阳、新乡、焦作、濮阳5市,郑州、许昌、漯河、驻马店4市小于200 m^3。以灌溉农业为主导产业的濮阳人均综合用水量最高,2015年为410 m^3,驻马店最低,为155 m^3,两者倍比达3.1倍。这种差异反映了降水和取水条件对以农业为主地区的用水影响,降水与农业需水是逆向波动的,丰水地区用水量小,枯水地区用水量大。豫北引黄河水灌溉便利,大部分地区节水灌溉尚未普及,还延续粗放的灌溉方式,其人均综合用水量明显高于其他地区。

4.1.2.3　万元 GDP 用水量

河南省万元 GDP 用水量快速下降,10 年间累计下降 77%,在各省辖市中万元 GDP 用水量最大的市是濮阳市,2015 年为 98 m^3,郑州、许昌 2 市均小于 50 m^3,其中郑州市最小,为 16 m^3。河南省万元 GDP 用水量低于全国平均水平,与发达国家相比差距较大。这与第一产业比重偏高,工业主要以高耗水的能源、原材料工业为主,仍然延续水资源利用的粗放模式密切相关。

4.1.2.4　其他指标

河南省农村生活用水量缓慢下降,城镇生活和公共用水量以及工业用水量逐年上升,反映了经济社会的高速发展、城镇化进程加快、产业规模不断扩大的趋势。城镇居民用水水平不断提高,但由于节水设备的逐步推广以及居民节水意识的增强,城镇综合生活用水指标呈缓慢上升状态;万元工业增加用水量逐年降低。

综合以上分析,近 10 年间,示范区用水水平和用水效率较以往有较大提高,但整体水平仍然较低。农业用水仍在增加,比重呈缓慢下降趋势,工业和生活用水比重不断提高。由于自然条件和经济社会发展不同,产业结构相异,省内不同地区用水水平和用水效率不平衡,有些指标相差数倍,农业主产区的用水效率有待提高。

4.2　水资源开发利用现状

4.2.1　水资源严重短缺,缺水与浪费并存

河南省多年平均水资源总量为 403.5 亿 m^3,是全国水资源总量的 1/70;人均水资源总量为 381 m^3,是全国人均水资源总量的 1/5,是世界人均水资源总量的 1/6;亩均水资源量为 373m^3,不足全国平均水平的 1/4,是世界亩均水资源总量的 1/8,属于自产水资源承载能力不足省区,为严重缺水地区,现状情况下,水资源供需矛盾突出,正常年份缺水量达到 48.8 亿 m^3,其中,海河流域和黄河流域缺水最为严重。目前,河南省水资源利用效率不高,全省单方水 GDP 产出仅为世界平均水平的 1/3,万元工业增加值用水量是发达国家的 3~4 倍;全省农业灌溉用水有效利用系数约为 0.59,部分地区仅 0.45 左右。许多地区农业灌溉方式仍较粗放,水资源短缺和生态脆弱地区仍存在盲目建设高耗水、重污染项目现象。水资源高效利用的工程技术体系还不完善,先进实用的高效节水技术开发和推广应用力度还不够,取水、用水和排水的计量和监测设施还不健全。节水型社会建设发展不平衡,离全方位、全过程节水的要求还有很大差距。

4.2.2　水环境恶化,水环境问题突出

4.2.2.1　水污染对水环境的影响

河南省水污染严重,不但使部分水功能丧失,导致一些地区出现水质性缺水,使水环境恶化,不少河流、池塘的鱼虾已灭绝,同时,污水的有害气体也严重污染了周边的生态环境。

4.2.2.2　局部地下水超采对水环境的影响

由于地下水严重超采，导致地下水位严重下降，使得原本是地下水补给河水的区域，现在变成河水对地下水的渗漏补给，彻底改变了区域"三水"转化关系，同时污染的河水下渗补给地下水后，进一步污染地下水，由于地下水严重污染，造成农村人畜饮水困难。

城市开采中深层地下水导致地下水下降，使含水层枯竭，也造成一系列地质环境问题，如许昌等城市产生地面沉降、地面裂缝和塌陷等地质环境问题。

4.2.2.3　建坝、建闸蓄水对水环境的影响

建坝、建闸蓄水改变了河流天然流态，减少了下游河道的天然流量，从而降低了河水纳污和自净能力，导致河道内生物生态环境的改变，甚至引起部分水生物的灭绝。

4.2.2.4　生活水平提高和工农业发展对水环境的影响

随着人们生活水平的提高和工农业生产发展，对水的需求越来越大，但水资源是有一定限度的，大量开发利用必定对水环境产生影响，所以必须考虑人与自然和谐相处。

4.2.3　工程设施尚不完善，水资源调控能力不足

水资源时空分布不均，四大流域间缺乏水资源骨干调配工程，跨流域区域水资源调配能力不足，蓄水工程现状供水能力占多年平均径流量的比值为 22%，略高于全国 19% 的水平。大中型水库现状供水能力仅占地表水供水能力的 38%，占总供水能力的 19%，供水保障程度低，抗风险能力弱；局部区域缺乏调蓄工程，城市双源、多源供水系统建设滞后，80% 以上的城市存在经济社会用水挤占河湖生态环境用水问题，城市应急备用水源建设滞后于城市发展，约一半的城市没有应急备用水源，特殊情况下城市供水安全保障能力不足；灌排设施建设滞后，已有灌区灌排设施标准不高、配套不全、老化失修，新建水库，灌区等工程配套建设滞后而导致效益难以发挥，全省耕地面积为 1.22 亿亩。2015 年农田有效灌溉面积为 7 464 万亩，灌排能力不足，粮食核心区建设和粮食增产受到制约。

4.2.4　水资源管理制度和体系薄弱，水资源管理能力不足

目前，水资源总量控制与定额管理相结合的水量管理技术体系尚不完善，部分地区水资源无序开发和过度开发还未得到有效遏制，以定额管理为基础的节约用水行为规范还没有全部实行，随着经济社会的迅速发展，水法制建设有待强化；管理体制和机制有待创新；水资源管理手段和能力有待加强。

4.3　规划年供需水预测

4.3.1　需水预测

河南省已迈入全面建成小康社会的决胜阶段，正处于工业化城镇化加速推进和生态文明建设的关键时期。未来一段时期，经济社会快速发展对水资源的需求将进一步加大。

4.3.1.1　生活需水预测

河南省是人口大省、发展中大省，根据 2013 年 12 月 25 日通过的《中共河南省委关于

科学推进新型城镇化的指导意见》,各市城镇化率正持续增加。根据近年的人口发展趋势及已有的规划成果,综合考虑国家政策调整以及城镇化进程等,预测研究区规划年2020年及2030年的人口发展状况。预测结果显示,到2020年安阳、鹤壁、焦作等10个市常住人口城镇化率力争达到58%,城镇人口约增加535万人;到2030年,常住人口城镇化率接近71%,城镇人口约增加1 285万人。

随着城镇化发展和城乡居民生活水平的提高,居民生活用水定额也将逐渐增大。同时,随着服务业的规模不断壮大,城市公共用水也将持续增长。总体来说,在人口总量达到或接近峰值以及城镇化水平大大稳定之前,城镇生活用水将呈刚性增长态势;由于农村人口的明显减少,农村生活用水定额虽然有所提高,但农村生活用水总量整体呈减少趋势。

根据现状年的城镇及农村生活用水定额,综合考虑近年及未来的发展趋势,确定规划年各市的生活用水定额,根据生活用水定额及人口发展情况,分析计算得到研究区各市的生活需水量,见表4-2。根据测算,河南省安阳、鹤壁、焦作等10个市城乡生活用水2020年需水量约为22.00亿m^3,2030年需水量约为26.57亿m^3。

表4-2 研究区各市人口及生活需水预测

市	水平年	常住人口(万人)			城镇化率(%)	生活用水量(万m^3)	
		城镇	农村	合计		城镇	农村
郑州	2015	667	290	957	0.87	45 219.01	8 977.3
	2020	875.53	115.38	990.92	0.88	54 326.78	3 790.36
	2030	948.08	103.91	1 051.99	0.9	58 828.66	3 792.55
开封	2015	201	253	454	0.39	10 639.77	4 100.74
	2020	233.94	236.15	470.09	0.5	13 234.91	5 171.78
	2030	310.44	188.62	499.06	0.62	18 129.84	5 851.96
安阳	2015	240	272	512	0.41	9 753.12	7 647.33
	2020	279.83	250.32	530.15	0.53	13 277.9	7 766.05
	2030	371.35	191.47	562.82	0.66	20 331.16	6 639.39
鹤壁	2015	89	72	161	0.55	4 322.41	1 440.8
	2020	117.96	48.75	166.71	0.71	6 458.16	1 334.49
	2030	156.53	20.45	176.98	0.88	9 141.61	634.34
新乡	2015	280	292	572	0.46	13 743.03	7 314.84
	2020	349.7	242.57	592.27	0.59	19 146.28	7 082.98
	2030	464.07	164.7	628.78	0.74	27 101.79	5 410.53

续表 4-2

市	水平年	常住人口(万人)			城镇化率(%)	生活用水量(万 m^3)	
		城镇	农村	合计		城镇	农村
焦作	2015	194	159	353	0.52	9 420.63	3 546.59
	2020	244.65	120.86	365.51	0.67	12 769.28	3 529.25
	2030	324.66	63.38	388.04	0.84	17 774.87	2 082.13
濮阳	2015	146	215	361	0.37	10 307.27	6 317.36
	2020	178.2	195.59	373.79	0.48	10 406.91	6 068.28
	2030	236.48	160.35	396.83	0.6	13 810.41	5 560.23
许昌	2015	207	227	434	0.42	11 083.09	5 652.38
	2020	243	206.39	449.38	0.54	13 747.49	6 026.44
	2030	322.47	154.61	477.08	0.68	18 832.01	5 079.01
漯河	2015	125	138	263	0.45	6 317.36	1 773.29
	2020	156.17	116.15	272.32	0.57	8 550.28	2 119.76
	2030	207.24	81.86	289.1	0.72	12 103.03	2 390.35
驻马店	2015	265	431	696	0.29	10 196.44	9 198.96
	2020	270.11	450.56	720.67	0.37	12 816.74	12 333.96
	2030	358.45	406.64	765.08	0.47	19 625.03	12 625.87
合计	2015	2 414	2 349	4 763	0.48	131 002.12	55 969.6
	2020	2 949.08	1 982.72	4 931.8	0.58	164 734.73	55 223.35
	2030	3 699.77	1 536	5 235.77	0.71	215 678.41	50 066.36

4.3.1.2　工业需水预测

随着新一轮科技革命和产业变革与我国加快转变经济发展方式形成历史性交汇，河南省既面临着工业化与城镇化加速推进、扩大内需、新技术革命等历史机遇，也面临着产业转移、区位交通、载体平台建设等特殊机遇，需求潜力巨大，综合优势显著。

河南省经济发展已进入新常态，随着成功推动中原经济区、郑州航空港经济综合实验区规划上升为国家战略，以及打造先进制造业大省、高增长服务业大省战略的实施，今后一个时期工业生产总值增长率将维持在年均6%左右，到2030年工业生产总值比现在翻两番以上。未来通过调整工业结构、产业优化升级、逐步提高水价和加大节水力度，万元工业增加值用水量将逐渐下降。总体来看，2030年以前，各市工业用水量不断增加，万元GDP用水量持续减少，由于工业增加值增速大于工业用水定额降速，工业用水需求将呈稳定增长态势。首先根据近年的GDP变化趋势，结合河南省各项规划成果以及全国的经济发展趋势预测，预测各市的经济发展规模及万元GDP用水量数据，并据此预测研究区未来的供、用、需水量。

安阳、焦作、鹤壁等 10 个市工业 2020 年需水量约为 27.93 亿 m^3，2030 年需水量、工业万元 GDP 用水量及工业用水量成果如表 4-3 所示。

表 4-3　研究区各市工业需水预测

市	水平年	工业生产总值（亿元）	工业万元 GDP 用水量（m^3/万元）	工业用水量（万 m^3）
郑州	2015	3 604.15	15.05	54 200
	2020	4 823.17	14	62 900
	2030	8 637.55	13	73 000
开封	2015	657.4	31.08	20 400
	2020	879.75	24	23 700
	2030	1 575.5	18	24 500
安阳	2015	926.81	21.44	19 900
	2020	1 240.28	17	23 100
	2030	2 221.15	14	26 800
鹤壁	2015	468.25	15.46	7 200
	2020	626.62	14	8 400
	2030	1 122.19	13	11 700
新乡	2015	982.71	25.35	24 900
	2020	1 315.09	20	28 900
	2030	2 355.12	16	29 900
焦作	2015	1 150.96	28.23	32 500
	2020	1 540.24	23	37 700
	2030	2 758.34	17	39 000
濮阳	2015	751.19	38.71	29 100
	2020	1 005.26	32	33 800
	2030	1 800.27	20	34 500
许昌	2015	1 280.89	20.27	26 000
	2020	1 714.12	18	30 100
	2030	3 069.73	16	31 100
漯河	2015	624.75	20.9	13 100
	2020	836.06	17	15 200
	2030	1 497.25	15	15 700

续表 4-3

市	水平年	工业生产总值（亿元）	工业万元 GDP 用水量（m^3/万元）	工业用水量（万 m^3）
驻马店	2015	720.25	18.52	13 300
	2020	963.86	17	15 500
	2030	1 726.12	15	16 000
合计	2015	11 167.36	235.01	240 600
	2020	14 944.45	196	279 300
	2030	26 763.23	157	288 600

4.3.1.3　农业需水预测

河南省是全国农业大省和粮食生产大省，随着粮食生产核心区规划上升为国家战略，以及打造现代化农业大省战略的实施，结合全国新增千亿斤粮食生产能力规划，外延发展与内涵挖潜相结合，未来将在稳固现有灌溉面积的基础上，在水土资源条件适宜地区适度发展新灌溉面积，以保障河南省粮食安全，实现口粮安全、谷物基本自给、把饭碗牢牢端在自己手中的要求。

未来通过大力发展节水灌溉和高标准农田建设，灌溉水利用系数及农业灌溉用水效率提高，亩均灌溉用水量将逐渐下降。总体来看，2015 年以后，灌溉面积虽有增长，但增幅较小，整体比较稳定。灌溉用水定额随着灌溉水利用系数的提高将持续减少，农业灌溉用水需求整体将呈现持续下降趋势。根据我国农业灌溉发展所处阶段及未来发展趋势，预测规划年各市的农业需水量见表 4-4，根据测算，安阳、鹤壁、焦作等 10 个市农业灌溉 2020 年需水量约为 60.33 亿 m^3，2030 年需水量约为 57.55 亿 m^3。

表 4-4　研究区各市农业需水预测

市	水平年	灌溉面积（khm^2）	综合灌溉定额（m^3/亩）	农业灌溉用水量（万 m^3）	林、牧、渔用水量（万 m^3）
郑州	2015	202.71	99.32	30 200	6 900
	2020	204.74	94.52	29 030	7 200
	2030	204.74	90.15	2.769	7 600
开封	2015	352.93	174.32	92 280	6 100
	2020	356.46	165.88	88 700	6 400
	2030	356.46	158.23	84 600	6 700
安阳	2015	311.11	213.5	99 630	5 300
	2020	314.22	203.17	95 760	5 500
	2030	314.22	193.8	91 340	5 800

续表 4-4

市	水平年	灌溉面积 (khm²)	综合灌溉定额 (m³/亩)	农业灌溉用水量 (万 m³)	林、牧、渔用水量 (万 m³)
鹤壁	2015	92. 47	201. 77	27 990	1 100
	2020	93. 39	192. 01	26 900	1 200
	2030	93. 39	183. 14	25 660	1 200
新乡	2015	362. 03	222. 62	120 890	3 400
	2020	365. 65	211. 84	116 190	3 500
	2030	365. 65	202. 07	110 830	3 700
焦作	2015	181. 33	239. 97	65 270	4 600
	2020	183. 14	228. 36	62 730	4 800
	2030	183. 14	217. 82	59 840	5 000
濮阳	2015	235. 32	284. 82	100 250	4 200
	2020	237. 67	270. 28	96 360	4 400
	2030	237. 67	257. 81	91 910	4 600
许昌	2015	246. 66	62. 71	23 200	1 800
	2020	249. 13	59. 68	22 300	1 900
	2030	249. 13	56. 93	21 270	2 000
漯河	2015	142. 4	81. 86	17 450	800
	2020	143. 82	77. 73	16 770	900
	2030	143. 82	74. 14	15 990	900
驻马店	2015	598	56. 38	50 570	9 600
	2020	603. 98	53. 65	48 600	10 100
	2030	603. 98	51. 17	46 360	10 600
合计	2015	2 724. 96	153. 58	627 700	43 800
	2020	2 752. 21	146. 15	603 300	45 900
	2030	2 752. 21	139. 4	575 500	48 100

林、牧、渔用水需求随着产业规模的逐步扩大而有一定的增长，2020 年需水量约为 4. 59 亿 m³，2030 年需水量约为 4. 81 亿 m³。

4. 3. 1. 4　生态需水预测

生态需水量分为河道内需水和河道外需水，其中河道内生态需水量在计算水资源可利用量时已经作为不可利用水资源量进行了扣除，而本书研究的生态需水是河道外生态需水，主要包括水土保持、林业生态工程、城镇水面景观、绿地等所需水量。

根据近年的生态用水状况及发展趋势，预计2020年研究区市的生态需水量为5.11亿 m^3，2030年生态需水量约为5.36亿 m^3。

4.3.2　可供水量分析

可供水量预测包括现有工程和规划水平年内新建工程的可供水量预测。根据采取强化节水措施下的需水预测成果，以水资源可利用量为控制，在满足生态环境用水要求，严格控制用水总量的前提下，按照提高水资源节约和循环利用水平的要求合理确定。供水水源有地表水（包括水库、河道引提水、引黄水、南水北调水）、地下水（包括浅层水、深层水）和非常规水（中水、雨水、矿井水等）。

4.3.2.1　地表水可供水量

地表水供水水源主要是大中型水库和引调提水工程。预测2020年已建成大中型水库可供水量为73.52亿 m^3，2030年达到80.17亿 m^3。国家分配给河南省黄河干流耗水指标36.67亿 m^3，2010年以来河南省平均每年引黄水量约为36.69亿 m^3，已足量使用，预测2020年、2030年引黄可供水量仍为指标分配的35.67亿 m^3。南水北调工程中线工程一期分配给河南省水量29.94亿 m^3，预测2020年、2030年南水北调供水29.94亿 m^3。除引黄和南水北调工程，其他引调提水工程2020年可供水量为40.40亿 m^3，2030年为51.25亿 m^3。

4.3.2.2　地下水可供水量

由于河南省部分地区水资源严重短缺，为维系经济社会发展不得不长期超采地下水，导致部分区域地下水补排失衡，水位大幅下降，引发了地面沉降、地裂缝、水质恶化等一系列环境地质问题，严重制约经济社会可持续发展。规划水平年用严格地下水管理和保护制度，控制浅层地下水开采量，将深层承压水作为应急和战略储备水源。预测2020年、2030年河南省地下水可供水量分别为98.25亿 m^3、95.17亿 m^3。

4.3.2.3　非常规水可供水量

规划非常规水源利用工程主要为再生水利用工程、雨水集蓄利用工程和矿井水利用工程，预测2020年、2030年河南省非常规水可供水量分别为6.78亿 m^3、8.90亿 m^3。

4.3.2.4　总可供水量

河南省经多年水利工程建设，已经建成了一定数量的水库、调蓄池、节制闸等水源工程，也在河南省经济建设中发挥了巨大作用，但随着经济社会建设推进，现有水源工程受诸多因素影响，已经不能满足发展需求，城镇供水、农业灌溉等仍存在较大用水缺口，现有供水工程也缺乏必要的调蓄，急需新建一批供水工程。根据河南省现有及规划供用水工程情况，结合城镇供水现状及城镇化建设需要，以改善城镇供水结构和供水水质为目的，在供水保障程度较差的城市规划供水工程，具体如下：

规划应参考《全国中型水库建设总体安排意见（2013～2017年）》和《河南省大中型水库建设规划》，结合中原经济区和粮食核心区建设布局，考虑当地区域规划及发展实际需求，改善区域工程性缺水为目标，新建水库，规划建设张湾、杨庄洪水控制工程等大型水库，扩建昭平台水库共10座水库，总库容64.19亿 m^3，兴利库容22.15亿 m^3；建设中型水库36座，总库容9.26亿 m^3，兴利库容5.38亿 m^3；小型水库257座，总库容31 171万 m^3，兴利库容 20 174 m³；南水北调调蓄水库划分为补偿调节水库、充蓄调节水库和在线调节水库三类，补偿调节水库和充蓄调节水库分别为向干渠补水和向水库充蓄单向调节，在线调蓄水库为向干渠补水和水库充蓄双向调节。

许昌、郑州、新乡、鹤壁、安阳等沿线地区具备建设调蓄水库的优势；为用足用好国家分配给河南省的黄河水量，满足农业灌溉用水需求，结合《河南省水利发展规划（2011 ~ 2020 年）》，提出通过修建引黄灌区和大型灌区续建配套与节水改造，加强引黄基础设施建设，积极发展引黄灌溉，增加利用黄河水资源能力，以保证水资源的可持续利用。以"引蓄结合"的引黄模式推动引黄调蓄工程建设，以期提高农业灌溉、城市生活、生产及生态用水保障，充分利用有限的引黄分配水量，实现"丰枯调蓄，常蓄备用"。调蓄工程年调配干流引黄总水量 13.4 亿 m³，总调蓄库容 5.56 亿 m³。

由表 4-5 可知，研究区 10 个市 2020 年的总可供水量可达到 149.91 亿 m³，2030 年水平年总可供水量为 162.13 亿 m³。

表 4-5　研究区各市规划年水资源供水能力　　（单位：万 m³）

市	水平年	供水能力	市	水平年	供水能力
郑州	2020	246 200	焦作	2020	164 900
	2030	286 600		2030	173 000
开封	2020	173 300	濮阳	2020	180 500
	2030	182 800		2030	188 100
安阳	2020	177 800	许昌	2020	98 600
	2030	185 300		2030	116 600
鹤壁	2020	53 200	漯河	2020	58 000
	2030	54 600		2030	63 000
新乡	2020	214 500	驻马店	2020	132 100
	2030	227 700		2030	143 600
合计	2020	1 499 100			
	2030	1 621 300			

4.3.3　用水总量控制指标

为深入贯彻落实《中共中央国务院关于加快水利改革发展的决定》（中发〔2011〕1 号）和《国务院关于实行最严格水资源管理制度的意见》（国发〔2012〕3 号），进一步强化水资源利用、节约、保护和管理，实现水资源可持续利用和全省经济社会可持续发展，河南省人民政府出台了《河南省人民政府关于实行最严格水资源管理制度的实施意见》（豫政〔2013〕69 号），确立水资源开发利用红线，到 2030 年河南省 10 个市的用水总量控制在 163.57 亿 m³以内；确立用水效率控制红线，到 2030 年用水效率达到或接近全国先进水平。

2015年研究区10个市用水总量控制在141.78亿m^3以内，万元工业增加值用水量比2010年下降35%以上，农田灌溉水有效利用系数提高到0.6以上，重要江河湖库水功能区水质达标率提高到56%以上；到2020年研究区10个市的用水总量力争控制在151.40亿m^3以内，用水效率进一步提高，重要江河湖库水功能区水质达标率提高到75%以上，江河湖库生态明显改善，城镇供水水源地水质全面达标。各市用水总量控制目标详见表4-6。

表4-6　研究区各市用水总量控制目标　（单位：万m^3）

市	总用水量			用水总量指标		
	2015年	2020年	2030年	2015年	2020年	2030年
郑州	145 500	157 300	170 900	229 200	245 000	275 300
开封	133 500	137 200	139 800	166 500	179 100	194 100
安阳	142 200	145 400	150 900	172 600	173 600	185 800
鹤壁	42 100	44 300	48 300	56 600	56 800	61 100
新乡	170 200	174 900	176 900	210 500	215 100	224 100
焦作	115 300	121 600	123 700	147 000	148 600	156 600
濮阳	150 200	151 000	150 800	161 000	163 500	171 100
许昌	67 700	74 100	78 300	94 400	106 900	116 500
漯河	39 400	43 500	47 100	48 900	56 100	60 800
驻马店	92 900	99 300	105 200	111 100	129 200	140 400
合计	1 099 000	1 148 500	1 191 900	1 397 800	1 474 000	1 585 700

4.4　水资源平衡分析

4.4.1　水资源可利用量一次平衡分析

根据前述的各水平年的水资源可利用计算成果及需水预测成果，进行水资源可利用量与需水量之间的一次平衡分析。规划年研究区各市水资源可利用量及需水量平衡分析结果见表4-7。

表4-7　规划年研究区各市水资源可利用量及需水量平衡分析　（单位：万m^3）

市	水平年	水资源总量	水资源可利用总量	需水量	余、缺水量
郑州	2020	286 906	68 280	157 300	-89 020
	2030	286 906	68 280	170 900	-102 620
开封	2020	170 030	88 029.2	137 200	-49 170.8
	2030	170 030	88 029.2	139 800	-51 770.8
安阳	2020	195 566	77 207.6	145 400	-68 192.4
	2030	195 566	77 207.6	150 900	-73 692.4

续表 4-7

市	水平年	水资源总量	水资源可利用总量	需水量	余缺水量
鹤壁	2020	59 220	24 333	44 300	-19 967
	2030	59 220	24 333	48 300	-23 967
新乡	2020	285 280	127 244.5	174 900	-47 655.5
	2030	285 280	127 244.5	176 900	-49 655.5
焦作	2020	144 150	59 957.9	121 600	-61 642.1
	2030	144 150	59 957.9	123 700	-63 742.1
濮阳	2020	174 690	51 902.3	151 000	-99 097.7
	2030	174 690	51 902.3	150 800	-98 897.7
许昌	2020	126 400	52 967	74 100	-21 133
	2030	126 400	52 967	78 300	-25 333
漯河	2020	81 480	44 527.7	43 500	1 027.7
	2030	81 480	44 527.7	47 100	-2 572.3
驻马店	2020	494 880	284 509.7	99 300	185 209.7
	2030	494 880	284 509.7	105 200	179 309.7
合计	2020	2 018 602	868 802.6	1 148 500	-279 697.4
	2030	2 018 602	868 802.6	1 191 900	-323 097.4

从表 4-7 可以看出，未来人们的需水量在不断增加，但水资源可利用量却难以增加，甚至由于现在的过度开发会有所减少。研究区 10 个市中有 9 个市都处于严重的缺水状态，只有驻马店市的水资源可利用量可以满足城市的用水需求。研究区 10 个市在 2030 年的缺水量会达到 87.31 亿 m^3。

4.4.2 水资源可利用量二次平衡分析

由水资源可利用量一次平衡分析可以看出，水资源的需求与水资源可利用量存在很大的缺口，必须要搞好水资源的开源节流工作，达到需、用水的平衡。

由于在进行需水预测时，已经充分考虑了不同行业的节约用水、提高水资源利用效率的各种措施对需水量的影响，因此不再进行考虑加大节水力度的水资源需水预测及对应的水资源平衡分析。而且河南省已经规划并实施了大量的引调水工程以增加水资源可利用量，因此二次平衡分析直接利用考虑引调水工程后的水资源可利用量进行水资源平衡分析。

研究区引用入过境水量、南水北调中线工程（含引丹灌区），引黄河干流水量、四大流域间相互调水（含南水北调中线工程调入淮河、黄河、海河流域水量）等增加研究区的水资源可利用量。根据已有的规划及相关工程的安排，研究区进行了大量的引水及调水工程。依据有关规划研究成果，研究区焦作、新乡、郑州、开封的引黄水量分别为 2.35 亿 m^3、5.6 亿 m^3、4.85 亿 m^3、5.17 亿 m^3。南水北调中线工程规划中对焦作、安阳、新乡、郑州、鹤壁、漯河、许昌、濮阳 8 市引水量为 2.69 亿 m^3、2.83 亿 m^3、3.92 亿 m^3、5.40 亿 m^3、1.64 亿 m^3、1.06 亿 m^3、2.26 亿 m^3、1.19 亿 m^3。此外，在引黄灌区可增加地下水的开采量，充分利用黄河水资源为经济建设服务也是解决研究区缺水问题的途径之一。

综合考虑研究区本地水资源及调水、引水工程等，将各种引调水量计入水资源可利用量中，得到含引调水量的水资源可利用量，再次进行水资源可利用量及需水量之间的平衡分析，见表 4-8。

表 4-8　规划年研究区各市含调水水资源平衡分析　（单位：万 m^3）

市	水平年	引水调水量	含调水的水资源可利用量	需水量	余、缺水量
郑州	2020	102 536	170 816	157 300	13 516
	2030	102 536	170 816	170 900	-84
开封	2020	51 700	139 729.2	137 200	2 529.2
	2030	51 700	139 729.2	139 800	-70.8
安阳	2020	42 556	119 763.6	145 400	-25 636.4
	2030	42 556	119 763.6	150 900	-31 136.4
鹤壁	2020	16 400	40 733	44 300	-3 567
	2030	16 400	40 733	48 300	-7 567
新乡	2020	99 160	226 404.5	174 900	51 504.5
	2030	99 160	226 404.5	176 900	49 504.5
焦作	2020	50 400	110 357.9	121 600	-11 242.1
	2030	50 400	110 357.9	123 700	-13 342.1
濮阳	2020	111 900	163 802.3	151 000	12 802.3
	2030	111 900	163 802.3	150 800	13 002.3
许昌	2020	22 600	75 567	74 100	1 467
	2030	22 600	75 567	78 300	-2 733
漯河	2020	10 600	55 127.7	43 500	11 627.7
	2030	10 600	55 127.7	47 100	8 027.7
驻马店	2020	0	284 509.7	99 300	185 209.7
	2030	0	284 509.7	105 200	179 309.7
合计	2020	507 852	1 376 654.6	1 148 500	228 154.6
	2030	507 852	1 376 654.6	1 191 900	184 754.6

由表 4-8 可知，通过建设引调水工程、南水北调中线工程、引黄工程，已经基本满足了研究区 7 市的需水量，只有安阳、鹤壁、焦作 3 市的供需矛盾仍未解决，但其缺水量已经大

幅度减少,暂时缓解了大部分的供需矛盾。其中许昌、郑州、开封3市随着城市需水量的增加,供水手段不足,到2030年会再次处于缺水状态,因此只通过引调水工程并不能彻底解决上述城市的需水问题。

4.4.3　水资源供需平衡分析

根据《河南省水资源综合利用规划》,在研究区需要实施一系列的水利工程,以提高该区域的供水能力。实施上述工程以后,到规划年各市的供水能力大幅提高。利用供水能力及未来的需水情况进行水资源供需平衡分析,见表4-9。

表4-9　研究区各市规划水平年水资源供需情况　（单位:万 m^3）

市	水平年	需水总量	用水总量指标	供水能力	余、缺水量
郑州	2020	157 300	245 000	246 200	88 900
	2030	170 900	275 300	286 600	115 700
开封	2020	137 200	179 100	173 300	36 100
	2030	139 800	194 100	182 800	43 000
安阳	2020	145 400	173 600	177 800	32 400
	2030	150 900	185 800	185 300	34 400
鹤壁	2020	44 300	56 800	53 200	8 900
	2030	48 300	61 100	54 600	6 300
新乡	2020	174 900	215 100	214 500	39 600
	2030	176 900	224 100	227 700	50 800
焦作	2020	121 600	148 600	164 900	43 300
	2030	123 700	156 600	173 000	49 300
濮阳	2020	151 000	163 500	180 500	29 500
	2030	150 800	171 100	188 100	37 300
许昌	2020	74 100	106 900	98 600	24 500
	2030	78 300	116 500	116 600	38 300
漯河	2020	43 500	56 100	58 000	14 500
	2030	47 100	60 800	63 000	15 900
驻马店	2020	99 300	129 200	132 100	32 800
	2030	105 200	140 400	143 600	38 400
合计	2020	1 148 500	1 473 900	1 499 100	350 600
	2030	1 191 900	1 585 800	1 621 300	429 400

研究区10个市2020年需水总量114.85亿 m^3,用水总量指标为147.39亿 m^3;2030年需水总量119.19亿 m^3,用水总量指标为158.58亿 m^3。分析结果表明,规划年的供水

能力已经可以完全满足未来研究区社会经济的需水量，供水格局稳定，已经形成了完善的水资源配置体系，实现了水资源综合调控，达到了供水安全保障水平。总体上来看，已经初步建成节水型社会，需水量的增加得到了有效的控制，同时通过加强本地水的调蓄利用，留住过境水，存续天上水，并且构建丰枯调剂、多元互补的水网体系，实现水量优化配置，跨流域调水，开源节流，增加供水手段，提高了城市供水安全保障能力，实现水资源可持续利用与生态环境建设良性循环的目标。

第5章 基于欧氏距离的水资源承载能力研究

水资源承载能力不是简单的水资源问题，不能仅在水资源系统中研究，它是研究人口、水资源、社会经济和生态环境等方面的学科，因此需要按系统科学的原理，从水资源系统—自然生态系统—社会经济系统耦合机制上综合考虑水资源人口、资源、环境和经济协调发展的支撑能力。

水资源承载能力的评价方法有很多，本书基于二元比较法确定权重的欧氏距离法和绝对值距离法对河南省研究区的10个市水资源情况进行评价。

5.1 评价指标体系的建立

评价指标体系的确定合理与否将影响评价结果的可信度，在实际评价过程中，并非评价指标越多越好，但也不是评价指标越少越好，关键在于评价指标在评价中所起的作用大小。本书依据指标体系确定的原则，针对河南省特点，从经济、社会、生态和水资源状况4方面选取以下13项指标，建立研究区水资源承载能力评价指标体系，如表5-1所示。

表5-1 评价指标体系

指标类型	指标名称及代号	单位
资源系统	单位面积水资源量 x_1	万 m^3/km^2
	人均水资源可利用量 x_2	m^3/人
	水资源开发利用程度 x_3	%
	需水模数 x_4	万 m^3/km^2
	供水构成 x_5	%
社会系统	人口密度 x_6	人/km^2
	人均 GDP x_7	百元/人
	人均粮食占有量 x_8	kg/人
	生活用水定额 x_9	L/(p·d)
经济系统	农业综合灌溉定额 x_{10}	m^3/亩
	万元 GDP 用水量 x_{11}	m^3/万元
	第一产业用水比例 x_{12}	%
生态环境系统	生态用水率 x_{13}	%

按照全国水资源供需分析的指标体系分级标准和已有水资源承载能力评价研究成果,结合研究区自身特点,将各指标评价分为五个等级:Ⅰ级表示水资源承载能力情况很好,有很大的开发潜力;Ⅱ级表示水资源开发利用已有相当的规模,但仍有一定潜力;Ⅲ级表示水资源承载能力已接近或超过饱和值,几乎没有开发利用潜力,水资源承载能力较差;Ⅳ级表示水资源承载能力已达到饱和值;Ⅴ级表示水资源承载能力已远超过饱和值,水资源承载力差,已经没有开发利用潜力。各指标的评价标准见表5-2。

表5-2　水资源承载能力等级评价标准

指标	指标类型	很好(Ⅰ级)	较好(Ⅱ级)	一般(Ⅲ级)	较差(Ⅳ级)	差(Ⅴ级)
x_1	正向	>45	35~45	25~35	15~25	<15
x_2	正向	>1 500	750~1 500	250~750	125~250	<125
x_3	逆向	<15	15~20	20~35	35~60	>60
x_4	逆向	<1	1~3	3~10	10~15	>15
x_5	逆向	<20	20~30	30~40	40~50	>50
x_6	逆向	<300	300~500	500~700	700~900	>900
x_7	正向	>750	600~750	450~600	300~450	<300
x_8	正向	>600	500~600	400~500	300~400	<300
x_9	正向	>130	110~130	90~110	70~90	<70
x_{10}	逆向	<50	50~100	100~200	200~300	>300
x_{11}	逆向	<15	15~25	25~50	50~100	>100
x_{12}	逆向	<45	45~55	55~65	65~75	>75
x_{13}	正向	>5	5~3	3~2	2~1	<1

根据《河南统计年鉴》《河南省水资源》《河南省水资源综合利用规划》等已有成果,并利用水资源需水预测成果得到规划年各指标的取值,如表5-3~表5-5所示。

表 5-3 现状年 2015 年研究区水资源承载力评价指标数据

市	单位面积水资源量 x_1（万 m^3/km^2）	人均水资源可利用量 x_2（m^3/人）	水资源开发利用程度 x_3（%）	需水模数 x_4（万 m^3/km^2）	供水构成 x_5（%）	人口密度 x_6（人/km^2）	人均 GDP x_7（百元/人）	人均粮食占有量 x_8（kg/人）	生活用水定额 x_9［L/（p·d）］	农业综合灌溉定额 x_{10}（m^3/亩）	万元 GDP 用水量 x_{11}（m^3/万元）	第一产业用水比例 x_{12}（%）	生态用水率 x_{13}（%）
郑州	12. 148	50. 778	158. 999	19. 315	52. 927	1 270. 41	764. 004	165. 643	155. 155	99. 322	15. 047	25. 481	15. 463
开封	14. 962	187. 949	143. 102	21. 411	41. 614	728. 148	353. 709	602. 709	88. 954	174. 319	31. 077	73. 664	1. 328
安阳	12. 053	105. 713	160. 406	19. 334	71. 062	696. 125	365. 693	715. 02	93. 11	213. 504	21. 439	73. 783	3. 664
鹤壁	10. 674	94. 217	184. 568	19. 701	67. 259	753. 393	444. 503	759. 565	98. 072	201. 768	15. 462	69. 119	2. 106
新乡	13. 926	190. 117	148. 142	20. 63	54. 561	693. 333	313. 816	696. 503	100. 862	222. 615	25. 348	72. 994	1. 302
焦作	18. 778	155. 868	153. 467	28. 818	57. 312	882. 279	545. 632	570. 113	100. 642	239. 974	28. 229	60. 579	2. 211
濮阳	10. 179	134. 983	352. 334	35. 864	36. 046	861. 987	367. 961	655. 956	126. 169	284. 023	38. 712	69. 561	5. 315
许昌	15. 686	105. 864	86. 684	13. 597	68. 446	871. 661	500. 371	630. 507	105. 647	62. 715	20. 267	36. 923	3. 438
漯河	16. 804	137. 752	87. 033	14. 625	84. 287	976. 244	377. 411	673. 878	84. 282	81. 681	20. 904	46. 368	5. 34
驻马店	16. 394	280. 977	37. 54	6. 154	70. 434	461. 08	259. 726	1 035. 345	76. 348	56. 377	18. 521	64. 77	1. 193
平均	14. 16	144. 422	151. 228	19. 945	60. 395	819. 466	429. 283	650. 524	102. 924	163. 63	23. 501	59. 324	4. 136

表5-4 规划年2020年研究区水资源承载力评价指标数据

市	单位面积水资源量 x_1（万 m^3/km^2）	人均水资源可利用量 x_2（m^3/人）	水资源开发利用程度 x_3（%）	需水模数 x_4（万 m^3/km^2）	供水构成 x_5（%）	人口密度 x_6（人/km^2）	人均GDP x_7（百元/人）	人均粮食占有量 x_8（kg/人）	生活用水定额 x_9［L/（p·d）］	农业综合灌溉定额 x_{10}（m^3/亩）	万元GDP用水量 x_{11}（m^3/万元）	第一产业用水比例 x_{12}（%）	生态用水率 x_{13}（%）
郑州	17.502	68.906	119.311	20.881	37.234	1 315.439	987.246	164.772	160.685	94.516	14	23.042	15.018
开封	18.412	187.26	119.512	22.005	34.189	753.953	457.064	599.543	107.276	165.885	24	69.304	1.357
安阳	17.723	145.633	111.546	19.769	57.373	720.802	472.546	711.263	108.753	203.173	17	69.663	3.762
鹤壁	17.333	145.96	119.6	20.73	63.327	780.112	574.375	755.575	128.068	192.005	14	63.415	2.103
新乡	18.036	214.842	117.54	21.2	44.089	717.903	405.516	692.844	121.331	211.843	20	68.465	1.331
焦作	18.88	164.039	160.974	30.392	47.483	913.547	705.07	567.118	122.168	228.362	23	55.57	2.202
濮阳	13.558	138.854	265.939	36.055	29.524	892.526	475.486	652.509	120.755	270.28	32	66.735	5.549
许昌	17.672	117.867	84.214	14.883	56.034	902.551	646.582	627.194	120.555	59.68	18	32.639	3.299
漯河	23.764	163.512	67.948	16.147	53.086	1 010.839	487.695	670.338	107.348	77.729	17	40.595	5.086
驻马店	32.784	394.785	20.065	6.578	57.653	477.423	335.617	1 029.905	95.614	53.649	17	59.094	1.172
平均	19.566	174.166	118.665	20.864	47.999	848.51	554.72	647.106	119.255	155.712	19.6	54.852	4.088

表 5-5　规划年 2030 年研究区水资源承载力评价指标数据

市	单位面积水资源量 x_1(万 m^3/km^2)	人均水资源可利用量 x_2 (m^3/人)	水资源开发利用程度 x_3(%)	需水模数 x_4(万 m^3/km^2)	供水构成 x_5 (%)	人口密度 x_6 (人/km^2)	人均 GDP x_7 (百元/人)	人均粮食占有量 x_8 (kg/人)	生活用水定额 x_9 [L/(p·d)]	农业综合灌溉定额 x_{10} (m^3/亩)	万元 GDP 用水量 x_{11} (m^3/万元)	第一产业用水比例 x_{12}(%)	生态用水率 x_{13}(%)
郑州	17.502	64.906	129.627	22.687	31.985	1 396.509	1 665.651	156.758	163.085	90.154	13	20.625	14.514
开封	18.412	176.39	121.777	22.422	32.412	800.417	771.148	570.383	131.654	158.228	18	65.317	1.399
安阳	17.723	137.18	115.765	20.517	55.051	765.221	797.271	676.67	131.289	193.795	14	64.352	3.805
鹤壁	17.333	137.49	130.4	22.602	61.703	828.17	969.093	718.826	151.335	183.143	13	55.614	2.022
新乡	18.036	202.367	118.884	21.442	41.533	762.158	684.165	659.147	141.664	202.066	16	64.734	1.381
焦作	18.88	154.515	163.754	30.917	45.26	969.858	1 189.558	539.535	140.199	217.823	17	52.449	2.272
濮阳	13.558	130.792	265.586	36.008	28.331	947.541	802.218	620.774	133.735	257.806	20	64.02	5.835
许昌	17.672	111.023	88.987	15.726	47.384	958.184	1 090.884	596.69	137.314	56.926	16	29.687	3.278
漯河	23.764	154.022	73.571	17.483	48.873	1 073.125	822.829	637.735	137.348	74.141	15	35.938	4.932
驻马店	32.784	371.869	21.258	6.969	53.036	506.843	566.245	979.814	115.453	51.173	15	54.135	1.162
平均	19.566	164.055	122.961	21.677	44.557	900.803	935.906	615.633	138.308	148.526	15.7	50.687	4.06

5.2　评价指标的无量纲化处理

在对实际问题建模过程中，特别是在建立指标评价体系时，常常会面临不同类型的数据处理及融合。而各个指标之间由于计量单位和数量级不尽相同，从而使得各指标间不具有可比性。在数据分析之前，通常需要先将数据标准化，利用标准化后的数据进行分析。数据标准化处理主要包括同趋化处理和无量纲化处理两个方面。数据的同趋化处理主要解决不同性质的数据问题，对不同性质指标直接累加不能正确反映不同作用力的综合结果，须先考虑改变逆指标数据性质，使所有指标对评价体系的作用力同趋化。数据无量纲化主要解决数据的不可比性，在此处主要介绍几种数据的无量纲化的处理方式。

(1)极值化方法。可以选择如下的三种方式：

$$x_i' = \frac{x_i}{\max x_i - \min x_i} = \frac{x_i}{R} \tag{5-1}$$

每一个变量除以该变量取值的全距，标准化后的取值范围限于[-1,1]。

$$x_i' = \frac{x_i - \min x_i}{\max x_i - \min x_i} = \frac{x_i - \min x_i}{R} \tag{5-2}$$

每一个变量与变量最小值之差除以该变量取值的全距，标准化后各变量的取值范围限于[0,1]。

$$x_i' = \frac{x_i}{\max x_i} \tag{5-3}$$

每一个变量值除以该变量取值的最大值，标准化后使变量的最大取值为1。

采用极值化方法对变量数据无量纲化是通过变量取值的最大值和最小值将原始数据转换为界于某一特定范围的数据，从而消除量纲和数量级的影响。由于极值化方法对变量无量纲化过程中仅仅与该变量的最大值和最小值这两个极端值有关，而与其他取值无关，这使得该方法在改变各变量权重时过分依赖两个极端取值。

(2)标准化方法。

$$x_i' = \frac{x_i - \bar{x}}{S} \tag{5-4}$$

每一个变量值与其平均值之差除以该变量的标准差，无量纲化后各变量的平均值为0，标准差为1，从而消除量纲和数量级的影响。虽然该方法在无量纲化过程中利用了所有的数据信息，但是该方法在无量纲化后不仅使得转换后的各变量均值相同，且标准差也相同，即无量纲化的同时还消除了各变量在变异程度上的差异。

(3)均值化方法。

$$x_i' = \frac{x_i}{\bar{x}_i} \tag{5-5}$$

该方法在消除量纲和数量级影响的同时，保留了各变量取值差异程度上的信息。

(4)标准差化方法。

$$x_i' = \frac{x_i}{S} \tag{5-6}$$

该方法是在标准化方法的基础上的一种变形,两者的差别仅在无量纲化后各变量的均值上,标准化方法处理后各变量的均值为0,而标准差化方法处理后各变量均值为原始变量均值与标准差的比值。

5.2.1 无量纲化指标体系及评价标准

无量纲化处理法既可以反映原始数据中指标变异程度上的差异,也包含了各指标相互影响程度差异的信息。针对不同类型的数据,可以选择相应的无量纲化方法对这10个市的水资源情况进行综合评价,确定水资源等级。

在进行综合评价之前,首先要对评价的指标进行分析。通常将评价指标分成效益型指标、成本型指标和固定型指标。效益型指标是指那些数值越大影响力越大的统计指标(也称正向型指标);成本型指标是指数值越小越好的指标(也称逆向型指标);固定型指标是指数值越接近于某个常数越好的指标(也称适度型指标)。如果每个评价指标的属性不一样,则在综合评价时就容易发生偏差,必须先对各评价指标统一属性。

因此,建立无量纲化评价指标数据矩阵和评价标准矩阵,对应为评价指标数据矩阵 A 和等级标准矩阵 B ,其中

$$a_{ij} = \begin{cases} x_{ij}/\max\limits_{j} x_{ij} & j = 1,2,7 \sim 9,13 \\ \min\limits_{j} x_{ij}/x_{ij} & j = 3 \sim 6,10 \sim 12 \end{cases} \tag{5-7}$$

5.2.2 指标权重的确定

5.2.2.1 以互补性为准则的二元比较法

陈守煜教授建立的以二元比较互补性思维模式为基础的二元比较法可以克服AHP法受主观影响较重的缺陷,是符合我国语言与思维习惯的决策思维模式,是源于易学的具有我国特色的系统决策科学理论。

层次分析法(AHP)是目前应用较多的权重确定方法,其基础思想为二元比较互反性思维模式,在AHP的使用过程中,无论建立层次结构还是构造判断矩阵,人的主观判断、选择、偏好对结果的影响均极大,判断失误即可能造成决策失误,这就使得用AHP进行决策时主观成分很多。AHP的本质是试图使人的判断条理化,但所得到的结果基本上依据人的主观判断。当决策者的判断过多地受其主观偏好的影响而产生某种对客观规律的歪曲时,AHP的结果受主观影响较重。而且AHP法的二元比较互反性思维模式不符合我国决策思维习惯,这是我国应用AHP法存在的根本缺陷。AHP法将指标间二元比较的属性,一律归结为重要性的比较,也不合理,事实上,指标间属性的比较,有重要性的比较,更有优越性的比较,优越的指标不一定重要,重要的指标也不一定优越,两者并不等同。此外,AHP法各个层次计算的基本公式都是线性模式,不能反映水资源系统实际决策中各种复杂的非线性问题。

表 5-6　现状年 2015 年研究区市水资源承载力指标数据标准化结果

市	单位面积水资源量 x_1	人均水资源可利用量 x_2	水资源开发利用程度 x_3	需水模数 x_4	供水构成 x_5	人口密度 x_6	人均 GDP x_7	人均粮食占有量 x_8	生活用水定额 x_9	农业综合灌溉定额 x_{10}	万元 GDP 用水量 x_{11}	第一产业用水比例 x_{12}	生态用水率 x_{13}
郑州	0. 647	0. 181	0. 236	0. 319	0. 681	0. 363	1. 000	0. 160	1. 000	0. 568	1. 000	1. 000	1. 000
开封	0. 797	0. 669	0. 262	0. 287	0. 866	0. 633	0. 463	0. 582	0. 573	0. 323	0. 484	0. 346	0. 086
安阳	0. 642	0. 376	0. 234	0. 318	0. 507	0. 662	0. 479	0. 691	0. 600	0. 264	0. 702	0. 345	0. 237
鹤壁	0. 568	0. 335	0. 203	0. 312	0. 536	0. 612	0. 582	0. 734	0. 632	0. 279	0. 973	0. 369	0. 136
新乡	0. 742	0. 677	0. 253	0. 298	0. 661	0. 665	0. 411	0. 673	0. 650	0. 253	0. 594	0. 349	0. 084
焦作	1. 000	0. 555	0. 245	0. 214	0. 629	0. 523	0. 714	0. 551	0. 649	0. 235	0. 533	0. 421	0. 143
濮阳	0. 542	0. 480	0. 107	0. 172	1. 000	0. 535	0. 482	0. 634	0. 813	0. 198	0. 389	0. 366	0. 344
许昌	0. 835	0. 377	0. 433	0. 453	0. 527	0. 529	0. 655	0. 609	0. 681	0. 899	0. 742	0. 690	0. 222
漯河	0. 895	0. 490	0. 431	0. 421	0. 428	0. 472	0. 494	0. 651	0. 543	0. 690	0. 720	0. 550	0. 345
驻马店	0. 873	1. 000	1. 000	1. 000	0. 512	1. 000	0. 340	1. 000	0. 492	1. 000	0. 812	0. 393	0. 077

表 5-7　规划年 2020 年研究区水资源承载力指标数据标准化结果

市	单位面积水资源量 x_1	人均水资源可利用量 x_2	水资源开发利用程度 x_3	需水模数 x_4	供水构成 x_5	人口密度 x_6	人均 GDP x_7	人均粮食占有量 x_8	生活用水定额 x_9	农业综合灌溉定额 x_{10}	万元 GDP 用水量 x_{11}	第一产业用水比例 x_{12}	生态用水率 x_{13}
郑州	0.534	0.175	0.168	0.315	0.793	0.363	1.000	0.160	1.000	0.568	1.000	1.000	1.000
开封	0.562	0.474	0.168	0.299	0.864	0.633	0.463	0.582	0.668	0.323	0.583	0.332	0.090
安阳	0.541	0.369	0.180	0.333	0.515	0.662	0.479	0.691	0.677	0.264	0.824	0.331	0.251
鹤壁	0.529	0.370	0.168	0.317	0.466	0.612	0.582	0.734	0.797	0.279	1.000	0.363	0.140
新乡	0.550	0.544	0.171	0.310	0.670	0.665	0.411	0.673	0.755	0.253	0.700	0.337	0.089
焦作	0.576	0.416	0.125	0.216	0.622	0.523	0.714	0.551	0.760	0.235	0.609	0.415	0.147
濮阳	0.414	0.352	0.075	0.182	1.000	0.535	0.482	0.634	0.752	0.198	0.438	0.345	0.370
许昌	0.539	0.299	0.238	0.442	0.527	0.529	0.655	0.609	0.750	0.899	0.778	0.706	0.220
漯河	0.725	0.414	0.295	0.407	0.556	0.472	0.494	0.651	0.668	0.690	0.824	0.568	0.339
驻马店	1.000	1.000	1.000	1.000	0.512	1.000	0.340	1.000	0.595	1.000	0.824	0.390	0.078

表 5-8 规划年 2030 年研究区水资源承载力指标数据标准化结果

市	单位面积水资源量 x_1	人均水资源可利用量 x_2	水资源开发利用程度 x_3	需水模数 x_4	供水构成 x_5	人口密度 x_6	人均 GDP x_7	人均粮食占有量 x_8	生活用水定额 x_9	农业综合灌溉定额 x_{10}	万元 GDP 用水量 x_{11}	第一产业用水比例 x_{12}	生态用水率 x_{13}
郑州	0.534	0.175	0.164	0.307	0.886	0.363	1.000	0.160	1.000	0.568	1.000	1.000	1.000
开封	0.562	0.474	0.175	0.311	0.874	0.633	0.463	0.582	0.807	0.323	0.722	0.316	0.096
安阳	0.541	0.369	0.184	0.340	0.515	0.662	0.479	0.691	0.805	0.264	0.929	0.321	0.262
鹤壁	0.529	0.370	0.163	0.308	0.459	0.612	0.582	0.734	0.928	0.279	1.000	0.371	0.139
新乡	0.550	0.544	0.179	0.325	0.682	0.665	0.411	0.673	0.869	0.253	0.813	0.319	0.095
焦作	0.576	0.416	0.130	0.225	0.626	0.523	0.714	0.551	0.860	0.235	0.765	0.393	0.157
濮阳	0.414	0.352	0.080	0.194	1.000	0.535	0.482	0.634	0.820	0.198	0.650	0.322	0.402
许昌	0.539	0.299	0.239	0.443	0.598	0.529	0.655	0.609	0.842	0.899	0.813	0.695	0.226
漯河	0.725	0.414	0.289	0.399	0.580	0.472	0.494	0.651	0.842	0.690	0.867	0.574	0.340
驻马店	1.000	1.000	1.000	1.000	0.534	1.000	0.340	1.000	0.708	1.000	0.867	0.381	0.080

表 5-9 水资源承载力等级无量纲化标准

指标	好(Ⅰ级)	较好(Ⅱ级)	一般(Ⅲ级)	较差(Ⅳ级)	差(Ⅴ级)	均值 m	标准差 s
x_1	1.000	0.750	0.583	0.417	0.250	0.600	0.260
x_2	1.000	0.652	0.326	0.109	0.054	0.428	0.355
x_3	1.000	0.667	0.500	0.286	0.167	0.524	0.294
x_4	1.000	0.500	0.167	0.050	0.033	0.350	0.366
x_5	1.000	0.750	0.500	0.375	0.300	0.585	0.258
x_6	1.000	0.667	0.400	0.286	0.222	0.515	0.286
x_7	1.000	0.938	0.750	0.563	0.375	0.725	0.233
x_8	1.000	0.923	0.769	0.615	0.462	0.754	0.197
x_9	1.000	0.867	0.733	0.600	0.467	0.733	0.189
x_{10}	1.000	0.700	0.350	0.175	0.117	0.468	0.335
x_{11}	1.000	0.667	0.400	0.200	0.100	0.473	0.327
x_{12}	1.000	0.889	0.727	0.615	0.533	0.753	0.172
x_{13}	1.000	0.833	0.500	0.333	0.167	0.567	0.309

基于互补性原则建立的二元比较法可以克服 AHP 法的以上缺陷，本书将采用以互补性为准则的二元比较法确定指标权重。

5.2.2.2 采用以互补性为准则的二元比较法确定指标权重

(1)确定对象集 D 的元素 d_k、d_l 关于目标 A_i 对于重要性和优越性两个模糊概念的二元比较矩阵。

$$\text{若}\quad \begin{cases} {}_id_k > {}_id_l\text{，记标度}{}_ie_{kl} = 1, {}_ie_{lk} = 0 \\ {}_id_k < {}_id_l\text{，记标度}{}_ie_{kl} = {}_ie_{lk} = 0.5 \\ {}_id_k = {}_id_l\text{，记标度}{}_ie_{kl} = 0, {}_ie_{lk} = 1 \end{cases} \tag{5-8}$$

式中，>、=、< 分别表示关于 A_i 对重要性和优越性做二元比较的胜、平、负关系，$i = 1, 2, \cdots, m$；$k = 1, 2, \cdots, n$。

$$\text{则二元比较矩阵}\quad {}_iE = \begin{pmatrix} {}_ie_{11} & {}_ie_{12} & \cdots & {}_ie_{1n} \\ {}_ie_{21} & {}_ie_{22} & \cdots & {}_ie_{2n} \\ \vdots & \vdots & \cdots & \vdots \\ {}_ie_{n1} & {}_ie_{n2} & \cdots & {}_ie_{nm} \end{pmatrix} = {}_ie_{kl} \tag{5-9}$$

(2)检验二元比较矩阵的一致性。

对象集 D 关于目标 A_i 对于重要性和优越性两个模糊的二元比较矩阵 ie 为一致性标度矩阵的必要且充分条件为

$$\begin{cases} \text{若}{}_ie_{hk} > {}_ie_{hl}\text{，有}{}_ie_{kl} = 0 \\ \text{若}{}_ie_{hk} < {}_ie_{hl}\text{，有}{}_ie_{kl} = 1 \\ \text{若}{}_ie_{hk} = {}_ie_{hl} = 0.5\text{，有}{}_ie_{kl} = 0.5 \end{cases} \tag{5-10}$$

即一致性 3 条检验规则如下：

①${}_id_{hk} > {}_id_{hl}$，即${}_ie_{hk} > {}_ie_{hl}$，须有${}_ie_{kl} = 0$，简称“大于 0”规则。

②${}_id_{hk} < {}_id_{hl}$，即${}_ie_{hk} < {}_ie_{hl}$，须有${}_ie_{kl} = 1$，简称“小于 1”规则。

③${}_id_{hk} = {}_id_{hl} = 0.5$，即${}_ie_{hk} = {}_ie_{hl}$，须有${}_ie_{kl} = 0.5$，简称“等于 0.5”规则。

(3)确定 d_i关于目标 A_i的权重。

根据标度矩阵${}_iE$ 各行元素值之和，对 d_i进行排序；并给出 d_k、d_l等之间的语气算子，对照表 5-10(陈守煜，2002)确定 d_i权重，并进行归一化处理。

表 5-10　语气算子与模糊标度值、相对隶属度间的关系

语气算子	同样	稍稍	略为	较为	明显	显著	十分	非常	极其	极端	无可比拟
模糊标度值	0.50	0.55	0.60	0.65	0.70	0.75	0.80	0.85	0.90	0.95	1
相对隶属度	1	0.818	0.667	0.538	0.429	0.333	0.25	0.176	0.111	0.053	0

5.2.2.3　指标权重的确定

采用以互补性为准则的二元比较法确定指标权重，以经济子系统内部的 3 个指标为例说明计算过程。

(1)确定 3 个指标对于经济子系统的定性排序。

标度矩阵：

$$E'_{经济} = \begin{array}{c} \begin{matrix} x_{10} & x_{11} & x_{12} \end{matrix} \\ \begin{pmatrix} 0.5 & 0 & 1 \\ & 0.5 & 1 \\ & & 0.5 \end{pmatrix} \end{array} \begin{matrix} x_{10} \\ x_{11} \\ x_{12} \end{matrix} \tag{5-11}$$

(2)进行一致性检验。

根据检验性排序一致性的 3 条规则，对标度矩阵 $E'_{经济}$进行检验：从第二行开始检验。第二行中 x_{11}与 x_{12}对比元素值为 1，说明就经济发展子系统而言，x_{11}优于 x_{12}，考察第一行中 x_{10}与 x_{11}、x_{12}对比的元素值分别为 0、1，这表明 x_{11}优于 x_{10}，x_{10}优于 x_{12}，因此当 x_{11}与 x_{12}对比时，其值应该为 1，满足一致性检验条件，检验结束。

$$E_{经济} = \begin{array}{c} \begin{matrix} x_{10} & x_{11} & x_{12} \end{matrix} \\ \begin{pmatrix} 0.5 & 0 & 1 \\ 1 & 0.5 & 1 \\ 0 & 0 & 0.5 \end{pmatrix} \end{array} \begin{matrix} 1.5\ x_{10} \\ 2.5\ x_{11} \\ 0.5\ x_{12} \end{matrix} \tag{5-12}$$

根据标度矩阵各行元素之和，得到对于经济发展子系统 3 个指标的排序为：x_{11}，x_{10}，x_{12}。

(3)确定指标权重。

以 x_{11}指标为标准，与 x_{10}、x_{12}指标就经济发展子系统而言，逐个进行关于优越性对比。经对比确认：x_{11}比 x_{10}较为优越；x_{11}比 x_{12}处于显著与十分重要之间。查表 5-10 得到 3 个指标对于经济发展子系统的权重向量为

$$w'_{经济} = (0.538,\quad 1,\quad 0.29)$$

归一化权重向量为

$$w_{经济} = (0.294,\quad 0.547,\quad 0.159)$$

同理,确定水资源子系统、社会子系统内部指标权重以及水资源承载能力的 4 个子系统之间的权重如下所示(见表 5-11)。

$$w_{水资源} = (0.29,\quad 0.237,\quad 0.156,\quad 0.193,\quad 0.124)$$

$$w_{社会} = (0.428,\quad 0.171,\quad 0.171,\quad 0.23)$$

$$w_{承载能力} = (水资源子系统,\quad 社会子系统,\quad 经济子系统,\quad 生态环境子系统) = (0.491, 0.141, 0.246, 0.122)$$

表 5-11 指标权重计算结果表

子系统	子系统	指标	指标权重	最终的指标权重
水资源	0.491	单位面积水资源量 x_1(万 m^3/km^2)	0.29	0.142
		人均水资源可利用量 x_2(m^3/人)	0.237	0.116
		水资源开发利用程度 x_3(%)	0.156	0.077
		需水模数 x_4(万 m^3/km^2)	0.193	0.095
		供水构成 x_5(%)	0.124	0.061
社会	0.141	人口密度 x_6(人/km^2)	0.428	0.060
		人均 GDP x_7(百元/人)	0.171	0.024
		人均粮食占有量 x_8(kg/人)	0.171	0.024
		生活用水定额 x_9(L/(p. d))	0.23	0.032
经济	0.246	农业综合灌溉定额 x_{10}(m^3/亩)	0.294	0.072
		万元 GDP 用水量 x_{11}(m^3/万元)	0.547	0.135
		第一产业用水比例 x_{12}(%)	0.159	0.039
生态环境	0.122	生态用水率 x_{13}(%)	1	0.122

5.3 基于欧氏距离和绝对距离的水资源承载力的综合评价

通常可以利用向量之间的距离来衡量两个向量之间的接近程度,本书利用加权的欧式距离法进行研究区的水资源承载能力评价,将 AHP 计算得到各评价指标的权重引入欧式距离法的计算公式中,得到考虑权重的欧式距离评价方法的计算公式。

欧氏距离是最易于理解的一种距离计算方法,它是在 m 维空间中两个点之间的真实距离,通常将欧氏距离解译看作是信号的相似程度。距离越近就越相似,就越容易相互干扰。

计算 A 中各行向量到 B 中各列向量之间的欧氏距离,即

$$d_{ij} = \sqrt{\sum_{k=1}^{5} (wa_{ik} - wb_{ik})^2} \tag{5-13}$$

若 $d_{ik} = \min_{1 \leq j \leq 5} \{d_{ij}\}$,则第 i 个市属于第 k 级。

为了验证欧式距离法计算评价结果的可靠性，同时利用绝对值距离法对研究区的承载力进行评价。用 A 中各行向量到 B 中各列向量之间的绝对值距离法进行验证。

绝对值距离是表示矩阵第 i 行所有元素与第 j 列对应元素之差的绝对值之和。计算 A 中各行向量到 B 中各列向量之间的绝对值距离，即

$$D_{ij} = \sum_{i=1}^{10} | wa_{ik} - wb_{ik} | \tag{5-14}$$

若 $D_{ik} = \min\limits_{1 \leqslant j \leqslant 5} \{D_{ij}\}$，则第 i 个市属于第 k 级。

利用加权的欧式距离法和绝对值距离法计算公式，计算现状年及规划年研究区各市计算结果见表 5-12 ~ 表 5-15。

表 5-12　现状年 2015 年研究区欧氏距离计算结果

市	欧氏距离				
	好(Ⅰ级)	较好(Ⅱ级)	一般(Ⅲ级)	较差(Ⅳ级)	差(Ⅴ级)
郑州	0.15	0.089	0.11	0.148	0.178
开封	0.177	0.109	0.082	0.108	0.129
安阳	0.176	0.099	0.063	0.09	0.114
鹤壁	0.184	0.119	0.095	0.118	0.137
新乡	0.175	0.108	0.081	0.109	0.129
焦作	0.178	0.111	0.085	0.114	0.139
濮阳	0.192	0.106	0.055	0.071	0.094
许昌	0.151	0.089	0.084	0.121	0.147
漯河	0.141	0.076	0.077	0.12	0.149
驻马店	0.125	0.125	0.159	0.199	0.22

表 5-13　规划年 2020 年研究区欧氏距离计算结果

市	欧氏距离				
	好(Ⅰ级)	较好(Ⅱ级)	一般(Ⅲ级)	较差(Ⅳ级)	差(Ⅴ级)
郑州	0.158	0.095	0.112	0.146	0.175
开封	0.189	0.113	0.072	0.089	0.107
安阳	0.178	0.105	0.075	0.1	0.121
鹤壁	0.185	0.121	0.099	0.121	0.139
新乡	0.184	0.113	0.08	0.1	0.118
焦作	0.099	0.079	0.063	0.112	0.193
濮阳	0.201	0.113	0.058	0.064	0.084
许昌	0.171	0.101	0.081	0.107	0.128
漯河	0.144	0.087	0.094	0.134	0.163
驻马店	0.123	0.128	0.165	0.206	0.229

表 5-14　规划年 2030 年研究区欧氏距离计算结果

市	欧氏距离				
	好(Ⅰ级)	较好(Ⅱ级)	一般(Ⅲ级)	较差(Ⅳ级)	差(Ⅴ级)
郑州	0.158	0.096	0.113	0.147	0.176
开封	0.183	0.112	0.08	0.102	0.12
安阳	0.175	0.107	0.086	0.112	0.133
鹤壁	0.186	0.122	0.099	0.121	0.139
新乡	0.18	0.114	0.088	0.112	0.129
焦作	0.187	0.112	0.074	0.095	0.115
濮阳	0.19	0.107	0.066	0.083	0.104
许昌	0.169	0.1	0.084	0.111	0.132
漯河	0.148	0.081	0.08	0.119	0.145
驻马店	0.121	0.129	0.167	0.209	0.231

表 5-15　基于欧氏距离的研究区承载力计算结果

市	2015 年		2020 年		2030 年	
	欧氏距离	等级	欧氏距离	等级	欧氏距离	等级
郑州	0.089	Ⅱ	0.092	Ⅱ	0.093	Ⅱ
开封	0.071	Ⅲ	0.065	Ⅲ	0.07	Ⅲ
安阳	0.057	Ⅲ	0.066	Ⅲ	0.074	Ⅲ
鹤壁	0.076	Ⅲ	0.079	Ⅲ	0.079	Ⅲ
新乡	0.072	Ⅲ	0.07	Ⅲ	0.077	Ⅲ
焦作	0.058	Ⅲ	0.053	Ⅲ	0.061	Ⅲ
濮阳	0.057	Ⅲ	0.057	Ⅲ	0.061	Ⅲ
许昌	0.071	Ⅲ	0.083	Ⅲ	0.083	Ⅲ
漯河	0.063	Ⅱ	0.071	Ⅱ	0.07	Ⅲ
驻马店	0.092	Ⅰ	0.09	Ⅰ	0.089	Ⅰ

由表 5-15 可知，研究区 10 个市 2015 年的欧氏距离的指标等级大多集中在Ⅲ级，漯河市和郑州市在Ⅱ级，只有驻马店市达到了Ⅰ级。可以看出，研究区有 7 个市都处于水资源承载能力已接近或超过饱和值的状态，几乎没有开发利用潜力，水资源承载能力较差，只有郑州市、漯河市、驻马店市尚有开发利用潜力。

规划年 2020 年、2030 年的承载能力情况从欧氏距离计算结果的表 5-13、表 5-14 可知，规划年的水资源情况与现状年基本一致，研究区 7 个市的承载能力集中在Ⅲ级，直至 2030 年，漯河市的开发利用潜力会渐渐消耗殆尽，承载能力变差。

在绝对值距离计算表 5-16 中可以看出，同样地，研究区的大多数城市的指标都集中在Ⅲ级，郑州市、漯河市的绝对值指标达到Ⅱ级，只有驻马店市能达到Ⅰ级。可以看出，研究区尚有少许的开发利用潜力，多数市的水资源情况接近饱和，承载能力逐渐变差。

表 5-16　现状年 2015 年研究区绝对值距离计算结果

市	绝对值距离				
	好(Ⅰ级)	较好(Ⅱ级)	一般(Ⅲ级)	较差(Ⅳ级)	差(Ⅴ级)
郑州	0. 378	0. 246	0. 271	0. 361	0. 449
开封	0. 514	0. 262	0. 232	0. 288	0. 332
安阳	0. 542	0. 268	0. 172	0. 223	0. 285
鹤壁	0. 531	0. 33	0. 204	0. 258	0. 302
新乡	0. 518	0. 241	0. 232	0. 285	0. 328
焦作	0. 51	0. 298	0. 216	0. 27	0. 317
濮阳	0. 573	0. 32	0. 151	0. 187	0. 261
许昌	0. 426	0. 216	0. 212	0. 311	0. 387
漯河	0. 432	0. 205	0. 21	0. 289	0. 38
驻马店	0. 242	0. 347	0. 464	0. 565	0. 605

表 5-17　规划年 2020 年研究区绝对值距离计算结果

市	绝对值距离				
	好(Ⅰ级)	较好(Ⅱ级)	一般(Ⅲ级)	较差(Ⅳ级)	差(Ⅴ级)
郑州	0. 394	0. 266	0. 282	0. 355	0. 433
开封	0. 56	0. 291	0. 2	0. 255	0. 286
安阳	0. 54	0. 299	0. 187	0. 232	0. 288
鹤壁	0. 53	0. 336	0. 218	0. 264	0. 302
新乡	0. 548	0. 274	0. 219	0. 268	0. 299
焦作	0. 582	0. 299	0. 158	0. 216	0. 251
濮阳	0. 601	0. 348	0. 157	0. 166	0. 24
许昌	0. 485	0. 261	0. 197	0. 259	0. 327
漯河	0. 412	0. 242	0. 235	0. 304	0. 4
驻马店	0. 219	0. 363	0. 481	0. 581	0. 628

表 5-18 规划年 2030 年研究区绝对值距离计算结果

市	绝对值距离				
	好(Ⅰ级)	较好(Ⅱ级)	一般(Ⅲ级)	较差(Ⅳ级)	差(Ⅴ级)
郑州	0. 389	0. 273	0. 287	0. 361	0. 438
开封	0. 535	0. 281	0. 22	0. 279	0. 312
安阳	0. 52	0. 307	0. 201	0. 25	0. 309
鹤壁	0. 527	0. 337	0. 222	0. 267	0. 305
新乡	0. 526	0. 282	0. 24	0. 288	0. 32
焦作	0. 556	0. 299	0. 183	0. 241	0. 275
濮阳	0. 566	0. 313	0. 185	0. 203	0. 276
许昌	0. 473	0. 258	0. 209	0. 27	0. 339
漯河	0. 44	0. 21	0. 203	0. 276	0. 373
驻马店	0. 208	0. 364	0. 484	0. 592	0. 639

通过观察表 5-17、表 5-18 与现状年的评价指标做对比,可以看出,漯河市的水资源承载能力在逐年减弱,到 2020 年达到了Ⅲ级,开发利用潜力几乎消耗殆尽,其他城市的绝对值距离的指标标准则保持不变。

由表 5-19 可知,通过绝对值距离法计算得出的研究区各市的水资源承载能力所处等级,其中驻马店市在现状年处于唯一的Ⅰ级,郑州及漯河为Ⅱ级,其他地区为Ⅲ级。

表 5-19 基于绝对值距离的研究区承载力计算结果

市	2015 年		2020 年		2030 年	
	绝对值距离	等级	绝对值距离	等级	绝对值距离	等级
郑州	0. 256	Ⅱ	0. 268	Ⅱ	0. 274	Ⅱ
开封	0. 218	Ⅲ	0. 198	Ⅲ	0. 214	Ⅲ
安阳	0. 169	Ⅲ	0. 183	Ⅲ	0. 195	Ⅲ
鹤壁	0. 186	Ⅲ	0. 198	Ⅲ	0. 202	Ⅲ
新乡	0. 221	Ⅲ	0. 215	Ⅲ	0. 233	Ⅲ
焦作	0. 177	Ⅲ	0. 149	Ⅲ	0. 17	Ⅲ
濮阳	0. 159	Ⅲ	0. 155	Ⅲ	0. 178	Ⅲ
许昌	0. 205	Ⅲ	0. 21	Ⅲ	0. 222	Ⅲ
漯河	0. 196	Ⅱ	0. 214	Ⅲ	0. 203	Ⅲ
驻马店	0. 201	Ⅰ	0. 188	Ⅰ	0. 178	Ⅰ

研究区10个市中,有7个城市的水资源承载力等级集中在Ⅲ级,这几个市的承载能力已接近或超过饱和值,水资源几乎没有开发利用潜力,水资源承载能力较差;漯河市、郑州市的承载力等级为Ⅱ级,表示该地区的承载能力情况较好,仍有开发潜力,但是通过对比发现漯河市的开发潜力在规划年也降低到Ⅲ级,会随着时间逐渐减弱,到规划年2030年会达到饱和值;只有驻马店市的承载力始终保持着Ⅰ级标准,该市直至2030年水资源尚有较大的开发利用潜力。

对比欧式距离及绝对值距离计算的水资源承载能力评价结果可以看出,欧氏距离得到的计算结果与利用绝对值距离得到的计算结果基本一致,尽管两种方法的意义有明显的不同,但对市水资源情况的评价等级是一样的,该预测方法具有良好的稳定性。

第6章 基于模糊综合评判的水资源承载力研究

6.1 模糊综合评价法

1965 年,美国加州大学的控制论专家扎德发表了一篇题为《Fuzzy Sets》的论文,标志着模糊数学的诞生。模糊数学将数学的应用范围从精确现象扩大到模糊现象。对于一个具有多个模糊性特征的事物,在进行评价时需借助于模糊数学的处理方法,以做出合理的评价。模糊综合评价法是以模糊数学为基础,应用模糊关系合成的原理,将一些边界不清或定性的因素定量化,从多个因素对被评价事物隶属等级状况进行综合性评价的一种方法。

基于模糊综合评判的水资源承载力是在对区域水资源特征、保证程度、开发利用状况及工农业生产、人民生活和生态需水的供需诸方面综合分析的基础上，经过多因素评价而得出的结论，通过建立模糊综合评判模型,能够较好地对水资源承载力做多因素、多层次的综合评判,更全面地反映区域水资源承载力的状况,模糊综合评判模型如下。

(1)确定评价因素集。对于评价对象,首先需要明确表征该对象的因素有哪些,根据评价的目的,筛选出反映评价对象的主要因素,用相应指标进行度量,形成评价因素集。设反映被评价对象的主要因素有 m 个,分别用 x_1、x_2、…、x_m 表示,则有评价因素集记为 $X=\{x_1、x_2、\cdots、x_m\}$。

(2)确定评价等级集。对于每个因素,可以确定若干个等级。如果划分的等级有 n 个,分别用 v_1、v_2、…、v_n 表示,则有评价因素集记为 $V=\{v_1、v_2、\cdots、v_n\}$。

(3)建立评价矩阵。对于评价因素集中的每个因素 $x_i(i=1,2,\cdots,m)$,分析其对于评价等级 $v_j(j=1,2,\cdots,n)$ 的隶属度 r_{ij},得出第 i 个因素的单因素评价结果 $r_i=(r_{i1}、r_{i2}、\cdots、r_{im})$。将 r_i 作为第 i 行,形成一个综合了 m 个因素 n 个评价等级的模糊评价矩阵 R,即

$$R=\begin{pmatrix} r_{11} & r_{12} & \cdots & r_{1n} \\ r_{21} & r_{22} & \cdots & r_{2n} \\ \vdots & \vdots & & \vdots \\ r_{m1} & r_{m2} & \cdots & r_{mn} \end{pmatrix} \tag{6-1}$$

(4)确定权重向量。权重向量是衡量各评价因素对被评价对象的贡献程度的,分为主观赋权法和客观赋权法。

(5)模糊合成。在模糊评判矩阵 R 和权重向量 A 已经确定的基础上,用权重向量 A 对矩阵 R 进行模糊运算,即可得到从总体上看被评价对象对各评价等级的隶属程度,即为模糊综合评价的结果向量 $B=\{b_1、b_2、\cdots、b_n\}$。用模糊算子表示为

$$B=A\cdot R \tag{6-2}$$

式中，· 为模糊算子符号。算子符号不同，相应的模糊综合评价模型亦不同，常用的算子有 Zadeh 算子、加权平均算子、取大乘积算子等。

（6）做出决策。模糊综合评价结果向量 $B=\{b_1、b_2、\cdots、b_n\}$，b_j 表示被评价对象隶属于评价等级 v_j 的程度，其中最大的 b_j 对应的等级 v_j 表示评价对象最适合于该等级，可以用该等级作为被评价对象的评价结果，即按照最大隶属度原则做出决策。

6.2　评价指标体系的建立

6.2.1　指标体系的建立

评价指标体系确定得合理与否将影响评价结果的可信度，在实际评价过程中，并非评价指标越多越好，但也不是越少越好，关键在于评价指标在评价中所起的作用大小。影响水资源承载力最主要的因素涉及经济、社会、环境等。按照科学性、代表性、可行性的选取原则，针对河南省特点，并参照全国水资源供需平衡分析中的指标体系，选取了以下 8 个指标构成评价体系（见表 6-1）。

表 6-1　评价指标体系

指标类型	指标名称及代号	单位
水资源系统	单位面积水资源量 x_1	万 m^3/km^2
	水资源开发利用程度 x_2	%
	需水模数 x_3	万 m^3/km^2
社会经济系统	人口密度 x_4	人/km^2
	人均 GDP x_5	百元/人
	农业综合灌溉定额 x_6	m^3/亩
	万元 GDP 用水量 x_7	m^3/万元
生态环境系统	生态用水率 x_8	%

（1）水资源方面：x_1 为单位面积水资源量，x_2 为水资源开发利用程度，x_3 为需水模数。

（2）社会经济方面：x_4 为人口密度，x_5 为人均 GDP，x_6 为农业综合灌溉定额，x_7 为万元 GDP 用水量。

（3）生态方面：x_8 为生态用水率。

6.2.2　分级指标的建立

按照全国水资源供需分析的指标体系和已有水资源承载能力评价研究成果，结合河南省流域自身特点，将其划分为 V_1、V_2、V_3、V_4 和 V_5 五个等级，每个因素各等级的数量指标见表 6-2。V_1 级表示水资源承载力情况很好，有很大的开发潜力；V_2 级表示水资源开发利用已有相当的规模，但仍有一定潜力；V_3 级表示水资源承载能力已接近或超过饱和值，几乎没有开发利用潜力，水资源承载能力较差；V_4 级表示水资源承载能力已达到饱和值；

V_5级表示水资源承载能力已远超过饱和值,水资源承载能力差,已经没有开发利用潜力。

表 6-2　水资源承载能力等级评价标准

指标	指标类型	好(V_1级)	较好(V_2级)	一般(V_3级)	较差(V_4级)	差(V_5级)
x_1	正向	>45	35~45	25~35	15~25	<15
x_2	逆向	<15	15~20	20~35	35~60	>60
x_3	逆向	<1	1~3	3~10	10~15	>15
x_4	逆向	<300	300~500	500~700	700~900	>900
x_5	正向	>750	600~750	450~600	300~450	<300
x_6	逆向	<50	50~100	100~200	200~300	>300
x_7	逆向	<15	15~25	25~50	50~100	>100
x_8	正向	>5	5~3	3~2	2~1	<1

根据《河南省水资源公报》《河南统计年鉴》《河南水资源》《河南省水资源综合利用规划》等成果,并利用水资源需水预测成果得到规划年各指标的取值,如表 6-3~表 6-8 所示。

6.2.3　评价指标隶属度的计算

为了克服主观指标的主观性、难以量化等缺点,本书全部选用定量指标。利用模糊隶属函数法,其隶属函数的构造原则是:正指标采用戒上型的隶属函数;逆指标采用戒下型的隶属函数;对于适度指标,采用中间型的隶属函数。在隶属函数参数的确定过程中,采用以下方法:在上(下)限的确定上,删除不合理数据,找出用于计算参数的数据区间,将参数 α_1,α_2分别作为函数的下限和上限,也即指标值一般在(α_1,α_2)内波动,上、下限的选取对函数值有一定的影响。本书中水资源承载能力的评价指标共分为 5 个阶段,每个阶段每个指标值的范围都有一定的规定,如表 6-2 所示。本书 α_1取起步阶段与初级阶段的分界值,α_2取良好与优良阶段的分界值。然后建立每个指标的隶属函数,如式(6-1)和式(6-2)所示。根据实际指标值,即可得出相应的隶属度。通过模糊隶属函数的方法对各个指标进行无量纲化处理,各指标统一到无量纲的 0 到 1 之间,便于用统一的方法进行综合评价。

正指标采用的隶属函数:
$$\begin{cases} 1 & x \geqslant \alpha_2 \\ \dfrac{x-\alpha_1}{\alpha_2-\alpha_1} & \alpha_1 < x < \alpha_2 \\ 0 & x \leqslant \alpha_1 \end{cases} \tag{6-3}$$

逆指标采用的隶属函数:
$$\begin{cases} 1 & x \leqslant \alpha_1 \\ \dfrac{\alpha_2-x}{\alpha_2-\alpha_1} & \alpha_1 < x < \alpha_2 \\ 0 & x \geqslant \alpha_2 \end{cases} \tag{6-4}$$

表 6-3　现状年 2015 年研究区水资源承载力评价指标数据

市	单位面积水资源量 x_1（万 m^3/km^2）	水资源开发利用程度 x_2（%）	需水模数 x_3（万 m^3/km^2）	人口密度 x_4（人/km^2）	人均 GDP x_5（百元/人）	农业综合灌溉定额 x_6（m^3/亩）	万元 GDP 用水量 x_7（m^3/万元）	生态用水率 x_8（%）
郑州	12. 148	158. 999	19. 315	1 270. 41	764. 004	99. 322	15. 047	15. 463
开封	14. 962	143. 102	21. 411	728. 148	353. 709	174. 319	31. 077	1. 328
安阳	12. 053	160. 406	19. 334	696. 125	365. 693	213. 504	21. 439	3. 664
鹤壁	10. 674	184. 568	19. 701	753. 393	444. 503	201. 768	15. 462	2. 106
新乡	13. 926	148. 142	20. 63	693. 333	313. 816	222. 615	25. 348	1. 302
焦作	18. 778	153. 467	28. 818	882. 279	545. 632	239. 974	28. 229	2. 211
濮阳	10. 179	352. 334	35. 864	861. 987	367. 961	284. 023	38. 712	5. 315
许昌	15. 686	86. 684	13. 597	871. 661	500. 371	62. 715	20. 267	3. 438
漯河	16. 804	87. 033	14. 625	976. 244	377. 411	81. 681	20. 904	5. 34
驻马店	16. 394	37. 54	6. 154	461. 08	259. 726	56. 377	18. 521	1. 193
平均	14. 16	151. 228	19. 945	819. 466	429. 283	163. 63	23. 501	4. 136

表 6-4 规划年 2020 年研究区水资源承载力评价指标数据

市	单位面积水资源量 x_1（万 m^3/km^2）	水资源开发利用程度 x_2（%）	需水模数 x_3（万 m^3/km^2）	人口密度 x_4（人/km^2）	人均 GDP x_5（百元/人）	农业综合灌溉定额 x_6（m^3/亩）	万元 GDP 用水量 x_7（m^3/万元）	生态用水率 x_8（%）
郑州	17.502	119.311	20.881	1 315.439	987.246	94.516	14	15.018
开封	18.412	119.512	22.005	753.953	457.064	165.885	24	1.357
安阳	17.723	111.546	19.769	720.802	472.546	203.173	17	3.762
鹤壁	17.333	119.6	20.73	780.112	574.375	192.005	14	2.103
新乡	18.036	117.54	21.2	717.903	405.516	211.843	20	1.331
焦作	18.88	160.974	30.392	913.547	705.07	228.362	23	2.202
濮阳	13.558	265.939	36.055	892.526	475.486	270.28	32	5.549
许昌	17.672	84.214	14.883	902.551	646.582	59.68	18	3.299
漯河	23.764	67.948	16.147	1 010.839	487.695	77.729	17	5.086
驻马店	32.784	20.065	6.578	477.423	335.617	53.649	17	1.172
平均	19.566	118.665	20.864	848.51	554.72	155.712	19.6	4.088

表6-5　规划年2030年研究区水资源承载力评价指标数据

市	单位面积水资源量 x_1（万 m^3/km^2）	水资源开发利用程度 x_2（%）	需水模数 x_3（万 m^3/km^2）	人口密度 x_4（人/km^2）	人均 GDP x_5（百元/人）	农业综合灌溉定额 x_6（m^3/亩）	万元 GDP 用水量 x_7（m^3/万元）	生态用水率 x_8（%）
郑州	17.502	129.627	22.687	1 396.509	1 665.651	90.154	13	14.514
开封	18.412	121.777	22.422	800.417	771.148	158.228	18	1.399
安阳	17.723	115.765	20.517	765.221	797.271	193.795	14	3.805
鹤壁	17.333	130.4	22.602	828.17	969.093	183.143	13	2.022
新乡	18.036	118.884	21.442	762.158	684.165	202.066	16	1.381
焦作	18.88	163.754	30.917	969.858	1 189.558	217.823	17	2.272
濮阳	13.558	265.586	36.008	947.541	802.218	257.806	20	5.835
许昌	17.672	88.987	15.726	958.184	1 090.884	56.926	16	3.278
漯河	23.764	73.571	17.483	1 073.125	822.829	74.141	15	4.932
驻马店	32.784	21.258	6.969	506.843	566.245	51.173	15	1.162
平均	19.566	122.961	21.677	900.803	935.906	148.526	15.7	4.06

表 6-6　现状年 2015 年研究区城市水资源承载力指标隶属度计算结果

市	单位面积水资源量 x_1	水资源开发利用程度 x_2	需水模数 x_3	人口密度 x_4	人均 GDP x_5	农业综合灌溉定额 x_6	万元 GDP 用水量 x_7	生态用水率 x_8
郑州	0. 000	0. 000	0. 000	0. 000	1. 000	0. 803	0. 999	1. 000
开封	0. 000	0. 000	0. 000	0. 286	0. 119	0. 503	0. 811	0. 082
安阳	0. 000	0. 000	0. 000	0. 340	0. 146	0. 346	0. 924	0. 666
鹤壁	0. 000	0. 000	0. 000	0. 244	0. 321	0. 393	0. 995	0. 276
新乡	0. 000	0. 000	0. 000	0. 344	0. 031	0. 310	0. 878	0. 076
焦作	0. 126	0. 000	0. 000	0. 030	0. 546	0. 240	0. 844	0. 303
濮阳	0. 000	0. 000	0. 000	0. 063	0. 151	0. 064	0. 721	1. 000
许昌	0. 023	0. 000	0. 100	0. 047	0. 445	0. 949	0. 938	0. 610
漯河	0. 060	0. 000	0. 027	0. 000	0. 172	0. 873	0. 931	1. 000
驻马店	0. 046	0. 499	0. 632	0. 732	0. 000	0. 974	0. 959	0. 048

表 6-7　规划年 2020 年研究区城市水资源承载力指标隶属度计算结果

市	单位面积水资源量 x_1	水资源开发利用程度 x_2	需水模数 x_3	人口密度 x_4	人均 GDP x_5	农业综合灌溉定额 x_6	万元 GDP 用水量 x_7	生态用水率 x_8
郑州	0. 083	0. 000	0. 000	0. 000	1. 000	0. 822	1. 000	1. 000
开封	0. 114	0. 000	0. 000	0. 243	0. 349	0. 536	0. 894	0. 089
安阳	0. 091	0. 000	0. 000	0. 299	0. 383	0. 387	0. 976	0. 691
鹤壁	0. 078	0. 000	0. 000	0. 200	0. 610	0. 432	1. 000	0. 276
新乡	0. 101	0. 000	0. 000	0. 303	0. 234	0. 353	0. 941	0. 083

续表 6-7

市	单位面积水资源量 x_1	水资源开发利用程度 x_2	需水模数 x_3	人口密度 x_4	人均 GDP x_5	农业综合灌溉定额 x_6	万元 GDP 用水量 x_7	生态用水率 x_8
焦作	0. 129	0. 000	0. 000	0. 000	0. 900	0. 287	0. 906	0. 300
濮阳	0. 000	0. 000	0. 000	0. 012	0. 390	0. 119	0. 800	1. 000
许昌	0. 089	0. 000	0. 008	0. 000	0. 770	0. 961	0. 965	0. 575
漯河	0. 292	0. 000	0. 000	0. 000	0. 417	0. 889	0. 976	1. 000
驻马店	0. 593	0. 887	0. 602	0. 704	0. 079	0. 985	0. 976	0. 043

表 6-8　规划年 2030 年研究区城市水资源承载力指标隶属度计算结果

市	单位面积水资源量 x_1	水资源开发利用程度 x_2	需水模数 x_3	人口密度 x_4	人均 GDP x_5	农业综合灌溉定额 x_6	万元 GDP 用水量 x_7	生态用水率 x_8
郑州	0. 083	0. 000	0. 000	0. 000	1. 000	0. 839	1. 000	1. 000
开封	0. 114	0. 000	0. 000	0. 166	1. 000	0. 567	0. 965	0. 100
安阳	0. 091	0. 000	0. 000	0. 225	1. 000	0. 425	1. 000	0. 701
鹤壁	0. 078	0. 000	0. 000	0. 120	1. 000	0. 467	1. 000	0. 255
新乡	0. 101	0. 000	0. 000	0. 230	0. 854	0. 392	0. 988	0. 095
焦作	0. 129	0. 000	0. 000	0. 000	1. 000	0. 329	0. 976	0. 318
濮阳	0. 000	0. 000	0. 000	0. 000	1. 000	0. 169	0. 941	1. 000
许昌	0. 089	0. 000	0. 000	0. 000	1. 000	0. 972	0. 988	0. 569
漯河	0. 292	0. 000	0. 000	0. 000	1. 000	0. 903	1. 000	0. 983
驻马店	0. 593	0. 861	0. 574	0. 655	0. 592	0. 995	1. 000	0. 040

6.3 不考虑权重的模糊综合评价法

将各个指标认为是等权重，根据隶属度结果计算中原地区各市的水资源承载力情况：对上一步计算得到的各子系统评价指数的隶属度结果平均后计算出水资源承载力的评价指数见表6-9。

表6-9 不考虑权重的研究区城市水资源承载力评价结果

市	2015年	2020年	2030年
郑州	0.475	0.488	0.49
开封	0.225	0.278	0.364
安阳	0.303	0.353	0.43
鹤壁	0.279	0.324	0.365
新乡	0.205	0.252	0.332
焦作	0.261	0.315	0.344
濮阳	0.25	0.29	0.389
许昌	0.389	0.421	0.452
漯河	0.383	0.447	0.522
驻马店	0.486	0.609	0.664

水资源承载力综合评价指数是衡量水资源承载程度的综合性指标，评价指数越高，水资源承载力的状况越好。根据相关研究成果，研究区城市的水资源特点及社会经济发展状况，确定综合评价指数分级标准见表6-10。

表6-10 水资源承载力评价指数分级标准

等级	取值范围	承载状况	承载程度描述
Ⅴ级	0	不可承载	水资源矛盾极为突出，承载能力差，无法满足用水需求
Ⅳ级	[0,0.2]	准不可承载	承载能力较差但基本满足用水需求
Ⅲ级	[0.2,0.5]	可承载	水资源较丰富，水环境质量有所提高，区域缺水问题得到解决
Ⅱ级	[0.5,0.8]	良好可承载	水资源丰富，水利设施齐全，水污染治理效果明显
Ⅰ级	[0.8,1]	理想可承载	水资源与生态、经济、社会协调发展，成为该区域发展的优势资源

通过表6-9的水资源承载力评价结果对比表6-10，可以看出研究区现状年的评价结果都处于第Ⅱ级的准不可承载状态，其中安阳、鹤壁、焦作、开封、濮阳、新乡6市水资源承载能力较差，水资源承载能力已接近或超过饱和值，几乎没有开发利用潜力，其余4市的承载能力相对较高，尤其是驻马店市，已接近可承载状态。

对比规划年可以看出，直至2030年，研究区的水资源综合承载能力状况逐步提高，水资源承载能力呈现出良性发展态势，漯河、驻马店2市更是由准不可承载状态跃进为可承载状态，其他几个市也逐渐向可承载状态靠拢，水资源承载能力变强，证明水资源的开发利用已有相当的规模。

通过隶属度计算的均值综合评价的结果并不能作为研究区水资源承载能力的最后结果，因为均值综合评价在计算中有可能因为某一因素的侧重而使最终结果出现偏差，造成误差较大的情况。因此，需要考虑指标的权重再计算水资源承载能力的综合评价结果，结果更具有可靠性。

6.4　指标权重的确定

目前，关于指标权重的确定方法比较多。根据计算权系数时原始数据的来源不同，权重的确定方法大致可以分为主观赋权法、客观赋权法和组合赋权法。

主观赋权法是由专家根据经验和对实际的判断给出指标的权重，该方法具有较大的主观性，但却有较好的解释性。而客观赋权法是依据评价指标决策矩阵提供的客观信息，用某种特定法则确定指标权重，该方法客观程度体现得较好，但由于指标信息数据采集难免受到随机干扰，在一定程度上影响了其真实可靠性，所以解释能力较弱。由此可见，这两种方法具有一定的互补性。

针对主、客观赋权法各自的优缺点，为了使指标的赋权能够达到主观与客观的统一，在兼顾决策者的偏好的同时又力争减少赋权的主观臆断性，把这两种赋权方法有机地结合起来必将能达到提高指标权重确定的准确性和科学性的目的。因此，本书在确定各个评价指标权重时将主观赋权方法——层次分析法（AHP）和客观赋权法——熵权法所确定的权重进行组合，从而保证权重的代表性和准确性。

6.4.1　熵权法确定权重

6.4.1.1　熵权的基本理论

“熵”的概念源于热力学，1856年由德国物理学家Clausius创立，用来描述离子或分子运动的不可逆现象。后由Shannon引入到信息论中。根据信息论基本原理，信息是系统有序程度的一个度量；而熵是系统无序程度的一个度量。在综合评价中，熵值的大小主要取决于评价指标值的变异程度。在评价体系中，信息熵越小表明指标的变异程度越大，提供的信息量也就越大，则在评价体系中占的权重也就越大；反之，则情况相反。因此，可以根据各个指标值的变异程度，利用信息熵计算各个指标的权重，为整个评价体系提供可靠的依据。

6.4.1.2　熵权法模型

熵权法利用“熵”的基本理论，根据各个评价指标值的变异程度，通过计算熵值来确定各指标的权重，再对所有指标进行加权，从而得到较为客观的综合评价结果。具体计算步骤如下：

（1）原始数据矩阵归一化。设 m 个评价指标、n 个评价对象的原始数据矩阵为 $A = (a_{ij})_{m\times n}(i = 1,2,\cdots,m;j = 1,2,\cdots,n)$，归一化后得到 $R = (r_{ij})_{m\times n}$。

对于大者为优的指标：

$$r_{ij} = \frac{a_{ij} - \min\limits_{j}\{a_{ij}\}}{\max\limits_{j}\{a_{ij}\} - \min\limits_{j}\{a_{ij}\}} \tag{6-5}$$

对于小者为优的指标：
$$r_{ij} = \frac{\max_j\{a_{ij}\} - a_{ij}}{\max_j\{a_{ij}\} - \min_j\{a_{ij}\}} \tag{6-6}$$

（2）定义熵。在有 m 个指标、n 个被评价对象的评估问题中，第 i 个指标的熵为
$$h_i = -k\sum_{j=1}^{n} f_{ij}\ln f_{ij} \tag{6-7}$$

其中：$f_{ij} = \dfrac{1 + r_{ij}}{\sum\limits_{j=1}^{n}(1 + r_{ij})}$，$k = \dfrac{1}{\ln n}$。

（3）定义熵权。定义了第 i 个指标的熵之后，可得到第 i 个指标的熵权为
$$w_i = \frac{1 - h_i}{m - \sum\limits_{i=1}^{m} h_i} \quad (0 \leqslant w_i \leqslant 1, \sum_{i=1}^{m} w_i = 1) \tag{6-8}$$

6.4.1.3 研究区水资源承载能力评价指标的熵权法权重

根据表6-1所示的水资源承载能力评价指标体系，以河南省第二次水资源评价成果《河南水资源》和《河南省水资源综合利用规划》为基本数据源，获得研究区各水资源现状年（2015年）和规划年（2020年和2030年）的水资源承载能力评价指标样本值，$a_i(i = 1, 2, \cdots, 8)$ 分别代表指标：单位面积水资源量 a_1（万 m^3/km^2）、水资源开发利用程度 a_2（%）、需水模数 a_3（万 m^3/km^2）、人口密度 a_4（人/km^2）、人均GDP a_5（百元/人）、农业灌溉定额 a_6（m^3/亩）、万元GDP用水量 a_7（m^3/万元）、生态用水率 a_8（%），数值见表6-3～表6-5。

按照式（6-5）、式（6-6）对原始数据归一化，按照式（6-7）、式（6-8）进行指标熵值 h_i 和权重 w_i 的计算，计算结果见表6-11。

表6-11 评价指标的熵权法权重

指标	a_1	a_2	a_3	a_4	a_5	a_6	a_7	a_8
熵值 h_i	0.811	0.839	0.826	0.809	0.810	0.843	0.829	0.827
权重 w_i	0.135	0.114	0.124	0.136	0.135	0.111	0.122	0.123

6.4.2 层次分析法（AHP）确定权重

6.4.2.1 AHP思想及计算步骤

AHP的基本思想是把复杂的系统分解为若干个子系统，将问题归并为有序的递阶多层次结构，在确定层次中各个子系统及要素相对重要性的基础上，建立判断矩阵，计算得出各要素或方案的权值。层次分析法的基本步骤可以归纳如下：

（1）建立层次结构图，该图包括目标层、准则层、指标层。

（2）建立判断矩阵。根据层次分析指标体系确定的上、下层次指标间的隶属关系，对同一层次的指标进行两两比较，其比较结果以T. L. Saaty的1～9标度法（见表6-12）表示。这样，对于同一层次的几个评价指标可以得到两两比较判断矩阵 $A = (\alpha_{ij})n \times n$，它具有以下性质：①$\alpha_{ij} > 0$；②$\alpha_{ij} = 1/\alpha_{ji}$；③$\alpha_{ii} = 1$。

表6-12 1~9标度的含义

标值	含义
1	表示两个指标相比,具有同样的重要性
3	表示两个指标相比,一个指标比另一个指标稍微重要
5	表示两个指标相比,一个指标比另一个指标明显重要
7	表示两个指标相比,一个指标比另一个指标强烈重要
9	表示两个指标相比,一个指标比另一个指标极端重要
2、4、6、8	上述相邻判断的中值,需要折中采用

(3)计算单排序权向量并做一致性检验。

对每个成对比较矩阵计算最大特征值及其对应的特征向量,利用一致性指标(CI)、随机一致性指标(RI)和一致性比率(CR)做一致性检验。若检验通过,特征向量(归一化后)即为权向量;若不通过,需要重新构造成对比较矩阵。

(4)计算总排序权向量并做一致性检验。

计算最下层对最上层总排序的权向量。利用总排序一致性比率 $CR=\dfrac{\sum_{j=1}^{m} w_j CI_j}{\sum_{j=1}^{m} w_j RI_j}\leqslant 0.1$ 进行检验。若通过,则可按照总排序权向量表示的结果进行决策,否则需要重新考虑模型或重新构造那些一致性比率 CR 较大的成对比较矩阵。

6.4.2.2 研究区水资源承载能力评价指标的AHP权重

根据表6-1的水资源承载能力评价指标体系,容易得出研究区水资源承载能力自上而下的逐层支配关系的递阶层次结构,按照AHP模型,构建研究区水资源承载能力评价的层次结构图如图6-1所示。

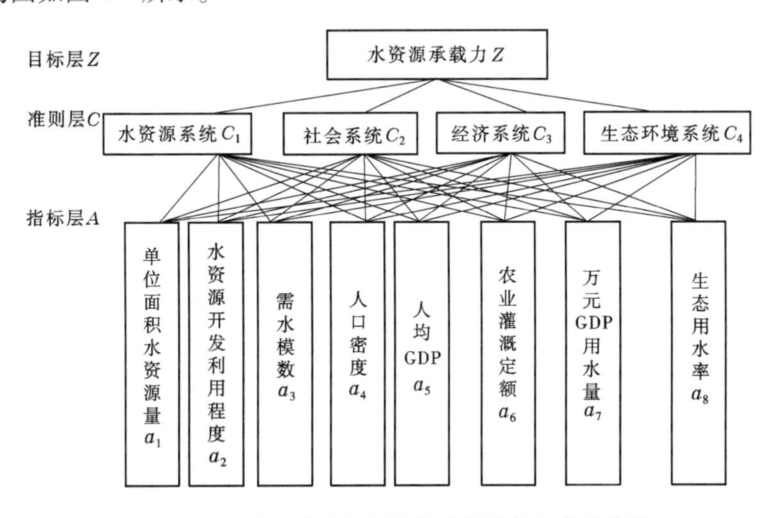

图6-1 研究区水资源承载能力评价的层次结构图

构造判断矩阵，计算一致性指标（CI）和一致性比率（CR），见表 6-13 ~ 表 6-18。

（1）目标层—准则层判断矩阵。

表 6-13　Z—C 判断矩阵

Z	C_1	C_2	C_3	C_4	w
C_1	1	1/3	1/3	1/5	0.076
C_2	3	1	3	1/3	0.245
C_3	3	1/3	1	1/5	0.136
C_4	5	3	5	1	0.543

（2）准则层—指标层判断矩阵。

①$CI = 0.068, CR = 0.076 < 0.1$ 时。

表 6-14　C_1—A 判断矩阵

C_1	a_1	a_2	a_3	a_4	a_5	a_6	a_7	a_8	w
a_1	1	1/2	1/2	1/4	1/4	1/4	1/4	1/5	0.033
a_2	2	1	1/2	1/3	1/3	1/3	1/3	1/5	0.044
a_3	2	2	1	1/3	1/3	1/3	1/3	1/5	0.054
a_4	4	3	3	1	2	4	4	1/5	0.174
a_5	4	3	3	1/2	1	3	3	1/5	0.137
a_6	4	3	3	1/4	1/3	1	3	1/5	0.107
a_7	4	3	3	1/4	1/3	1/3	1	1/5	0.086
a_8	5	5	5	5	5	5	5	1	0.364

②$CI = 0.137, CR = 0.097 < 0.1$ 时。

表 6-15　C_2—A 判断矩阵

C_2	a_1	a_2	a_3	a_4	a_5	a_6	a_7	a_8	w
a_1	1	2	2	4	4	3	3	3	0.253
a_2	1/2	1	3	4	4	2	2	3	0.200
a_3	1/2	1/3	1	3	3	1/3	3	1/3	0.104
a_4	1/4	1/4	1/3	1	2	1/3	1/3	1/3	0.046
a_5	1/4	1/4	1/3	1/2	1	1/3	1/3	1/3	0.038
a_6	1/3	1/2	3	3	3	1	2	1/3	0.120
a_7	1/3	1/2	1/3	3	3	1/2	1	1/3	0.080
a_8	1/3	1/3	3	3	3	3	3	1	0.158

③$CI = 0.115, CR = 0.081 < 0.1$ 时。

表 6-16　C_3—A 判断矩阵

C_3	a_1	a_2	a_3	a_4	a_5	a_6	a_7	a_8	w
a_1	1	3	3	3	3	5	5	1/5	0.185
a_2	1/3	1	1/3	1/3	1/3	3	5	1/5	0.068
a_3	1/3	3	1	2	2	3	5	1/5	0.121
a_4	1/3	3	1/2	1	2	3	5	1/5	0.105
a_5	1/3	3	1/2	1/2	1	3	3	1/5	0.084
a_6	1/5	1/3	1/3	1/3	1/3	1	3	1/5	0.043
a_7	1/5	1/5	1/5	1/5	1/3	1/3	1	1/5	0.028
a_8	5	5	5	5	5	5	5	1	0.366

④$CI=0.136$，$CR=0.096<0.1$ 时。

表 6-17　C_4—A 判断矩阵

C_4	a_1	a_2	a_3	a_4	a_5	a_6	a_7	a_8	w
a_1	1	1/3	1/3	1/3	1/3	1/3	1/3	3	0.053
a_2	3	1	1/2	1/2	1/2	1/2	1/2	5	0.096
a_3	3	2	1	2	2	3	3	5	0.238
a_4	3	2	1/2	1	2	3	3	5	0.197
a_5	3	2	1/2	1/2	1	3	1/3	5	0.133
a_6	3	2	1/3	1/3	1/3	1	1/3	5	0.097
a_7	3	2	1/3	1/3	3	3	1	5	0.160
a_8	1/3	1/5	1/5	1/5	1/5	1/5	1/5	1	0.027

⑤$CI=0.111$，$CR=0.078<0.1$ 时。

表 6-18　层次总排序权值

C	C_1	C_2	C_3	C_4	总权重
a	0.076	0.245	0.136	0.543	
a_1	0.033	0.253	0.185	0.053	0.118
a_2	0.044	0.200	0.068	0.096	0.114
a_3	0.054	0.104	0.121	0.238	0.175
a_4	0.174	0.046	0.105	0.197	0.146
a_5	0.137	0.038	0.084	0.133	0.104
a_6	0.107	0.120	0.043	0.097	0.096
a_7	0.086	0.080	0.028	0.160	0.117
a_8	0.364	0.158	0.366	0.027	0.131

总排序的一致性检验：$CR = \dfrac{\sum_{j=1}^{m} w_j CI_j}{\sum_{j=1}^{m} w_j RI_j} = \dfrac{0.117}{1.421} = 0.083 \leqslant 0.1$，满足一致性要求。

6.4.3　组合权重确定

组合赋权法对各种赋权结果的综合一般采用两种方式，即乘法合成的归一化方法和线性加权组合法。设 q 种赋权方法的赋权结果为

$$W^{(k)} = (W_1^{(k)},\cdots,W_m^{(k)})^{\mathrm{T}} \quad k = 1,\cdots,q$$

为克服主、客观赋权法的各自弱点和利用其各自优点，这 q 种赋权法应同时包含主、客观赋权法。

乘法合成归一化方法的计算公式为

$$w_i = \frac{\prod_{k=1}^{q} w_i^{(k)}}{\sum_{i=1}^{n} \prod_{k=1}^{q} w_i^{(k)}} \tag{6-9}$$

这种组合方法由于存在使大者更大、小者更小的“倍增效应”，有时得出的权重可能很不合理。但这种方法只适用于指标个数较多、指标间权重较均匀的情况。

线性加权法的计算公式为

$$w = \sum_{k=1}^{q} a_k w^{(k)} \tag{6-10}$$

式中　a_k ——第 k 种赋权方法的加权参数；

　　w ——组合权重向量。

这种方法克服了乘法合成归一化方法的“倍增效应”，具有较好的实际应用效果。使用这种方法的难点是确定 a_k 的值，为了简便起见，许多人认为主观赋权法和客观赋权法的重要性一致，即 $a = 0.5$，此时这种组合方式可以看成是简单算术平均，而简单算术平均法适合于各评价指标间的相对重要程度差异较大的情况。对于水资源承载能力系统的各评价指标，它们的重要程度差别较小，因此不适合采用简单算术平均法。

积的计算性质使得几何平均法适合于指标间有较强的相互联系的情形。一方面几何平均法强调各指标间的一致性，即各指标在水资源承载能力综合评价中有着同等重要的作用，不偏袒任何一个评价指标，因此指标权数的作用不太明显，这正适合指标间的重要程度差别较小的情况；另一方面，几何平均法对被评价对象各指标间的差异反映较灵敏，这有助于区分各被评价对象的相对地位。

几何平均法确定组合权重的公式为：

$$z_i = \frac{(\prod_{j=1}^{q} w_{ij})^{\frac{1}{q}}}{\sum_{i=1}^{n} (\prod_{j=1}^{q})^{\frac{1}{q}}} \tag{6-11}$$

式中，$i = 1,2,\cdots,n$；$j = 1,2,\cdots,q$。其中 i 表示指标个数，j 表示评价方法个数，w_{ij} 表示

第 i 个指标用第 j 种方法确定的权重。

采用几何平均法按照式(6-11)确定本书水资源承载能力评价指标的几何权重，如表6-19 所示。

表 6-19 研究区水资源承载能力评价指标组合权重

评价指标	AHP 权重	熵权	组合权重
a_1	0. 118	0. 135	0. 127
a_2	0. 114	0. 114	0. 104
a_3	0. 175	0. 124	0. 173
a_4	0. 146	0. 136	0. 158
a_5	0. 104	0. 135	0. 112
a_6	0. 096	0. 111	0. 085
a_7	0. 117	0. 122	0. 114
a_8	0. 131	0. 123	0. 128

6.5 基于组合权重模糊综合评价法的水资源承载力计算

首先，根据各评判因素对水资源承载力影响程度的大小确定权重向量 A；然后，采用加权平均算子(· , +)进行模糊合成，即根据权重向量 A 和 R 矩阵，将 $B = A \cdot R$ 按普通矩阵计算规则即可求得水资源承载力的最终评判的结果向量；最后，根据评价指标对应的评分值，对比评价指数分级标准可知最终评价结果。

水资源承载力综合评价指数是衡量水资源承载程度的综合性指标，评价指数越高，水资源承载力的状况越好。综合评价指数分级标准见表 6-20。

表 6-20 水资源承载力评价指数分级标准

等级	取值范围	承载状况	承载程度描述
Ⅴ级	0	不可承载	水资源矛盾极为突出，承载能力差，无法满足用水需求
Ⅳ级	[0,0. 25]	准不可承载	承载能力较差但基本满足用水需求
Ⅲ级	[0. 25,0. 5]	可承载	水资源较丰富，区域缺水问题得到解决
Ⅱ级	[0. 5,0. 75]	良好可承载	水资源丰富，水利设施齐全
Ⅰ级	[0. 75,1]	理想可承载	水资源与生态、经济、社会协调发展，成为该区域发展的优势资源

通过运用模糊综合评价法对研究区的水资源承载力进行分析，依据承载力分级标准可知，研究区 10 个市中，承载力在准不可承载等级即四级的依次为新乡、开封、焦作、濮阳，即以上 4 个城市的水资源承载能力较差但基本满足用水需求。处于三级可承载的依次有鹤壁、安阳、漯河、许昌、郑州及驻马店，以上 6 个区域的水资源承载状况为水环境质量有所提高，区域缺水问题得到解决；其中鹤壁和安阳虽然是在三级范围内，但非常接近

四级准不可承载的范围,因此形式也很严峻;而郑州、驻马店的综合评价结果分别为0.422和0.481,比较接近二级良好可承载状况(见图6-21)。

表6-21 研究区城市水资源承载力综合评价结果

市	2015年		2020年		2030年	
	计算结果	承载等级	计算结果	承载等级	计算结果	承载等级
郑州	0.422	Ⅲ	0.434	Ⅲ	0.436	Ⅲ
开封	0.204	Ⅳ	0.251	Ⅲ	0.324	Ⅲ
安阳	0.29	Ⅲ	0.334	Ⅲ	0.399	Ⅲ
鹤壁	0.257	Ⅲ	0.296	Ⅲ	0.327	Ⅲ
新乡	0.194	Ⅳ	0.235	Ⅳ	0.303	Ⅲ
焦作	0.237	Ⅳ	0.283	Ⅲ	0.308	Ⅲ
濮阳	0.243	Ⅳ	0.275	Ⅲ	0.362	Ⅲ
许昌	0.343	Ⅲ	0.364	Ⅲ	0.392	Ⅲ
漯河	0.34	Ⅲ	0.399	Ⅲ	0.466	Ⅲ
驻马店	0.481	Ⅲ	0.592	Ⅱ	0.638	Ⅱ

对比规划年2020年和2030年可以发现,随着用水水平的提高,研究区的综合评价结果逐渐提升,承载力状况都在不断改善。到2030年驻马店市已进入水资源的良好可承载状态;其余区域计算结果都在0.3以上,都已达到三级可承载状态。

由模糊综合评判法的研究分析可知,河南省中原区各市的水资源承载力状况整体较差,整体水平处在可承载及准不可承载间。由于区域本身的水资源可利用量非常少,因此为了缓解水资源供需矛盾,唯一有效且可行的出路就是在保障社会经济正常发展的前提下大幅提高用水水平,减少用水需求。从规划年的计算结果可以看出,如果研究区的用水水平能够达到本书中规划年规划预测的用水水平,那么在可用水资源量不变的情况下水资源承载力等级就会有显著的提高。

第7章　基于BP神经网络的水资源承载力研究

7.1　BP神经网络

7.1.1　BP神经网络的工作原理

1982年,Rumelhart和MeClelland等洞察到神经网络信息处理的重要性,成立了PDP(Parallel Distributed Processing)小组,研究并行分布信息的处理方法,探索人类认知的微结构。1985年他们提出了BP网络(Back-Propagation Network,简称BP网络)学习算法,实现了Minsy的多层网络设想。BP网络是一种单向传播的多层前馈神经网络,其主要特点是信号前向传播,误差反向传播。在前向传播中,输入信号从输入层经隐含层逐层处理,直至输出层。每一层的神经元状态只影响下一层神经元状态,如果输出层得不到期望输出,则转入反向传播,根据预测误差调整网络权值和阈值,从而使BP神经网络预测输出不断逼近期望输出。由非线性变换单元组成的BP神经网络,不仅结构简单而且具有良好的非线性映射能力,BP网络主要应用于函数逼近、模式识别、分类和数据压缩等领域。

7.1.2　BP神经网络结构

BP神经网络的训练过程由正向传播和反向传播组成,其中用以调整网络参数的方法即误差的反向逆推,即BP算法,该方法是由Goldberg提出的。BP神经网络的拓扑结构如图7-1所示。

BP神经网络模型由输入层、隐含层和输出层构成,其中$x_1,x_2,\cdots,x_n$为BP神经网络的输入值,$y_1,y_2,\cdots,y_n$为BP神经网络的输出预测值,$z_1,z_2,\cdots,z_n$为BP神经网络的输出期望值,w_{ij}和w_{jk}为BP神经网络权值。由图7-1可以看出,BP神经网络可以看作一个非线性函数,网络输入值和预测值分别为该函数的自变量和因变量。当输入节点数为n,输出节点数为m时,BP神经网络就表达了从n个自变量到m个因变量的函数映射关系。BP神经网络预测前首先要训练网络,通过训练使网络具有联想记忆和预测能力,其标准算法具体实现步骤如下。

(1)网络初始化。根据系统输入输出序列(x,y)确定网络输入层节点数n,隐含层节点数l,输出层节点数m,初始化输入层、隐含层和输出层神经元之间的连接权值为w_{ij}、w_{jk},初始化隐含层阈值a,输出层阈值b,给定学习速率和神经元激励函数。

(2)隐含层输出计算。根据输入向量x、输入层和隐含层间连接权值w_{ij}以及隐含层阈值a,计算隐含层输出H。

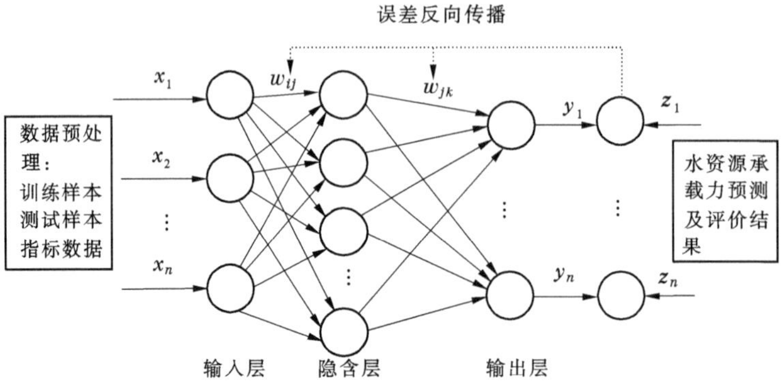

图 7-1　BP 神经网络的拓扑结构

$$H_j = f(\sum_{i=1}^{n} w_{ij}x_i - a_j), \quad (j = 1,2,\cdots,l) \tag{7-1}$$

式中　l——隐含层节点数；

f——隐含层激励函数，该函数有多种表达形式，本书所选函数为 sigmoid 函数（S 型函数）。

$$f(x) = 1/(1 + e^{-x}) \tag{7-2}$$

（3）输出层输出计算。根据隐含层输出 H、连接权值 w_{jk} 和阈值 b，计算神经网络预测输出 O。

$$O_k = \sum_{j=1}^{l} H_j w_{jk} - b_k \quad (k = 1,2,\cdots,m) \tag{7-3}$$

（4）误差计算。根据网络预测输出 O 和期望输出 Y，计算网络预测误差 e。

$$e_k = Y_k - O_k \quad (k = 1,2,\cdots,m) \tag{7-4}$$

（5）权值更新。根据网络预测误差 e 更新网络连接权值 w_{ij}、w_{jk}。

$$w_{ij} = w'_{ij} + \eta H_j(1 - H_j)x(i)\sum_{k=1}^{m} w_{jk}e_k \quad (i = 1,2,\cdots,n;j = 1,2,\cdots,l) \tag{7-5}$$

式中　w'_{ij}——更新前的连接权值；

η——学习速率。

$$w_{jk} = w'_{jk} + \eta H_j e_k \quad (j = 1,2,\cdots,l;k = 1,2,\cdots,m) \tag{7-6}$$

（6）阈值更新。根据网络预测误差 e 更新网络节点阈值 a、b。

$$a_j = a'_j + \eta H_j(1 - H_j)\sum_{k=1}^{m} w_{jk}e_k \quad (j = 1,2,\cdots,l) \tag{7-7}$$

$$b_k = b'_k + e_k \quad (k = 1,2,\cdots,m) \tag{7-8}$$

式中　a'_j、b'_k——更新前的节点阈值。

（7）判断算法迭代是否结束，若没有结束，返回步骤（2）。

7.2　评价指标体系的建立

7.2.1　评价指标体系及分级标准

对水资源承载能力进行综合评价，首先必须确定一套评价指标。本书结合区域水资源开发利用现状和特点，参照《水资源评价导则》和全国水资源开发利用分析中的指标体系和评价标准，从经济、社会、生态和水资源状况 4 方面选取 13 个指标作为评价因子，依次是：①x_1（单位面积水资源量，万 m^3/km^2）；②x_2（人均水资源可利用量，m^3/人）；③x_3（水资源开发利用程度，%）；④x_4（需水模数，万 m^3/km^2）；⑤x_5（供水构成，%）；⑥x_6（人口密度，人/ km^2）；⑦x_7（人均 GDP ，百元/人）；⑧x_8（人均粮食占有量，kg/人）；⑨x_9（生活用水定额，l/(p · d)）；⑩x_{10}（农业综合灌溉定额，m^3/亩）；⑪1x_{11}（万元 GDP 用水量，m^3/万元）；⑫x_{12}（第一产业用水比例，%）；⑬x_{13}（生态用水率，%）。

本算法的指标体系与欧氏距离算法的指标体系一致，因此现状年及规划年各指标的具体数据见表 5-3 ~ 表 5-5。

本书将水资源承载能力分为五级，Ⅰ级表示水资源承载力情况很好，有很大的开发潜力；Ⅱ级表示水资源开发利用已有相当的规模，但仍有一定潜力；Ⅲ级表示水资源承载能力已接近或超过饱和值，几乎没有开发利用潜力，水资源承载能力较差；Ⅳ级表示水资源承载力已达到饱和值；Ⅴ级表示水资源承载力已远超过饱和值，水资源承载力差，已经没有开发利用潜力。水资源承载能力评价指标及分级标准值见表 7-1。

表 7-1　水资源承载能力评价指标及分级标准

指标	指标类型	很好（Ⅰ级）	较好（Ⅱ级）	一般（Ⅲ级）	较差（Ⅳ级）	差（Ⅴ级）
x_1	正向	>45	35 ~ 45	25 ~ 35	15 ~ 25	<15
x_2	正向	>1 500	750 ~ 1 500	250 ~ 750	125 ~ 250	<125
x_3	逆向	<15	15 ~ 20	20 ~ 35	35 ~ 60	>60
x_4	逆向	<1	1 ~ 3	3 ~ 10	10 ~ 15	>15
x_5	逆向	<20	20 ~ 30	30 ~ 40	40 ~ 50	>50
x_6	逆向	<300	300 ~ 500	500 ~ 700	700 ~ 900	>900
x_7	正向	>750	600 ~ 750	450 ~ 600	300 ~ 450	<300
x_8	正向	>600	500 ~ 600	400 ~ 500	300 ~ 400	<300
x_9	正向	>130	110 ~ 130	90 ~ 110	70 ~ 90	<70
x_{10}	逆向	<50	50 ~ 100	100 ~ 200	200 ~ 300	>300
x_{11}	逆向	<15	15 ~ 25	25 ~ 50	50 ~ 100	>100
x_{12}	逆向	<45	45 ~ 55	55 ~ 65	65 ~ 75	>75
x_{13}	正向	>5	5 ~ 3	3 ~ 2	2 ~ 1	<1

7.2.2 评价指标一致性检验和处理

由于水资源开发利用程度、需水模数、供水构成、人口密度、农业综合灌溉定额、万元GDP用水量和第一产业用水比例指标值均为其值越小则承载能力越强，而其余指标取值正好相反，即相应的值越大则承载能力越强。因此，对于整个评价指标体系来说，应对评价指标做一致性处理。本书将水资源开发利用程度、需水模数、供水构成、人口密度、农业综合灌溉定额、万元 GDP 用水量和第一产业用水比例 7 项指标进行处理，即对这 7 项指标的原始值取倒数（为便于计算，取倒数后再同时乘以 1 000）。处理后的指标数据值见表 7-2。

表 7-2　评价指标值一致性处理结果

指标	指标类型	好（Ⅰ级）	较好（Ⅱ级）	一般（Ⅲ级）	较差（Ⅳ级）	差（Ⅴ级）
x_1	正向	>45	35 ~ 45	25 ~ 35	15 ~ 25	<15
x_2	正向	>1 500	750 ~ 1 500	250 ~ 750	125 ~ 250	<125
x_3	逆向	>67	50 ~ 67	29 ~ 50	17 ~ 29	<17
x_4	逆向	>1 000	333 ~ 1 000	100 ~ 333	67 ~ 100	<67
x_5	逆向	>50	33 ~ 50	25 ~ 33	20 ~ 25	<20
x_6	逆向	>3. 33	2. 00 ~ 3. 33	1. 43 ~ 2. 00	1. 11 ~ 1. 43	<1. 11
x_7	正向	>750	600 ~ 750	450 ~ 600	300 ~ 450	<300
x_8	正向	>600	500 ~ 600	400 ~ 500	300 ~ 400	<300
x_9	正向	>130	110 ~ 130	90 ~ 110	70 ~ 90	<70
x_{10}	逆向	>20	10 ~ 20	5 ~ 10	3 ~ 5	<3
x_{11}	逆向	>67	40 ~ 67	20 ~ 40	10 ~ 20	<10
x_{12}	逆向	>22	18 ~ 22	15 ~ 18	13 ~ 15	<13
x_{13}	正向	>5	5 ~ 3	3 ~ 2	2 ~ 1	<1

7.3 建立基于 BP 神经网络的水资源承载力评价模型

7.3.1 BP 神经网络结构的确定

本书采用三层 BP 神经网络对水资源承载能力进行评价，网络包括输入层、隐含层和输出层 3 部分。选取 13 个指标作为评价因素集，即输入层神经元个数为 13 个；为了较精确地实现水资源可持续利用程度分级和能够预测其变化趋势，BP 网络模型采用连续函数输出是一种较好的方案。为此，网络输出结果Ⅰ～Ⅴ级可持续利用程度的理论输出值分别为 1，2，3，4 和 5，即输出层的神经元数为 1 个；在隐含层结点数的选取上，目前并没有统一的计算方法，若隐含层结点数过少，则网络收敛过慢，达不到精度的要求；若结点数过多,则增加了计算量,也会导致过拟合,降低网络的泛化能力,因此需要通过试验来确定隐含层的结点数,本书采用目前较为普遍的 Kolmogorv 定理确定隐含层单元数,即本书为 12 个隐含层神经元。因此,网络评价模型结构为 13 - 12 - 1,如图 7-2 所示。

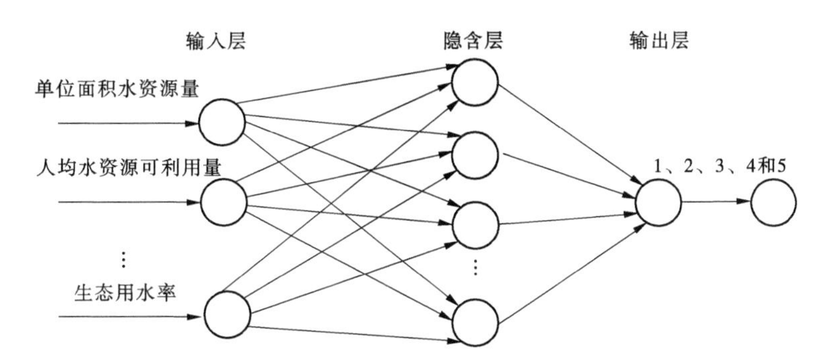

图 7-2　水资源承载能力评价 BP 网络模型示意图

7.3.2　BP 神经网络的学习样本设计

如何参照表 7-2 构建合理的训练样本是水资源承载能力评价的关键。表 7-2 中,水资源开发利用程度、供水构成和第一产业用水比例上、下限均为 1 和 0;而其余指标没有上限值。本书参照《河南省水资源综合利用规划》不同规划水平年的规划成果,结合区域实际,以水资源承载能力评价分级标准不失一般性为原则,确定其余指标的上限值。考虑到生态环境用水量难以估量,规定以生态环境用水量占水资源总量的 10% 作为生态环境用水量的上限。因此,构造符合区域实际的水资源承载能力评价指标分级标准见表 7-3。

表 7-3　研究区水资源承载能力评价指标分级标准

指标	很好(Ⅰ级)	较好(Ⅱ级)	一般(Ⅲ级)	较差(Ⅳ级)	差(Ⅴ级)
x_1	45 ~ 100	35 ~ 45	25 ~ 35	15 ~ 25	< 15
x_2	1 500 ~ 3 000	750 ~ 1 500	250 ~ 750	125 ~ 250	< 125
x_3	67 ~ 100	50 ~ 67	29 ~ 50	17 ~ 29	< 17
x_4	1 000 ~ 2 000	333 ~ 1 000	100 ~ 333	67 ~ 100	< 67
x_5	50 ~ 100	33 ~ 50	25 ~ 33	20 ~ 25	< 20
x_6	3. 33 ~ 5	2. 00 ~ 3. 33	1. 43 ~ 2. 00	1. 11 ~ 1. 43	< 1. 11
x_7	750 ~ 1 000	600 ~ 750	450 ~ 600	300 ~ 450	< 300
x_8	600 ~ 1 500	500 ~ 600	400 ~ 500	300 ~ 400	< 300
x_9	130 ~ 200	110 ~ 130	90 ~ 110	70 ~ 90	< 70
x_{10}	20 ~ 300	10 ~ 20	5 ~ 10	3 ~ 5	< 3
x_{11}	67 ~ 100	40 ~ 67	20 ~ 40	10 ~ 20	< 10
x_{12}	22 ~ 100	18 ~ 22	15 ~ 18	13 ~ 15	< 13
x_{13}	5 ~ 10	5 ~ 3	2 ~ 3	1 ~ 2	< 1

实践表明,网络训练所需样本数取决于输入输出非线性映射关系的复杂程度,映射关系越复杂,样本训练噪声越大,为保证一定的映射精度所需的样本数就越多,而且网络的规模也就越大,但当样本多到一定程度时,网络的精度也很难再提高,一般训练样本数取网络连接权总数的 5 ~10 倍。本书按照表 7-3 评价指标分级标准,将每一等级评价指标值利用线性插值的方法按等比例划分为 20 个训练样本,即 1 ~20 号样本为Ⅰ级;21 ~40 号样本为Ⅱ级;41 ~60 号样本为Ⅲ级;61 ~80 号样本为Ⅳ级;81 ~100 号样本为Ⅴ级。利用 randperm( )函数随机生成 20 个 1 ~20 内的数,将前 15 个数代表的行数据作为各级的学习样本,后 5 个数代表的行数据作为测试样本;将不同规划水平年(2015 年、2020 年和 2030 年)资料作为预测样本。水资源承载能力评价包括 5 个等级,用表 7-4 中的输出模式来表示网络模型的输出。

表 7-4 水资源承载能力评价学习样本及输出模式

学习和检测样本	承载能力评价等级	输出模式
1 ~20 号	Ⅰ	1
21 ~40 号	Ⅱ	2
41 ~60 号	Ⅲ	3
61 ~80 号	Ⅳ	4
81 ~100 号	Ⅴ	5

7.3.3 数据的归一化处理

网络的各个输入数据常常具有不同的物理意义和不同的量纲及数量级,在网络训练前要先对原始数据进行归一化处理。数据归一化方法很多,本书采用最大最小法,公式如下:

$$\hat{x} = (x - x_{min})/(x_{max} - x_{min}) \tag{7-9}$$

式中 $\hat{x}$——经过标准化处理的数据;

x——原始数据;

x_{max}、x_{min}——数据序列中的最大数、最小数。

经过标准化处理后,数据处于[0 ~1]范围内,有利于网络训练。

7.4 基于 BP 神经网络的水资源承载力计算与结果分析

7.4.1 Matlab 神经网络工具箱及样本训练

利用 Matlab2010 a 神经网络工具箱中的 newff( )函数编写算法程序,根据图 7-2 的评价模型对 100 个样本数据进行网络学习训练,在达到训练精度要求后对研究区各市不同规划水平年的水资源承载能力进行评价。学习参数设定为:训练次数 5 000 次,目标误差 0. 000 001,学习速率 0. 05;结束学习的条件是测试样本的均方根小于某一数值或趋于稳定或训练次数达到 5 000 次。隐含层采用 Sigmoid( )转换函数,输出层采用线性转换函数,其余参数取默认值。当训练满足预先设定的误差要求时,网络训练收敛。根据 randperm( )函数生成测试样本编号为 3、4、12、13 和 18,训练结果见表 7-5。

表 7-5　测试样本训练结果

样本编号	期望输出	实际输出	样本编号	期望输出	实际输出	样本编号	期望输出	实际输出	样本编号	期望输出	实际输出	样本编号	期望输出	实际输出
3	1	1	23	2	2	43	3	3	63	4	3	83	5	5
4	1	1	24	2	2	44	3	3	64	4	4	84	5	5
12	1	1	32	2	2	52	3	2	72	4	4	92	5	5
13	1	1	33	2	2	53	3	3	73	4	4	93	5	5
18	1	1	38	2	1	58	3	2	78	4	3	98	5	4

从表 7-5 训练结果可以看出,网络输出的数据精度达到 76%,说明训练精度较高,能够满足要求,可以运用该网络进行区域水资源承载能力评价。

水资源承载能力综合评价值是衡量水资源承载程度的综合性指标,数值越高,水资源承载能力的状况越差。具体分级标准如表 7-6 所示。

表 7-6　水资源承载能力评价指数分级标准

综合评价值	等级	状态	状态含义描述
[0,1.5)	Ⅰ	承载能力好	水资源承载能力情况很好,有很大的开发潜力
[1.5,2.5)	Ⅱ	承载能力较好	水资源开发利用已有相当的规模,但仍有一定潜力
[2.5,3.5)	Ⅲ	承载能力一般	水资源承载能力已接近饱和值,开发利用潜力较小
[3.5,4.5)	Ⅳ	承载能力较差	水资源承载能力已达到饱和值,几乎没有开发利用潜力
[4.5,+∞)	Ⅴ	承载能力差	承载能力远超过饱和值,承载能力差,没有开发利用潜力

7.4.2　基于 BP 神经网络的水资源承载能力计算结果

通过样本训练之后利用指标体系计算河南省中原地区的水资源承载能力状况,具体计算结果见表 7-7。

表 7-7 各市不同水平年各水资源承载能力综合评价结果

评价区域	2015 年		2020 年		2030 年	
	评价输出	评价结果	评价输出	评价结果	评价输出	评价结果
郑州	3.475 8	Ⅲ	3.108 3	Ⅲ	3.196 1	Ⅲ
开封	3.688 9	Ⅳ	2.857 9	Ⅲ	2.792 9	Ⅲ
安阳	3.272 2	Ⅲ	2.738 6	Ⅲ	2.605 5	Ⅲ
鹤壁	3.500 3	Ⅳ	2.927 1	Ⅲ	2.762 8	Ⅲ
新乡	3.875 2	Ⅳ	3.415 1	Ⅲ	3.346 7	Ⅲ
焦作	3.653 7	Ⅳ	2.951 5	Ⅲ	2.746 1	Ⅲ
濮阳	3.713 3	Ⅳ	3.490 5	Ⅲ	3.162 3	Ⅲ
许昌	3.476 5	Ⅲ	3.171 2	Ⅲ	3.052 9	Ⅲ
漯河	3.136 5	Ⅲ	3.074 2	Ⅲ	2.913 3	Ⅲ
驻马店	3.007 9	Ⅲ	2.614	Ⅲ	2.107 9	Ⅱ

通过表 7-7 的承载能力的评价结果可以看出,研究区 10 个市的水资源承载能力不论是现状年还是规划年大部分都处在Ⅲ级水平,即水资源承载能力已接近饱和值,开发利用潜力较小。

现状年鹤壁、焦作、开封、濮阳和新乡 5 个市的水资源承载能力在Ⅳ级水平,即水资源承载能力已达到饱和值,几乎没有开发利用潜力;其余区域水资源承载能力均为Ⅲ级,即水资源承载能力已接近饱和值,开发利用潜力较小。从数值上来看,新乡市的水资源承载能力最差,后面依次排序为濮阳市、开封市、焦作市和鹤壁市,承载能力水平虽然都处于Ⅳ级,但依次有所提高。处于Ⅲ级水平的 5 个市的承载能力状况有由最差开始依次为许昌市、郑州市、安阳市、漯河市和驻马店市。综上所述,现状年 10 个市的水资源承载力评价结果中,新乡市最差,驻马店市最好。

规划年 2020 年和 2030 年的水资源承载力情况与现状年相比有一定程度的好转。2020 年,研究区 10 个市的承载力都处在Ⅲ级水平,且每个市的承载力数值都小于现状年 2015 年。到 2030 年,研究区的承载力水平继续好转,而且,驻马店市的水资源承载力水平已经提高到Ⅱ级。

由评价结果可知,研究区的水资源承载力水平整体已经接近饱和,进一步开发利用潜力很小。该评价结果客观真实地反映了不同水平年下各评价区域水资源承载能力的大小,与区域实际情况相符,可以作为区域水资源开发利用的决策参考依据。

第 8 章　不同评价方法的承载力结果对比分析

8.1　各评价方法成果一致性分析

为了验证说明评价结果的一致性及可靠性,本书利用了欧氏距离法、模糊综合评价法及 BP 神经网络法三种评价方法对河南省中原区 10 个市的水资源承载能力进行了评价。在进行水资源承载能力评价过程中,为了使不同评价方法的评价成果具有可比性,三种评价方法采用相同的等级标准。表 8-1 是不同规划年应用三种评价方法对应得到的水资源承载能力等级。

表 8-1　不同评价方法下水资源承载能力评价结果对比

市	2015 年			2020 年			2030 年		
	欧氏距离法	模糊评判法	BP 神经网络法	欧氏距离法	模糊评判法	BP 神经网络法	欧氏距离法	模糊评判法	BP 神经网络法
郑州	Ⅱ	Ⅲ	Ⅲ	Ⅱ	Ⅲ	Ⅲ	Ⅱ	Ⅲ	Ⅲ
开封	Ⅲ	Ⅳ	Ⅳ	Ⅲ	Ⅲ	Ⅲ	Ⅲ	Ⅲ	Ⅲ
安阳	Ⅲ	Ⅲ	Ⅲ	Ⅲ	Ⅲ	Ⅲ	Ⅲ	Ⅲ	Ⅲ
鹤壁	Ⅲ	Ⅲ	Ⅳ	Ⅲ	Ⅲ	Ⅲ	Ⅲ	Ⅲ	Ⅲ
新乡	Ⅲ	Ⅳ	Ⅳ	Ⅲ	Ⅳ	Ⅲ	Ⅲ	Ⅲ	Ⅲ
焦作	Ⅲ	Ⅳ	Ⅳ	Ⅲ	Ⅲ	Ⅲ	Ⅲ	Ⅲ	Ⅲ
濮阳	Ⅲ	Ⅳ	Ⅳ	Ⅲ	Ⅲ	Ⅲ	Ⅲ	Ⅲ	Ⅲ
许昌	Ⅲ	Ⅲ	Ⅲ	Ⅲ	Ⅲ	Ⅲ	Ⅲ	Ⅲ	Ⅲ
漯河	Ⅱ	Ⅲ	Ⅲ	Ⅱ	Ⅲ	Ⅲ	Ⅲ	Ⅲ	Ⅲ
驻马店	Ⅰ	Ⅲ	Ⅲ	Ⅰ	Ⅱ	Ⅲ	Ⅰ	Ⅱ	Ⅱ

为了分析上述三种计算方法得出的评价结果的一致性,利用 SPSS 相关性分析功能分析三组评价等级的相关性。

8.1.1　Pearson 相关性

首先利用 Pearson 相关系数进行分析。Pearson 相关系数用来衡量两个数据集合是否在一条线上面,即衡量定距变量间的线性关系。

其计算公式为

$$\rho_{X,Y} = \mathrm{corr}(X,Y) = \frac{\mathrm{cov}(X,Y)}{\sigma_X \sigma_Y} = \frac{E[(X-\mu_X)(Y-\mu_Y)]}{\sigma_X \sigma_Y} \tag{8-1}$$

Pearson 相关系数值的绝对值越大，相关性越强：相关系数越接近于 1 或 -1，相关度越强，相关系数越接近于 0，相关度越弱。

通常情况下，通过以下取值范围判断变量的相关强度：相关系数为 0.8 ~ 1.0，表示极强相关；相关系数为 0.6 ~ 0.8，表示强相关；相关系数为 0.4 ~ 0.6，表示中等程度相关；相关系数为 0.2 ~ 0.4，表示弱相关；相关系数为 0.0 ~ 0.2，表示极弱相关或无相关。

利用 SPSS 分析三种评价方法得出的水资源承载能力等级相关性结果如表 8-2 所示。

表 8-2　三种评价方法得出的水资源承载能力等级 Pearson 相关性

不同计算评价方法		欧氏距离法	模糊评判法	BP 神经网络法
欧氏距离法	Pearson 相关性	1	0.547**	0.412*
	显著性（双侧）		0.002	0.024
模糊评判法	Pearson 相关性	0.547**	1	0.760**
	显著性（双侧）	0.002		0.000
BP 神经网络法	Pearson 相关性	0.412*	0.760**	1
	显著性（双侧）	0.024	0.000	

注：**. 在 0.01 水平（双侧）上显著相关，*. 在 0.05 水平（双侧）上显著相关。

根据表 8-2 所计算的相关性结果可以看出，模糊综合评判法与欧式距离法及 BP 神经网络法的两种方法所得结论的相关性都大于 0.6，即强相关，其中模糊综合评判法与 BP 神经网络法的相关性达到了 0.76，即将达到极强相关。而欧氏距离法与 BP 神经网络法的相关性在 0.412，达到中等程度相关。

因此，可以认为，通过三种评价方法得出的河南省中原地区水资源承载能力的计算结果比较一致，三种方法都有比较强的可靠性，计算结果具有较高的一致性。

8.1.2　Spearman 相关性

由于承载力评价等级结果为非连续的参数，在 Pearson 相关性分析的基础上，再利用 Spearman 的相关系数进行相关性分析。

Spearman 相关系数是衡量分级定序变量之间相关程度的统计量，对不服从正态分布的资料、原始资料、等级资料、一侧开口资料、总体分布类型未知的资料和不符合使用积矩相关系数来描述关联性。此时可采用秩相关，也称等级相关，来描述两个变量之间的关联程度与方向。

Spearman 秩相关系数是一个非参数性质（与分布无关）的秩统计参数，由 Spearman 在 1904 年提出，用来度量两个变量之间联系的强弱（Lehmann 和 D′Abrera 1998）。Spearman 秩相关系数可以用于 R 检验，同样可以在数据的分布上得到 Pearson 线性相关系数不能用来描述或是用来描述或导致错误的结论时，作为变量之间单调联系强弱的度量。

在统计学中,Spearman 秩相关系数或称为 Spearman 的 ρ,是由 Charles Spearman 命名的,一般用希腊字母 ρ_s(rho)或 r_s 表示。Spearman 秩相关系数是一个非参数的、度量两个变量之间的统计相关性的指标,用来评估用单调函数来描述两个变量之间的关系有多好。在没有重复数据的情况下,如果一个变量是另外一个变量的严格单调函数,则二者之间的 Spearman 秩相关系数就是 +1 或 -1,称变量完全 Spearman 相关。

如果没有相同的秩次,则 ρ_s 可由下式计算

$$\rho_s = 1 - \frac{6\sum d_i^2}{n(n^2 - 1)} \tag{8-2}$$

如果有相同的秩次存在,那么就需要计算秩次之间 Pearson 的线性相关系数,即

$$\rho_s = \frac{\sum_{i=1}^{n}(x_i - \bar{x})(y_i - \bar{y})}{\sqrt{\sum_{i=1}^{n}(x_i - \bar{x})^2 \sum_{i=1}^{n}(y_i - \bar{y})^2}} \tag{8-3}$$

通过 SPSS 的 Spearman 相关性分析,由三种评价方法得出的水资源承载能力等级的相关结果,如表 8-3 所示。

表 8-3　三种评价方法得出的水资源承载能力等级 Spearman 相关性

不同计算评价方法		欧氏距离法	模糊评判法	BP 神经网络法
欧氏距离法	相关系数	1.000	0.480**	0.379*
	Sig.(双侧)	.	0.007	0.039
模糊评判法	相关系数	0.480**	1.000	0.761**
	Sig.(双侧)	0.007	.	0.000
BP 神经网络法	相关系数	0.379*	0.761**	1.000
	Sig.(双侧)	0.039	0.000	.

注:**.在置信度(双测)为 0.01 时,相关性是显著的,*.在置信度(双测)为 0.05 时,相关性是显著的。

通过 Spearman 相关性分析结果可以看出,模糊综合评判法与另外两种方法的相关性都比较高,达到了显著相关,其中,BP 神经网络法的相关系数已经接近了极强相关。欧氏距离法和 BP 神经网络法的相关性最低,但也达到了 0.05 水平的显著相关,因此上述的三种计算方法得到的分析评价结果是一致且可靠的。

8.2　不同研究评价方法结果对比

通过表 8-1 的欧氏距离法、模糊综合评判法及 BP 神经网络法三种方法,计算得出的河南省中原地区的水资源承载能力评价结果可以看出,三种评价方法得到的结果仍存在一定的差异。

欧氏距离法现状年和规划年都出现了Ⅰ级和Ⅱ级两种结果,而另外两种方法,只有驻马店市在规划年出现了Ⅱ级,而模糊综合评判法和 BP 神经网络法在现状年大量出现的

Ⅳ级水平，欧氏距离法中也没有出现，因此可以看出，欧氏距离法得到的结果相对更为乐观一些。

对于模糊综合评判法，通过上述的相关性分析可以看出，另外两种方法和该方法得出的评价结果相关性都很强，即该方法得出的评价结果既和欧氏距离法有一定的一致性，也与 BP 神经网络法有一定的一致性，该方法的评价结果居中。

对于 BP 神经网络法，该方法与模糊综合评判法有着极高的相关性，从表 8-1 中也可以看出，两者之间仅有两个结果不同，相同率很高。而不同的两个评价结果都是 BP 神经网络法偏悲观，该方法所得到的承载力等级普遍高于模糊综合评判法。

通过三种方法得到的评价结果的差异性分析可以看出，三种方法的评价结构都具有一定的可靠性和一致性，其中欧氏距离法得到的评价结果最为乐观，BP 神经网络法得到的结果最为悲观，但模糊综合评判法和 BP 神经网络法得到的结果一致性极高，可以作为最主要的评价结果为研究区的发展和规划提供参考依据。

第 9 章　水资源开发利用中存在的问题及对策

9.1　研究区水资源开发利用中存在的问题

9.1.1　水资源可利用量少,开发利用程度高,缺水严重

河南省的多年平均降水量是 770 mm,人均水资源量是 381 m^3,是全国水平的 1/5,全世界的 1/16;亩均水资源量是 373 m^3,除淮河流域的区域外,其他区域折合径流深仅 100 多 mm,开封、许昌、新乡等地的折合径流深不足 100 mm,濮阳仅 44.4 mm。另外,河南地区人口密度极大,人均水资源量更少,因此研究区属于自产水量严重不足区域,属于严重缺水地区,水资源成长能力先天不足。

由于地表水资源严重不足,为了满足各种用水要求,大量开采地下水,甚至是深层地下水的问题普遍存在。研究区各市地下水供水量占总供水量的 60%,其中漯河市达到了 84%。大量开采地下水引发了一系列问题。2013 年全省平原区浅层地下水漏斗区达到 7 715 km^2,2105 年地下水超采区总面积达 44 393 km^2,占河南省面积的 1/4。

9.1.2　人口众多,生活用水量较大,缺水与浪费并存

到 2016 年年末,河南省总人口为 10 788.14 万人,常住人口 9 532.42 万人,常住人口中城镇人口 4 623.22 万人、乡村人口 4 909.20 万人,城镇化率 48.5%。随着人口的继续增加及城镇化率的提高,生活用水将持续增长。与生活用水增长、缺水严重相对应的是有大部分区域的生活用水定额都超过了河南省地方标准《工业与城镇生活用水定额》(DB41/T 385—2014),其中濮阳市的现状年人均生活用水量达到了 190 L/(人·d),是定额最高标准 120 L/(人·d)的 1.58 倍,由此可以看出研究区的生活用水浪费严重程度。

9.1.3　农业用水所占比重较大,灌溉水利用系数还有很大的提升空间

河南省 2015 年农田灌溉用水量为 110.90 亿 m^3,占总用水量 222.83 亿 m^3 的一半。研究区 10 个市的亩均毛灌溉用水量为 153.58 m^3。2015 年从全省选取 112 处样点灌区,采用“首尾测算分析法”得到样点灌区灌溉水有效利用系数在 0.412 ~ 0.873 范围内;分析得到不同规模与类型灌区灌溉水有效利用系数平均值,即大型灌区 0.479、中型灌区 0.482、小型灌区 0.559 和纯井灌区 0.709;按不同规模与类型灌区年毛灌溉用水量加权平均,推算出河南省现状农田灌溉水有效利用系数为 0.601。总体而言,研究区的灌溉用水水平在近几年得到一定提高,但是由于基础较低,单方水粮食产量及灌溉水利用系数还是较低,灌溉用水水平提高的空间及潜力很大。

9.1.4　第二产业用水水平有待提高

河南省近年经济发展速度比较快，第二产业增加值从 2005 年的 1 843.04 亿元增加到 2016 年的19 055.44亿元。第二产业增加值的增长率 2011 年为 15.1%，近年的增长趋势稍微变缓，其中 2015 年为 8%、2016 年为 7.5%，河南省的第二产业在近十多年得到了长足的发展，万元 GDP 用水量也从 2000 年的 393 m^3/万元降低到 2015 年的 23.53 m^3/万元。郑州市的万元 GDP 用水量从 2000 年的 196 m^3/万元降低到 2015 年的 15.05 m^3/万元。由此可以看出，研究区的经济发展速度很快，用水水平也得到了很大的提高。但根据河南省的自有水资源状况长远看来，研究区的工业用水水平还需要继续提高。

9.2　提高区域水资源承载能力的对策

通过对研究区的水资源供需分析及承载能力的研究分析结果表明，河南省中原区的水资源占有量严重不足，但区域自身人口密集，涵盖大量不同行业的用水部门，且是国家的粮食生产基地，因此需用水量远大于区域的自产水量，要解决研究区的水资源供需问题，提高区域内的水资源承载能力，需要从以下方面着手努力。

9.2.1　提高引调水的利用水平及利用效率

河南省多年平均地表水资源折合径流深仅 183.6 mm。其中，省辖海河流域地表水资源最贫乏，折合径流深 106.6 mm，黄河流域折合径流深 124.4 mm。研究区 10 个市中，地处京广线以西和淮河流域沙河以南的区域，地表径流深均超过 100 mm，豫东、豫北平原均小于 100 mm。其中，驻马店市地表水资源量为 36.279 亿 m^3，折合径流深均超过 160 mm。而北部的濮阳市地表水资源量相对最贫乏，多年平均为 1.861 亿 m^3，折合径流深仅 44.4 mm。另外，还有开封、许昌、新乡，地表水资源量分别为 4.044 亿 m^3、4.190 亿 m^3、7.521 亿 m^3，折合径流深均不足 100 mm。河南省是全国人口最密集的省份，人口较多，人均水资源总量更少，为 381 m^3，仅为全国人均水资源总量的 1/5。因此要从根本上解决研究区的缺水问题，实施区域外引调水工程是十分必要的。

南水北调中线一期工程分配给河南省的水量指标为 37.69 亿 m^3，其中刁河引丹灌区分配水量指标为 6 亿 m^3。扣除刁河引丹灌区分配水量和总干渠输水损失后，河南省受水区各口门分配水量指标共为 29.94 亿 m^3。

黄河是河南省最大的过境河流，流经三门峡、洛阳、济源、焦作、郑州、开封、新乡、濮阳 8 市 28 县（市），惠及安阳、商丘、许昌、周口等地区，全年平均入境水资源量占全省的 90% 以上。2012 年，河南省充分利用黄河水量调度的引水时机，进一步加大过境水资源利用力度，全年引黄水量达到 37.56 亿 m^3，再创新高，有力地保障了沿黄地区农业灌溉和城市生活、生产、生态用水需求。

随着南水北调中线工程的正式通水以及黄河沿线区域引黄工程水量的增加，河南省的用水缺口大幅缩减，南水北调中线工程及引黄水量达到了全省地表水总用水量的一半以上，因此引调水工程对河南省供用水构成了重要的支撑作用。随着引调水工程的通水及实施,如何利用好这些工程项目及其水量是亟需解决的问题。

针对日益紧缺的水资源现状,河南省正在加快推进引黄调蓄工程建设,将过去“随用随引”变为“引蓄结合”的用水模式,在非灌溉季节加大引黄水量,蓄积在各地的引黄调蓄工程中,实现丰蓄枯用的目标,用足用好国家分配给河南省的黄河水量。引黄模式的转变,既可增加引黄水量,提高农业灌溉保证率,进一步夯实粮食生产的水利基础,又可为城市生态水系等提供充足用水,改善相关地区水生态环境。因此,该理念及相应的方法手段需要进一步推广实施。

针对南水北调工程,河南省已经规划了一系列的调蓄工程,在许昌、郑州、鹤壁、新乡、安阳等地进行勘察选址,分别建设沙沱湖、洪洲湖等6座调蓄工程,总调蓄库容41.2亿m^3。工程实施以后既可以满足不同时段的供水需求,也可以兼顾防洪、水产养殖、稀释污染物等作用。

各项规划拟建调蓄工程实施以后,需要大力提高工程的运行、调度管理水平,通过优化配置、合理调度、蓄丰补枯等手段,有力保障相关区域供水安全,完善水资源调度计划,规范调度方案报批程序,严格调度管理措施,切实提升直管工程水资源调度管理工作水平。

9.2.2　进一步提高各行业用水水平及用水效率

对比研究区各市的用水效率及用水水平的有关指标,可以看出,各市的用水还存在一定的浪费及效率低下的问题,需要针对具体问题进行分析。

9.2.2.1　生活用水

生活用水方面,利用现状年的生活用水量及人口数据得到农村及城镇的人均日用水量,最高是郑州,为84 L/(人·d),最低为漯河35 L/(人·d),平均为76 L/(人·d);城镇生活用水最高为濮阳193 L/(人·d),最低为驻马店105 L/(人·d),平均为150 L/(人·d)。从这些数据中可以看出,人均生活用水量不论是城镇还是农村各市之间差异都很大,特别是城镇的人均生活用水量明显大于河南省地方标准《工业与城镇生活用水定额》(DB41/T 385—2014)中的城镇人口生活用水定额120 L/(人·d)的标准,因此需要进一步提高生活用水水平,减少各种损失及浪费。

生活用水节水的主要措施有:①水表的安装与计量,提高并普及生活用水水表的安装率;②推广普及节水型器具,包括节水型龙头、节水型便器、节水型淋浴器、节水型洗衣机等;③利用价格杠杆,调整水价,提升节水意识,促进节水。合理调整城市供水价格体系,在满足居民基本用水要求的前提下对超定额的用水实施累进加价,利用梯级水价既满足居民的基本生活用水需求,同时减少水资源浪费。

9.2.2.2　生产用水

对于生产用水,由于三个产业的用水方式及水平差异很大,需要分别说明。第三产业用水量在河南省的用水构成中没有单独进行统计,所以这里也不进行说明。

首先是第一产业用水,主要是农田灌溉用水,2015年河南省的灌溉用水量占到总用水量的53.9%,与全国平均水平基本一致。对比现状年10个市的农田灌溉综合定额可以看出各区差异很大,许昌市最小,为62 m^3/亩,濮阳市最大,为28 462 m^3/亩,这虽然与当地的作物种植结构及降雨、气候有直接的关系,但也在一定程度上说明了农业灌溉用水水平参差不齐的现状。2015 年的灌溉水利用系数分别为:大型灌区 0.479、中型灌区 0.482、小型灌区 0.559 和纯井灌区 0.709;按不同规模与类型灌区年毛灌溉用水量加权平均,推算出河南省现状农田灌溉水有效利用系数为 0.601。河南省的灌溉水利用系数虽然达到了全国的平均水平以上,但与河北省的 0.670 1 相比还存在不小的距离。另外,从节水灌溉面积上来看,全省 2015 年节水灌溉面积为 1 672 khm^2,占总灌溉面积 5 333.90 khm^2 的 31.34%,其中漯河市的节水灌溉面积最小,仅为 15%。为了减少农业灌溉用水,提高灌溉水利用系数,必须继续大力推广节水灌溉面积,减少各种输配水损失和无效的田间蒸发,以达到节约用水、缓解水资源供需矛盾的目的。

其次是第二产业用水,随着灌溉用水的稳定持续减少以及第二产业规模的快速增加,第二产业用水量所占比重逐年加大。能够表征第二产业用水水平的最主要的指标就是万元 GDP(增加值)用水量。分析现状年 10 个市的万元 GDP 用水量数据可以看出,濮阳市最大,为 38.171 m^3/万元,郑州最小,为 15.047 m^3/万元,10 个市的平均值为 23.5 m^3/万元。该值出现较大的差异与产业构成及生产工艺都有直接的关系。近年我国的第二产业的万元 GDP 用水量大幅下降,这与工业发展水平及产业改造升级有着密切的关系。在未来 GDP 仍然快速增加的背景下,为了使工业用水量不快速增加,必须深化产业改革,进一步升级改造生产工艺及水平。

9.2.2.3　生态用水

美丽河南是省委省政府贯彻落实的十八大重要讲话精神的重要举措,是“四个河南”“两项建设”的重要组成部分,也是河南省生态文明建设的重要目标。目前,河南水环境的生态文明建设水平比较低,资源环境约束持续增强,粗放式发展模式还未根本转变,发展与资源和环境之间的矛盾日益突出,不少地区已经出现了地下水开采漏斗等生态问题,社会经济用水挤占生态用水严重,河道的生态径流得不到保障,未来应该退还这部分生态欠账,回补超采的地下水,保证一定的河湖生态水量,改善城市人居环境,需要通过人工措施增加河湖湿地的补水和城镇的生态环境用水。

9.2.3　提高供用水管理水平

在水资源高效利用管理方面,可以推广实施以下工作。

9.2.3.1　加强组织领导,强化责任落实

加强规划各项任务的执行和监督。实行节水型社会建设工作目标责任制、考核制和问责制,强化监督机制建设和责任落实。重点对规划的制度建设、重点领域节水设施和示范工程建设制定分阶段实施方案,明确各项工作的责任主体、负责人、实施进度,制定相关的实施细则和监督管理办法,确定各阶段建设目标和奖惩办法,分阶段对规划实施情况进行考核评估,保障规划的落实。

9.2.3.2　拓宽投资渠道,保障资金投入

(1)设立建设专项资金并扩大投资规模,将节水型社会建设作为公共财政投入的重点领域,逐步增加各级政府对节水型社会建设的投资规模和补助强度,使节水型社会建设投入与财政收入同步增长。进一步提高节水资金在中央和地方财政专项中的比例,从用

于农田水利建设占土地出让收益10%的专项资金中,提取20%用于农业高效节水灌溉工程建设,从水资源费中提取30%用于节水型社会建设,制定专项资金的管理使用办法。

(2)建立稳定的投资渠道。综合运用财政、金融、税收、价格等措施,积极引导社会资本投入节水型社会建设;通过完善财政贴息制度、扩大节水项目财政贴息范围、延长贴息期限等措施,鼓励吸收社会力量建设经营城市供水、污水处理回用等基础设施建设,推进供水、污水处理及回收利用基础设施建设,推进供水、污水处理及回收利用的产业化;建立多渠道、多元化的投入体系,保障节水型社会建设稳步推进。

9.2.3.3　完善管理体制,统筹城乡水务

(1)理顺节水管理体制。逐步建立政府主导、市场调节、公众参与的节水机制。在政府领导下,理顺各级节水管理机构职能,加强部门合作,建立部门协调机制,充分发挥节约用水办公室在节水型社会建设中的作用。

(2)强化城乡水资源统一管理。对城乡供水、水资源综合利用、水环境治理等实行统筹规划、协调实施,促进水资源优化配置、有效保护和高效利用。完善流域管理与区域管理相结合的水资源管理制度,建立事权清晰、分工明确、行为规范、运转协调的水资源管理工作机制,进一步完善水资源保护和水污染防治协调机制。

9.2.3.4　加强能力建设,提高监管效率

以取用水大户、省界及市界断面和重要控制断面、水功能区和地下水为重点,加强水资源利用监控能力建设。全面推进省、市水资源管理信息系统一体化建设,为实行最严格水资源管理制度提供现代决策支持。

加强各级节水管理机构和队伍建设,健全基层节水管理和服务体系。制订实施节水管理人员培训计划,全面提升节水管理队伍能力和素质。

加强对河南省节水型社会建设重大问题的研究,提升规划的科技支撑水平。进一步加大科技投入,对规划编制、落实与考核中存在的关键问题进行专题研究。对全省主要用水行业的用水水平进行评价研究,建立河南省用水标准体系。对分区灌溉用水水平进行测算研究,建立河南省灌溉水利用系数测算与评估体系。加强对各业节水产品、工艺的分析评估,建立河南省节水产品认证标准体系。

9.2.3.5　加强宣传教育,倡导节水文化

加强对水资源节约、环境保护的价值理念的传播,强化公众节水能力和意识。继续开展“世界水日”“中国水周”和“全国城市节水宣传周”等宣传活动,充分利用广播、电视、报刊、互联网等各种媒体,广泛宣传节水的重要性和必要性,使全民节水、爱惜水、保护水的意识普遍提高,推进全社会参与节水型社会建设。

第 10 章　节水高效灌溉技术的选择与评价

我国幅员辽阔,地形复杂,气候多变,水旱灾害频繁。全国大部分地区受季风气候的影响,降水时空分布极不均衡,形成东南沿海多雨、西北干旱少雨和夏秋多雨、冬春干旱的特点。同时,我国的水土资源组合极不平衡,长江流域和长江以南水系的径流量占全国的82%,而耕地面积只占全国耕地面积的36%;黄、淮、海三大流域的径流量只占全国的5.5%,而耕地面积却占全国耕地面积的50%。特殊的自然地理和气候条件,以及经济社会发展的需要,决定了灌溉在我国农业发展中占有无可替代的、举足轻重的地位和作用。中华人民共和国成立以来,国家高度重视农田水利基础设施建设,大力发展农田水利,健全和完善农田灌排体系,兴建了大量的灌排工程,极大地增强了农业抵御自然灾害的能力,改善了生产条件,为农业优质、高产、稳产奠定了较坚实的基础保障。

到 2011 年底,全国共有大型灌区 456 处,设计灌溉面积 3.46 亿亩;工程设施基本配套,具备灌溉能力的灌溉面积 2.78 亿亩,具体数据见表 10-1。

表 10-1　大型灌区数量及灌区灌溉面积

规模	数量(处)	设计灌溉面积(万亩)	现状灌溉面积(万亩)	2011 年实际灌溉面积(万亩)
500 万亩及以上	6	5 435.41	4 325.67	4 015.58
150~500 万亩	36	8 853.31	7 425.64	6 711.60
50~150 万亩	135	10 428.66	8 147.95	7 240.20
30~50 万亩	279	9 927.51	7 924.57	6 543.00
合计	456	34 644.89	27 823.83	24 510.37

全国共有中型灌区 7 293 处,设计灌溉面积 3.00 亿亩;现状灌溉面积 2.23 亿亩,见表 10-2。

表 10-2　中型灌区数量及灌区灌溉面积

规模	灌区数量(处)	设计灌溉面积(万亩)	现状灌溉面积(万亩)	2011 年实际灌溉面积(万亩)
1 万(含)~5 万亩	5 428	10 721.53	7 992.56	6 287.23
5 万(含)~30 万亩	1 865	19 232.25	14 258.89	11 983.20
合计	7 293	29 953.78	22 251.45	18 270.43

据 2011 年全国水利普查公报,全国灌溉面积达到 10.02 亿亩,其中耕地灌溉面积 9.22 亿亩,园、林、草地等非耕地灌溉面积 0.80 亿亩。设计灌溉面积 30 万亩以上的灌区 456 处,灌溉面积 2.80 亿亩;设计灌溉面积 1 万(含)~30 万亩的灌区 7 316 处,灌溉面积

2.23 亿亩,50(含)~1 万亩的灌区 205.82 万处,灌溉面积 3.42 亿亩。

目前,节水灌溉技术以渠道防渗、低压管道灌溉、喷管、滴灌、渗灌等为主,据统计,到 2006 年底,全国有效灌溉面积 8.56 亿亩,有效灌溉面积 2.19 亿亩。工程措施节水灌溉面积 3.36 亿亩,在工程措施节水灌溉面积中,渠道防渗节灌面积 1.44 亿亩,低压管灌面积 0.79 亿亩,喷滴灌和渗灌面积 0.54 亿亩,集雨节灌等其他工程节水灌溉面积 0.60 亿亩,全国农业灌溉水利用系数为 0.46。

灌溉技术包括地面节水灌溉技术、低压管道输水灌溉技术、喷灌技术、微灌技术等。灌溉技术选择是一个复杂的问题,受多种因素的影响,而这些因素对灌溉技术选择的影响程度不一,如果仅仅考虑单一的影响因素,就不能科学地选择适宜的节水灌溉技术。由于灌溉技术选择是一个复杂的问题,受多种因素的影响,各种因素的影响程度不一,灌溉技术选择具有影响因素多且不易确定的特点。

选择适宜本地区发展的灌溉技术进行研究,提出适宜的节水灌溉技术选择方法,应用到节水灌溉实践中,对推动我国节水灌溉事业的发展,提高水资源的利用效率有着重要的意义。

10.1　低压管道输水灌溉技术

10.1.1　低压管道输水灌溉技术简介

低压管道输水灌溉是以低压管道代替明渠输水灌溉的一种工程形式,是近年来在我国迅速发展的一种节水、节能、省地增产的灌溉新技术,在我国北方井灌区已发展到 6 000 多万亩。采用低压管道输水,可以大大减少输水过程中的渗漏和蒸发损失,使输水效率达 95% 以上,比土渠、砌石渠道、混凝土板衬砌渠道分别多节水约 30%、15% 和 7%。对于井灌区,由于减少了水的输送损失,使从井中抽取的水量大大减少,因而可减少能耗 25% 以上。另外,以管代渠,可以减少输水渠道占地,使土地利用率提高 2% ~3%,且具有管理方便、输水速度快、省工省时、便于机耕和养护等许多优点。该项灌溉技术与喷、滴灌相比具有投资少、能耗低、运行管理方便、农民易于掌握等优点,特别适合于我国当前农村的社会经济和管理体制及土地经营管理模式,深受广大农民的欢迎。因此,发展以管灌为主的节水灌溉技术,对促进地区农业的持续发展具有重要的意义。

10.1.2　工程规划与布置

10.1.2.1　系统组成

低压管道输水灌溉系统一般由水源、水泵及动力设备、输水系统、给水装置、安全保护装置组成。低压管道输水灌溉工程示意图见图 10-1。

(1)水源:可以利用井、泉、河、渠、沟、塘或水库作为水源。需要根据地区的需要及现状进行选取,但水质需符合农田灌溉用水标准。目前我国大部分以平原井灌区为重点,多是利用机井提取地下水作为水源。

(2)水泵及动力设备:低压管道输水工程在自然落差可以满足灌溉要求时,可以进行

图 10-1　低压管道输水灌溉工程示意图

自流灌溉，但大部分情况特别是平原区则必须通过水泵和动力机对灌溉水进行加压后，再进入输水系统。

(3)输水系统：输水系统是由一级、两级或多级管道和管件(三通、四通弯头等)连接而成的输水管网。地下输水系统的管道过去多采用陶瓷管或混凝土预制圆管，但随着PVC行业的发展和普及，目前管道基本已被PVC管所取代，一般采用PVC薄壁管或PVC双壁波纹管。

(4)给水装置：由地下输水管道通过竖管伸出地面，竖管上部装有给水装置，可以连接地面移动配水管道和多孔闸管系统。

(5)安全保护装置：为了防止由于突然断电停机或其他事故产生的水锤破坏管道系统，在管道系统首部或适当位置安装调压、减压和进排气阀等装置。出水口实物图见图10-2。

图 10-2　出水口实物图

10.1.2.2　管网规划布置

管网规划布置原则是因地制宜、合理布置、线路最短、费用最省以及运行管理方便。具体布置时考虑的因素是：以生产组或作业组地块为单位，尽量使单井自成体系，避免盲目多井并联，以利于管理，按机井出水量，地块面积、形状来确定采用几级固定管道；管道线路与道路和当地种植习惯结合并尽量布置成双向分水，以节省投资；给水栓间距适宜选择，要既方便操作又不增加工程造价；综合考虑当地土壤、畦田规格、灌水技术进行管网规划布置，使工程节水效果更大。由于单井控制面积及地块形状差异较大，且灌溉地块受生产队或作业组隶属关系影响，布置时必须因地制宜，灵活运用。一般灌水畦长控制在 50～80 m 范围内，畦田田面坡度大的，可使畦长适当增加。给水栓间距 30～50 m，支管间距 80～100 m 左右。

规划时一般管网布置成树状，根据试验区机井流量、水源位置、地块形状及面积的不同，树状管网又可分为"非"字形、梳齿形、"工"字形、L 形或"一"字形的布置形式。

(1)非字形布置(见图 10-3)适用于供水水源位于长方形地块短边一侧或地块中部，机井流量为 50～60 m^3/h 和控制地块面积较大的干支二级固定管道布置。干管垂直种植行，支管平行种植行，地面软管与干管平行。

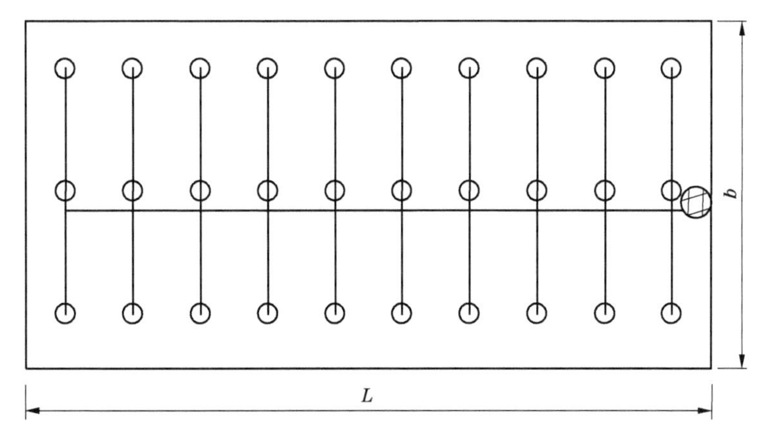

图 10-3　"非"字形布置

(2)梳齿形布置(见图 10-4)适用于供水水源位于长方形地块短边一侧或地块短边一侧地角，机井流量为 50～60 m^3/h 和控制灌溉面积较大的干支二级固定管道布置。干管垂直种植行，支管平行种植行，地面软管与干管平行。

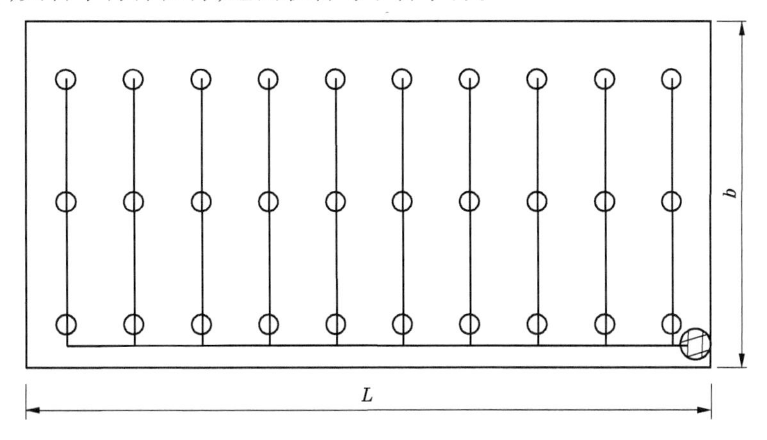

图 10-4　梳齿形布置

(3)工字形布置(见图 10-5)适用于供水水源位于长方形地块中部，机井流量和控制面积不限。干管平行于种植行，支管垂直种植行，地面软管与支管平行。

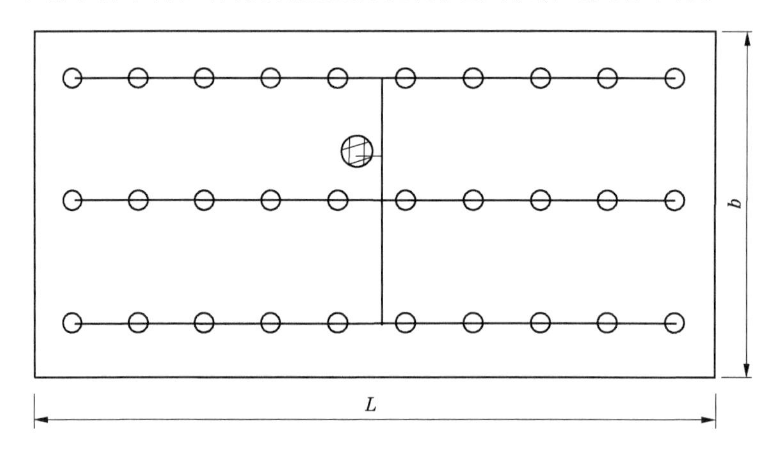

图 10-5 工字形布置

(4)“一”字形(见图 10-6)和 L 形布置适用于供水水源位于狭长条地块一侧，机井流量小于 50 ~ 60 m^3/h 和控制面积较小的一级固定管布置形式。固定管与种植行垂直。单向分水时，固定管布置于地块长边，双向分水时，固定管沿长方形地块长边中部布置。

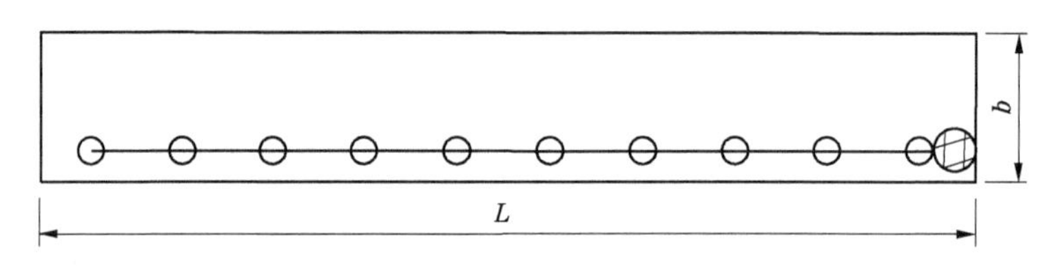

图 10-6 一字形布置

10.2 喷灌工程技术简介

喷灌是喷洒灌溉的简称。它是利用专门的系统(动力设备、水泵、管道等)将水加压(或利用水的自然落差加压)后送到喷灌地段，通过喷洒器(喷头)将水喷射到空中，并使水分散成细小水滴后洒落在田间进行灌溉的一种灌水方法。同传统的地面灌水方法相比，它具有适应性强，适应于任何地形和作物；全部采用管道输水，可人为控制灌水量，对作物进行适时适量灌溉，不产生地表径流和深层渗漏，因此可节水 30% ~ 50%，且灌溉均匀、质量高，有利于作物生长发育；减少占地，能扩大播种面积 10% ~ 20%；不用平整土地，省时省工；能调节田间小气候，提高农产品的品质以及对某些作物病虫害起防治作用；有利于实现灌溉机械化、自动化等优点。

喷灌系统有多种分类方式。按水流压力方式可分为机压式喷灌系统、自压式喷灌系统和提水蓄能式喷灌系统；按喷灌设备的形式可分为机组式喷灌系统和管道式喷灌系统；按喷洒方式可分为移动式、固定式和半固定式三种类型。

(1)机组式喷灌系统(见图 10-7)：喷灌机是将喷灌系统中有关部件组装成一体，组成可移动的机组进行作业。其组成一般是在手抬式或手推车拖拉机上安装一个或多个喷头、水泵、管道，以电动机或柴油机为动力，进行喷洒灌溉的，其结构紧凑、机动灵活、机械利用率高，能够一机多用，单位喷灌面积的投资低。轻小型喷灌机是目前我国农村应用较为广泛的一种喷灌系统，特别适合田间渠道配套性好或水源分布广、取水点较多的地区。

图 10-7　机组式喷灌系统

(2)固定式喷灌系统(见图 10-8)中动力、水泵固定，输水干管、分干管及支管均埋入地下。喷头可常年安装在与支管连接伸出地面的竖管上，也可按轮灌顺序轮换安装使用。这种形式虽然运行管理方便，并便于实现自动控制，但因设备利用率低，投资大，竖管妨碍机耕，世界各国发展面积都不多。一般只用于灌水次数频繁、经济价值高的蔬菜和经济作物的灌溉。

图 10-8　固定式喷灌系统

(3)半固定式喷灌系统(见图 10-9)中动力机、水泵及输水干管等常年或整个灌溉季节固定不动，支管、竖管和喷头等可以拆卸移动，安装在不同的作业位置上轮流喷灌。工作支管和喷头由给水控制阀向支管供水。移动支管可以采用人工移动，也可以用机械移动。

10.2.1　喷灌系统的组在

喷灌系统主要由水源工程、首部装置、输配水管道系统和喷头等部分构成。

(1)水源工程。河流、湖泊、水库和井泉等都可以作为喷灌的水源，但都必须修建相应的水源工程，如泵站及附属设施、水量调节池等。

(2)水泵及配套动力机。喷灌需要使用有压力的水才能进行喷洒。通常是用水泵将水提吸、增压、输送到各级管道及各个喷头中，并通过喷头喷洒出来。喷灌可使用各种农

图 10-9　半固定式喷灌系统

用泵、离心泵、潜水泵、深井泵等。在有电力供应的地方常用电动机作为水泵的动力机。在用电困难的地方可用柴油机、拖拉机或手扶拖拉机等作为水泵的动力机，动力机功率大小根据水泵的配套要求而定。

（3）首部装置。喷灌首部需要安装控制装置、量水装置及安全保护装置等。一般布置闸阀、止回阀、压力表、进排气阀、水表等，进排气阀是为了防止由于突然断电停机或其他事故产生的水锤破坏管道系统而布置的装置。有特殊要求时需要增加设备，如有时还在首部装有施肥装置。

（4）管道系统及配件。管道系统一般包括干管、支管两级，竖管三级，其作用是将压力水输送并分配到田间喷头中去。干管和支管起输、配水作用，竖管安装在支管上，末端接喷头。管道系统中装有各种连接和控制的附属配件，包括闸阀、三通、弯头和其他接头等，有时在干管或支管的上端还装有施肥装置。

（5）喷头。喷头（见图 10-10）是将管道系统输送来的水通过喷嘴喷射到空中，形成下雨的效果洒落在地面，灌溉作物。喷头装在竖管上或直接安装于支管上，是喷灌系统中的关键设备。

（6）田间工程。移动式喷灌机（见图 10-10）在田间作业，需要在田间修建水渠和调节池及相应的建筑物，将灌溉水从水源引到田间，以满足喷灌的要求。

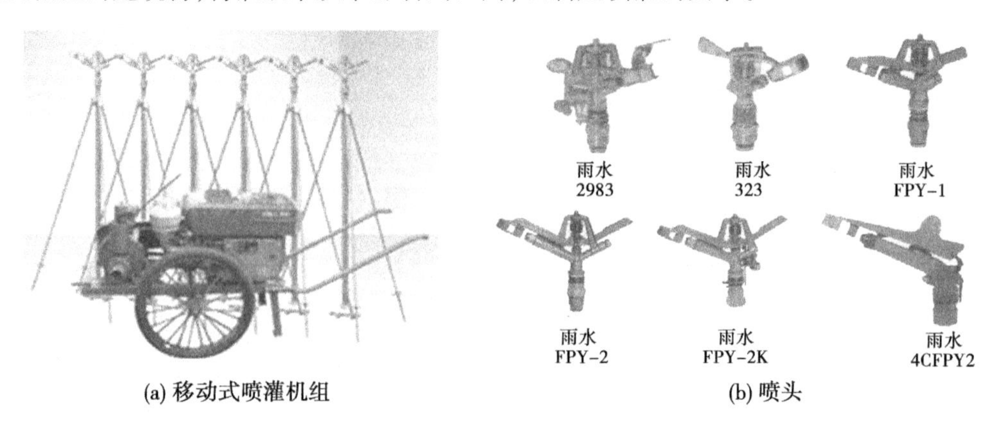

(a) 移动式喷灌机组　　(b) 喷头

图 10-10　小型喷灌机组及喷头

10.2.2　喷灌工程规划

喷灌工程规划必须充分适应农业经营条件。旱地灌溉多种多样而且供水要求复杂，与农户的农业活动直接相关。单家单户灌溉，有时使工程布置受到一定的制约，由此往往造成灌水量的大幅度变动，因此必须进行统一规划。

10.2.2.1　喷灌工程规划原则

喷灌工程规划应以各地农业发展规划、农业规划、水利规划等协调一致，并结合路、林、沟、渠及居民用地等。需要收集和勘测当地的自然条件、地形、地貌、气象、土壤、作物、水源等资料，结合水利工程现状、生产现状、动力和机械情况、生产生活水平等情况，进行喷灌工程可行性和经济合理性分析并提出论证结果。

10.2.2.2　水源工程规划

水源工程规划主要包括水源的选择、取水方式、取水位置、水量和水质以及动力类型、可用容量等项目的选择。

10.2.2.3　喷洒单元的规模

喷洒单元的规模根据农业经营条件、工程设施、维护管理费等综合考虑确定。其大小最重要的是适应地形、作物种类及规模化程度、田间工程配备程度、土地所属情况等实际的农业经营条件。如不满足这些条件，工程设施的利用将显著地受到限制。所以，有必要调查规划区的集体作业和协作组织的情况，以及耕地和作物的分散程度，在此基础上确定喷洒单元的大小。喷洒单元面积增大时，每个阀门的控制面积也增加，单位面积的工程费用随之下降。另外，对于综合利用的情况，因年使用次数增加，故不仅考虑工程费用，还有必要从便于操作管理和减少维护管理费方面综合考虑。

10.2.2.4　田间灌水器材的选择

喷灌设备、阀门等田间器材直接承担田间的喷水工作，应根据作物种植种类、农业种植条件、田间基本建设状况、地形、气象条件等综合考虑确定，以充分发挥灌溉的效益。根据使用目的和使用条件选择适宜的形式和结构是非常重要的事情，此外，还要注意设备的精度，避免选择精度偏低或过高的设备，造成浪费。

喷头回转时间对于一般的补充灌溉，因喷洒水量多，不会因为回转时间的差异而出现喷洒不均的问题，故不必对回转时间特别规定。用于补充灌溉的喷头其回转时间大多在 1 ~ 5 min 的范围内，越大型的喷头回转时间越长。但是，综合利用，特别是喷洒农药时，因喷洒时间极短，回转时间上的差别有可能造成喷洒不均，故取 20 ~ 60 s 比较短的时间较为适宜。

为了根据灌溉计划给定的条件控制流量，正确进行配水操作，应设置适合使用条件的调节装置。如按使用目的大致分类，有用于输水系统流量自动控制的自动阀门，有为保护管道安全而设置的管道安全阀，也有用于喷洒农药、肥料的药液均匀喷洒阀等。另外，还有给水栓、混合器（将药液注入管道）及量水装置（差压式、电磁式、超声波式、旋翼式等）。

10.2.2.5　田间管网设备的选择

田间设备的配置应以提高水利用率为目的合理确定，使其发挥最大效率。喷头的布置间距和喷嘴口径等的确定应保证能以适当的喷灌强度均匀喷洒，量水设备、阀门类的配置应考虑喷洒单元的大小以及操作管理的要求确定。

喷灌系统采用固定管道式喷灌系统，管道布置采用单井管网系统，干、支管均采用高压聚氯乙烯管（PVC－U）。立管可采用高强锦塑管或镀锌钢管，立管管径选用 φ33。为便于耕作，节约投资，立管采用活动式，灌水时临时安装，不用时将其拆除，立管可周转使用，轮流灌溉，其数量可按单井控制两套喷灌支管 10～15 个喷头的成套设备。

喷头采用全圆喷洒形式，为使喷头不致过密，应尽量使用射程较大的喷头，以充分利用射程，使喷头有较大的间距。灌区在灌溉季节主风向比较稳定，喷头组合采用矩形组合布置形式，可弥补风力的影响，不致出现漏喷现象。

管道式喷灌系统的类型很多，除固定管道式外，还可采用半固定管道式和移动管道式喷灌系统及喷机组喷灌系统等。由于灌区范围广，各地自然条件、作物种植以及社会经济条件等均存在差异，因此喷灌工程规划应根据因地制宜的原则，分别采用不同类型的喷灌系统，同时喷灌工程的规划应符合当地农田水利规划的要求，应与排水、道路，林带、供电系统相结合。

10.2.2.6　喷灌管网规划布置

1. 管网布置原则

输配水管网的布置应能控制全灌区，并使管道总长度最短，造价最小，同时有利于水防护，在机压系统中还应考虑使运行费用最省，注意管道安全，选择较好的基础等。

喷灌地块，大田灌溉中一般 10～15 hm^2 为一个灌水单元，以支管为单元实行轮灌，地埋管深度要满足机耕和防冻要求。

2. 管网布置

（1）干管布置。为系统安全考虑，干管选用硬 PVC 管，并埋于地下，一般垂直于作物种植方向。当地形坡度较陡时，一般应使干管沿主坡方向布置，路线可短些，有利于控制管道的压力。

（2）支管布置。一般平行于作物种植方向布置，坡地布置时，支管则可平行等高线布置，这样有利于控制支管的水头损失，使支管上各喷头工作压力尽量一致，也有利于使竖管保持铅垂，保证喷头在水平方向旋转。在梯田上布置管道时支管一般沿梯田水平方向布置，可减少支管与梯田相交而增加弯头等设备。应尽量避免支管向上坡布置。支管的布置与作物耕作方向一致，对固定式喷灌系统，可减少竖管对机耕的影响，对半固定式喷灌系统，移动支管时，便于在田垄间装卸，操作方便，也可避免践踏作物，同时充分考虑地块形状，力求使支管长度一致，管子规格统一，管线平顺，减少折点。

3. 管网布置形式

（1）梳子形管网。灌区地形为一面坡，呈带形分布，当灌溉范围较小地面高差不大时，一般需两级管网，可采用干管平行等高线、支管垂直等高线布置，见图 10-11。如果灌区范围较大，地面坡度较陡，坡面多被山溪、河沟分割，但总体看地形呈一面坡可采用三级管网控制干管布置，在灌区坡面上方控制全灌区分干管以梳子形垂直等高线布置，支管基本上平行等高线。

（2）“丰”字形管网。地面呈一面坡，灌区范围较大但可采用两级管网控制，地形较规则，一级干管垂直等高线布置，支管由干管向两侧平行等高线布置形成“丰”字形管，见图10-2。

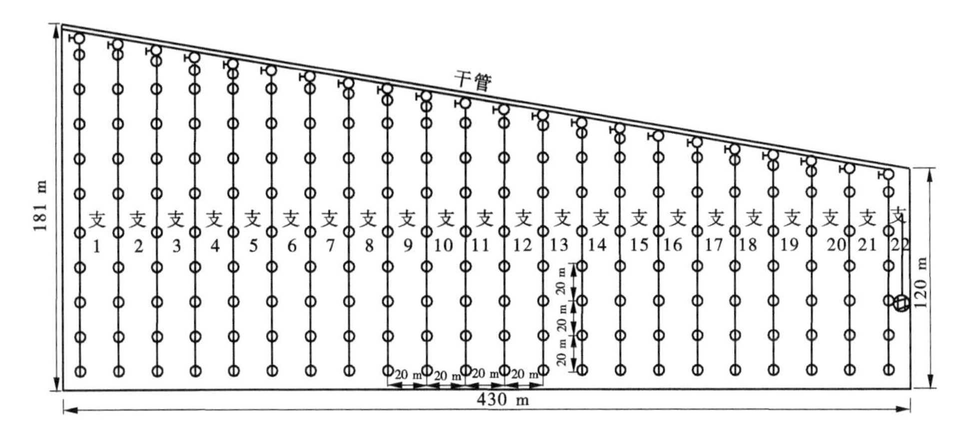

图10-11　梳子形管网布置图

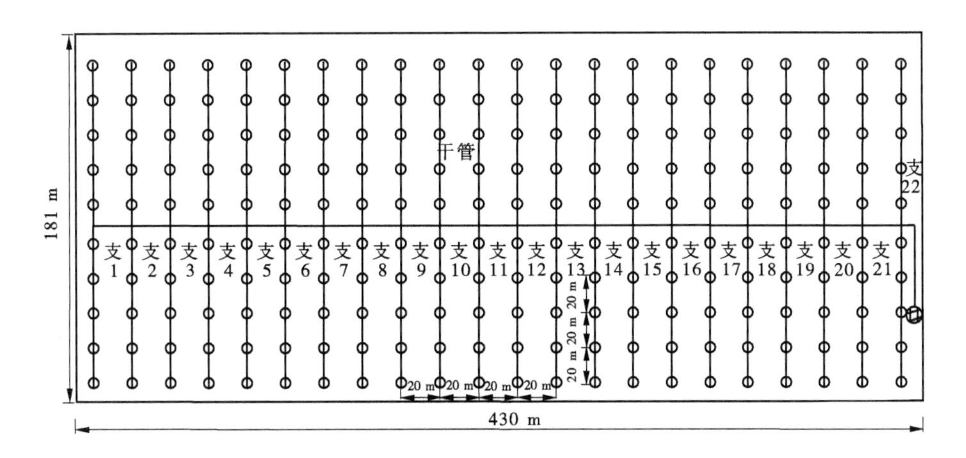

图10-12　“丰”字形管网布置图

10.3　微灌技术简介

我国现代微灌技术的发展主要是在引进、消化技术的基础上，从无到有，逐步被人们认识和接受。首先引进的是滴灌设备，这以后国内对滴灌进行了重点研究，取得了不少成果和经验。随后，微喷灌也得到了较快的发展。随着制造水平的提高和材料的改进，渗灌管的性能和质量有了一定的提高，正在逐步推广应用中。最近几年，由于国家的重视和实际的需要，各地大力发展节水灌溉，微灌在我国进入了快速增长阶段。

微灌是指利用微灌系统，将有压水输送分配到田间，通过安装在末级管道上的特制灌水器，将水和作物生长所需的养分以较小的流量，均匀、准确地直接输送到作物根部附近的土壤表面或土层中的一种灌水技术。微灌主要包括滴灌、微喷灌、涌泉灌和渗灌。与传统的地面灌溉和喷灌相比，微灌只以少量的水湿润作物根区附近的部分土壤，因此又叫局部灌溉技术。

微灌技术与传统的灌水方法相比具有明显的优点,具体表现如下:

(1)省水:微灌能适时适量地按作物生长需要供水,与其他灌水方法相比,水的利用率高。一般比地面灌溉省水30% ~50%,比喷灌省水15% ~20%。

(2)节能:微灌的灌水器一般是在低压条件下运行的,一般工作压力为50 ~150 kPa,有的甚至更低,这就大大降低了能耗,节省了能源,而灌水利用率高对提水灌溉来说,也意味着减少了能耗。

(3)灌水均匀:微灌系统灌水器的出水量能够有效地控制,灌水的均匀度高,均匀度一般可达85% ~95%。

(4)增产:微灌能适时适量地向作物根区供水供肥,由于水量是微量灌溉,所以不会造成土壤板结,为作物生长提供了良好的条件,因而保证了作物的高产稳产,并有效提高了产品质量。实践证明,微灌与其他灌水方法相比一般可增产20% ~30%。

(5)对土壤和地形的适应性强:微灌系统的灌水速度可快可慢,对于不同土质的土壤,可采用不同的灌水速度,这样既能使作物根系层经常保持适宜的土壤水分,又不至于产生深层渗漏。由于微灌是压力管道输水,不一定要求对地面平整,适用于山丘、坡地和平原等地形。

(6)节省劳力:微灌系统不需平整土地,开沟打畦,可实行自动控制,大大减少了田间灌水的劳动量和劳动强度。

10.3.1　微灌形式的选择

一般按灌水器的形式进行分类,主要分为如下4种形式:

(1)滴灌。是滴水灌溉的简称。它是通过安装在毛管上的灌水器,将水一滴一滴、均匀而又缓慢地滴入作物根区土壤中的一种灌水方式。

(2)微喷灌,简称微喷。它是介于喷灌与滴灌之间的一种灌水方法。采用低压管道将水送到作物根部附近,通过微喷头将水喷洒在土壤表面或作物上面进行灌溉。

(3)涌泉灌,简称涌灌,亦叫小管出流灌。它是通过安装在毛管上的涌水器或微管形成小股水流,以涌泉方式涌出地面进行灌溉。

(4)渗灌。它是通过埋在地表下的管网和渗灌灌水器进行灌水,水在土壤中缓慢地湿润和扩散湿润部分土体,属于局部灌溉。

10.3.1.1　**滴灌**

滴灌(见图10-13)是用小塑料管将灌溉水直接送到每棵作物根部的附近,水由滴头慢慢滴出,是一种精密的灌溉方法,只有需要水的地方才灌水,可真正做到只灌作物而不是灌土地。而且可长时间使作物根区的水分处于最优状态,因此既省水又增产。但其最大缺点就是滴头出流孔口小,流速低,因此堵塞问题严重。对灌溉水源一定要认真地进行过滤和处理。目前,我国还都只注意到防止物理堵塞,而同样严重的生物堵塞和化学堵塞问题尚未引起足够的重视。

由于其对水质要求严格,水源处理较复杂,相对单位造价较高,所以在经济类作物灌溉中普及较广,如温室大棚蔬菜、瓜果等,棉花、果树、瓜类等高价值大田作物等。在严重缺水地区的小麦等常规作物中也有得到广泛应用。滴灌根据作物的要求和工程投资的需求又可按不同布置形式进行布置，主要有固定式地面滴灌、半固定式地面滴灌、膜下灌、地下滴灌等形式。

图 10-13　滴灌示意图

1. 固定式地面滴灌

一般是将干、支管埋在地下，附管、毛管和滴头等布置在地面上，但都是固定的，整个灌水季节都不移动，作物收获时地面部分收回保存，下个季节再进行布置。其缺点是毛管用量大，造价较高；其优点是节省劳力，由于布置在地面，施工简单而且便于发现问题（如滴头堵塞、管道破裂、接头漏水等），但是毛管直接受太阳曝晒，老化快，而且对其他农业操作有影响，还容易受到人为的破坏。

2. 半固定式地面滴灌

为降低单位面积投资，只将干管和支管固定埋在田间，附管、毛管及滴头都是可以进行移动，按作物的轮灌区进行移动，一般布置 2 ~ 3 套灌水设施进行轮作。其投资仅为固定式地面滴灌的 50% ~ 70%。但这样就增加了移动毛管的劳力，而且易于损坏。

3. 膜下灌

在地膜栽培作物的田块，特别是近年来的大棚蔬菜，可以将滴灌毛管在地膜铺设前布置在地膜下面，这样可充分发挥滴灌的优点，不仅克服了铺盖地膜后的灌水问题，增加了灌溉水利用率，而且大大减少了地面无效蒸发。如在日光温室内大幅度减少了棚内的湿度,对减少病虫害的发生起到作用。

4. 地下滴灌

地下滴灌是将滴灌干、支、毛管和滴头全部埋入地下进行浸润性灌溉,这样可以大大减少对地面耕作的干扰,也避免人为的破坏和太阳的辐射,减慢老化,延长使用寿命。其缺点是不容易发现系统的事故,而且滴头容易受土壤或根系以及其他生化物质的堵塞。

10.3.1.2 微喷灌

微喷灌简称微喷,也有人称为雾灌,与滴灌相似,但是为了克服滴头太易于堵塞的缺点,将滴头改为微喷头,由于微喷头出流孔口大,流速高一些,流量大一些,比滴头的抗堵塞性明显增强。但随着流量加大,毛管的管径也变大或铺设长度变小,在每棵作物或树下装 1 ~2 个微喷头一般即可满足灌溉的需要。微喷头仍有堵塞问题,对水质的过滤问题也不能忽视,也要给予足够的重视,每公顷造价与固定式滴灌相仿。

微喷灌主要适用于温室花卉、食用菌及蔬菜等,大田作物特别适用于灌溉果园等根系较深、灌水量稍大和对景观性有一定需求的作物。但是在温室(或大棚)内使用微喷灌会大大提高室内空气湿度,对于湿度敏感性强的作物,如黄瓜等则需要采用滴灌形式。近年来我国微喷灌设备生产逐渐完善。微喷灌面积的发展很快,是一种很有发展前途的节水灌水法。微喷灌在果树和烟叶、花卉中的应用见图 10-14。

10.3.1.3 涌泉灌

国内也称这种微灌技术为小管出流灌溉,是为解决滴灌系统的堵塞问题,利用直径 4 mm 的 PE 小塑料管作为灌水器代替滴头进行灌溉。灌溉水以细流状出水,加大了灌水量,减少了堵塞问题。涌泉灌也以属于局部湿润灌溉,通过湿润作物附近的土壤,而不影响其他土壤。这种灌溉技术抗堵塞性能比滴灌、微喷灌高。但随着流量加大,和微喷灌相似,毛管的管径也变大或铺设长度也变小,但自 20 世纪八九十年代开始,小型流量调节器的研制与生产普及,使管网前后虽有压差但流量的变化却达到了控制,工程的布置大大优化,使得涌泉灌达到了大范围的推广与应用。小管出流的流量常为 10 ~50 L/h。对于高大果树通常围绕树干挖环状渗水小沟,以分散水流,均匀湿润果树周围土壤。为增加毛管的铺设长度,减少毛管首末端流量的不均匀,而减少流量调节器流量,使单位面积工程造价也达到大幅度减少。涌泉灌适宜应用范围主要是果树及其他林果类经济作物等(见图 10-15)。

10.3.1.4 渗灌

渗灌与地下滴灌的布置设计都相似,只是用渗头代替滴头,或用渗灌管直接代替地下滴灌毛管全部埋在地下,灌溉水是通过渗头或渗灌管慢慢地渗流出来进行浸润附近的土壤的这样渗头不容易被土粒和根系所堵塞。最近在国外引进采用废轮胎加工成的多孔渗流管,并进行小面积试点,由于渗灌能减少土壤表面蒸发,从技术上来讲,是用水量很省的一种微灌技术,但目前渗灌管经常遭受堵塞问题困扰,在大田大面积推广的还比较少。

10.3.2 设备与灌水器的选择

灌水器是把末级管道毛管的水均匀地灌到作物根区土壤中,灌水器的选择是保证灌溉均匀度关键的一步。质量的好坏直接影响到微灌系统的寿命及灌水质量的高低。灌水

图 10-14　微喷灌在果树和烟叶、花卉中的应用

器出水形式、结构等可分成多种，主要有滴头、滴灌管(带)、微喷头、微喷带、流量调节器、渗灌管等，如下所述供规划设计时选择。

10.3.2.1　**滴头**

通过孔口或流道将毛管中的压力水流变成水滴状，供给根系附近土壤的装置称为滴头。目前主要应用于工程中的有：压力补偿型滴头、孔口滴头(见图 10-16)、发丝滴头等。

(1)孔口滴头。属于非压力补偿滴头，其流量随压力的提高而增大，一般为 8 ~ 20 L/h。现在也有的滴头内设计为消能流道，但调节性能较差。

(2)压力补偿型滴头。其流量不随压力而变化或变化很小。但其需要有一定的工作

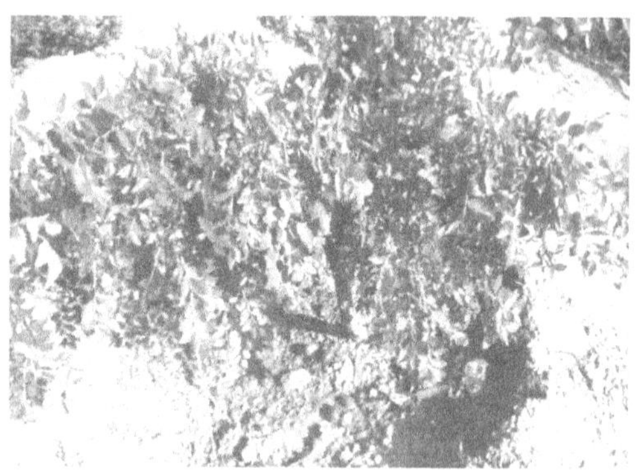

图 10-15　涌泉灌在果树中的应用

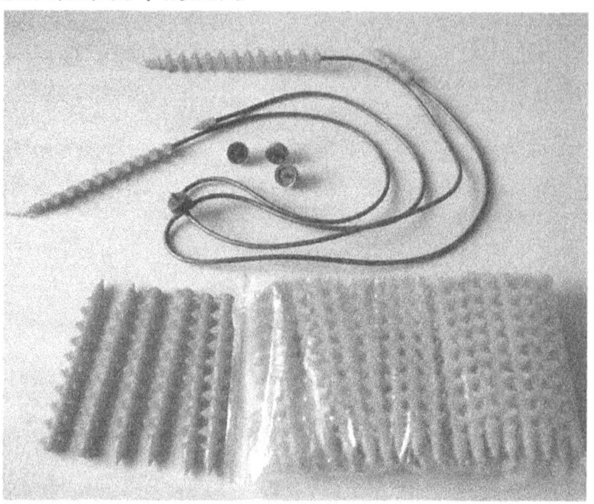
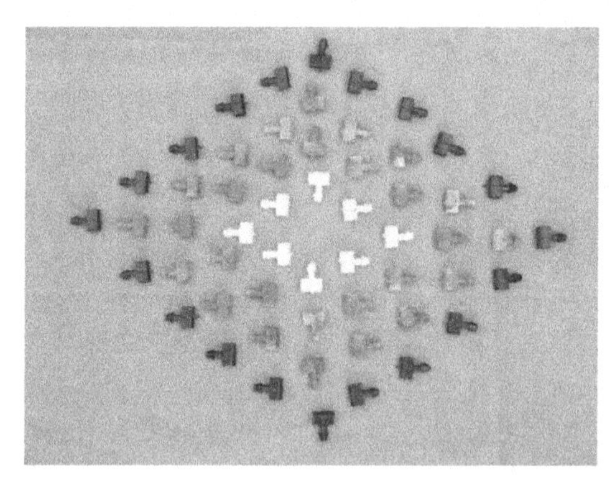

图 10-16　压力补偿型滴头、孔口滴头及滴箭图

压力,即在一定的水流压力的作用下,才能开始工作,滴头流道内设计有弹性片,可以改变流道形状和过水断面面面积,当压力减小时,增大过水断面面积;当压力增大时,减小过水断面面积。这样就基本保证了滴头出流稳定。

(3)发丝滴头。是通过 0.4 mm 的 PE 发丝管对毛管水流压力进行消能,布置时靠近首部的发丝管长,越靠后布置的管越短,可基本保证前后出流的均匀性。其施工量较大,主要用于育苗中盆栽类植物灌溉。

10.3.2.2　滴灌管(带)

滴灌管(带)(见图 10-17)是将滴头与毛管制造成一个整体,通过设备一次成型的灌水器,其兼具配水和滴水双重功能。

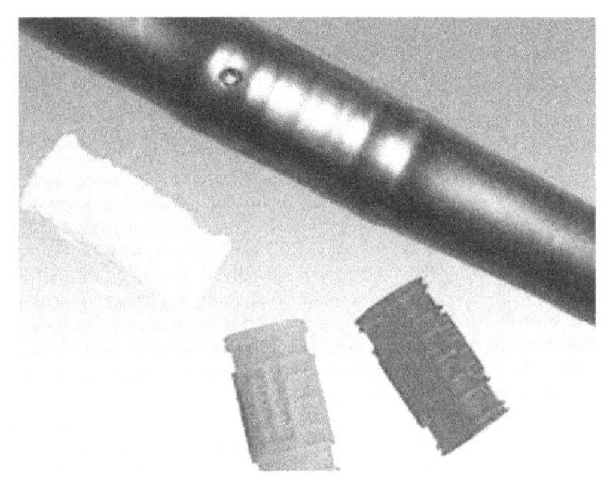

图 10-17　滴灌管(带)示意图

一般又可分为贴片式滴灌管、柱状式滴灌管、薄壁压条式滴灌带、薄壁压边式滴灌带等。贴片式滴灌管、柱状式滴灌管又统称为内镶式滴灌管,其制造过程中,将预先制造好的滴头镶嵌在毛管内,区别只是滴头的形式不同,一种是片式,另一种是管柱式。薄壁压条式滴灌带、薄壁压边式滴灌带又统称为薄壁滴灌带,都是在制造过程中一次成形的薄壁带,不同的是一种是滴水条贴在管内侧,而另一种则是在一侧压合出不同形状的流道进行灌溉,灌溉水通过流道以滴流的形式湿润土壤。

10.3.2.3　微喷头

微喷头是将压力水流以细小水滴喷洒在土壤表面的灌水器。微喷头的喷水形式近似于喷灌,而流量远远小于喷头,一般微喷头的喷水量为 50 ~ 200 L/h,射程一般小于 5 m。按照结构不同,微喷头又分为旋转式、折射式两种。

(1)旋转式微喷头(见图 10-18)。水流从喷水嘴喷出后,集中成一束向上喷射到旋转体上,旋转体上有设计好的不同形状的流道,通过流道后水流按一定的方向和仰角喷出,而在水流经过旋转体时水流的反作用力使旋转体沿旋转中轴进行旋转,从而使喷射出来的水流快速旋转,以达到灌水的均匀喷洒。旋转式微喷头最少由 3 个零件构成,即喷水嘴、旋转体、支架等,一般都是增加了接头、软管、支架(重锤)等,成套使用。旋转式微喷头喷洒的半径一般为 3 ~5 m,其有效湿润半径较大,喷水强度较低,由于有运动部件,加工精度要求较高。

(2)折射式微喷头(见图 10-19)。折射式微喷头的主要部件有喷嘴、折射体和支架,水流由喷嘴垂直向上喷出,遇到折射体即被击散成薄水膜向四周射出,像雾状的细微水滴散落在四周地面上,所以也称为雾灌。折射式微喷头的优点是水滴小,雾化程度高,结构简单,没有运动部件,工作可靠,价格便宜。尤其适用于要求湿度高的食用菌和育苗时使用,另外结合排风设施在家禽饲养中做降温设备也得到了很大程度的应用。

(3)流量调节器(见图 10-20):通常在毛管上安装流量调节器,以保证每个灌水器流量的均匀性,然后通过直径 4 mm 的 PE 小塑料管进行灌溉。它的工作水头要求较低,孔

图 10-18　旋转式微喷头

图 10-19　折射式微喷头

口大,不容易被堵塞。流量调节器的工作原理和压力补偿型滴头相似,即在一定的水流压力的作用下,才能开始工作,滴头内流道内设计有弹性片,可以改变流道形状和过水断面面积,当压力减小时,增大过水断面面积;当压力增大时,减小过水断面面积,以此达到调节流量的目的,流量一般为 10 ~60 L/h。

(4)微喷带(见图 10-21)。微喷带又称多孔管、喷水带等,是在塑料软管上采用机械或激光直接加工出水小孔,通过小孔进行微喷灌,微喷带的工作水头为 100 ~200 kPa。

(5)渗灌管。渗灌管是用废旧橡胶和 PE 塑料混合制成的,其管壁有无数个微小孔,可以向外渗水,使用中常将渗灌管埋入地下,是非常省水的灌溉技术。但其堵塞问题很难解决,大面积的推广还不多。

图10-20　流量调节器

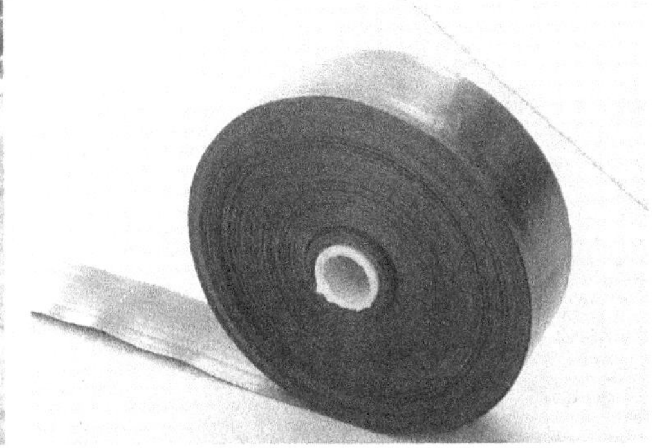

图10-21　微喷带

10.4　节水灌溉技术选择原则

选择适宜的节水灌溉技术在满足作物需水的条件下，主要应该考虑工程投资规模和工程效益。其确定原则如下：

(1)全面考虑当地的自然条件、经济条件、农业种植状况、社会条件、生态因素和管理条件，节水灌溉技术的选择以适宜、经济、可行为原则。

(2)对系统所涉及的自然、社会、经济、技术、管理、生态、农业等多方面进行综合衡量和分析，选择适宜的节水灌溉技术具有科学性和合理性。

10.5　黄淮平原区节水灌溉技术选择分析

以黄淮平原种植区为研究对象，综合种植区的自然地理、农业发展状况、生态环境和生态环境情况等因素，在层次分析法和模糊数学方法的基础上，建立节水灌溉适宜技术选择的数学模型。通过单因素法和多因素法的角度研究，提出了节水灌溉适宜技术选择的方法,推荐黄淮平原种植区最适宜的节水灌溉技术。

黄淮平原区,季节干旱时有发生,灌水对当地作物稳产、增收是非常重要的措施。根据黄淮平原的灌溉需求,对适宜节水灌溉技术进行综合评价和筛选对缓解灌溉用水与水资源短缺矛盾、保障国家粮食安全具有重要意义。节水灌溉技术主要包括低压管道灌溉技术、喷灌技术、微喷灌技术、滴灌技术和传统畦灌技术。为了缓解人口与农业粮食的供需矛盾,早在20世纪50年代初,我国便引进了节水灌溉技术,其中喷灌技术最先引进,并在许多农场和种植区域开始推广,有效地提高了灌区粮食产量。到20世纪80年代初,节水措施则越来越完善,输配水管道等设备越来越规范,形成了许多配套的节水灌溉模式。目前,在我国土地流转和规模化经营模式下,种植农户越来越认识到改进灌溉技术对提高农业生产效率的重要性;加之种植农户对水资源短缺的现状越来越警觉,纷纷主动引进节水灌溉技术,水利部也配套和改进了大型灌区的灌溉工程,使得我国的节水高效灌溉事业得到迅速发展。

本书通过分析当前的节水灌溉技术现状,构建影响节水灌溉的指标体系,确定节水灌溉技术选择的原则和标准,运用层次分析法对节水灌溉技术提出综合评价结果,为区域种植区选择适宜的节水灌溉技术提供理论参考。

10.5.1 材料与方法

根据评价主体的不同,进行指标的选取、量化和处理,并运用层次分析法与模糊评判法,对节水灌溉技术进行综合评价,建立一个节水灌溉技术评价模型。

10.5.1.1 节水灌溉技术的影响因素

(1)经济因素。包括单位面积投资(工程投资)、投资回收期、经济内部收益率、经济效益费用比、经济净现值、灌溉成本。

(2)技术因素。灌水均匀度与强度、灌溉水利用系数、对水质的适应性、对作物的适应性、对地形的适应性、土壤入渗量。

(3)社会因素。农业生产管理体制、农民欢迎程度、施工难易程度、水资源紧缺程度、经济承受能力、能源供需情况、节约耕地情况、增产幅度。

(4)管理因素。根据不同节水灌溉技术的特性,灌溉技术选择影响最广泛的概括为以下6个因素:管理难易程度、管理人员要求、运行安全与可靠性、运行可持续性、省工情况。

(5)农业生态因素。水肥一体化适应程度、对机械化的适应程度、改善玉米农田小气候、土壤侵蚀情况、土壤排盐情况、对地下水资源持续利用影响、对土壤水库调蓄能力的影响。

10.5.1.2 技术指标体系及模型的构建

节水灌溉技术的筛选是由多因素影响的,仅从某一个角度、某一个指标进行选择,往往具有片面性。层次分析法可以将不同层次、多个指标综合成一个无量纲的评判值,由此对各种节水灌溉技术进行排序,从而筛选出最适宜的节水灌溉技术。根据节水灌溉适宜技术评价的指标体系,建立节水灌溉技术适宜性综合评价指标体系层次结构图(见图10-22)。图10-22采用评判模型,计算其方案的总排序及综合效果评价值。层次结构通常分为目标层、准则层和措施层。

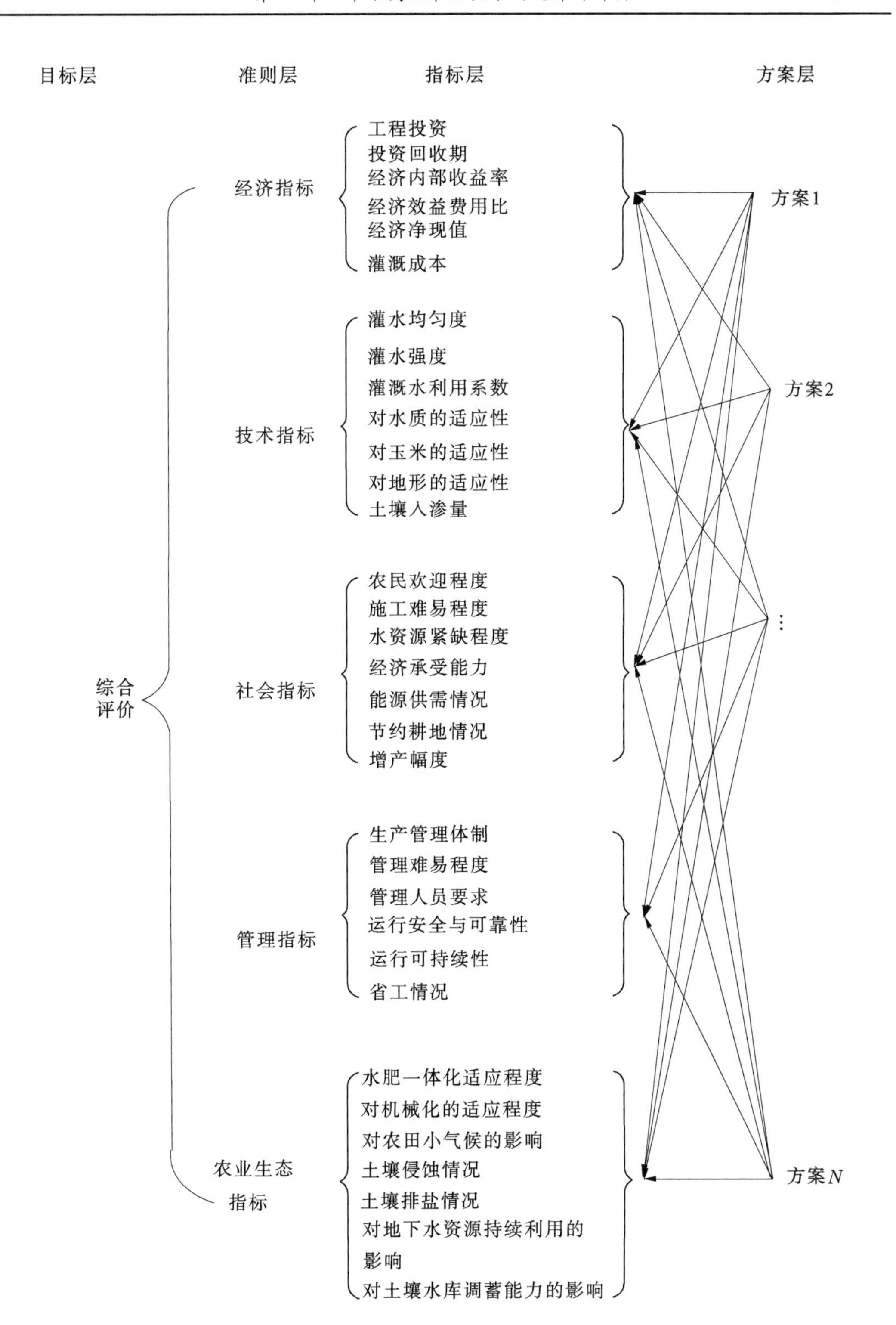

图 10-22　节水灌溉适宜技术筛选的指标层次结构

10.5.1.3 指标的量化处理

节水灌溉适宜技术筛选指标体系包括定量指标与定性指标,如表 10-3 所示。

表 10-3 节水灌溉适宜技术指标分类

序号	定量指标	定性指标
1	工程投资	对水质的适应性
2	投资回收期	对玉米的适应性
3	经济内部收益率	对地形的适应性
4	经济效益费用比	农民欢迎程度
5	经济净现值	施工难易程度
6	灌溉成本	水资源紧缺程度
7	灌水均匀度	经济承受能力
8	灌水强度	能源供需情况
9	灌溉水利用系数	生产管理体制
10	土壤入渗量	管理难易程度
11	节约耕地情况	管理人员要求
12	增产幅度	运行安全与可靠性
13	省工情况	水肥一体化适应程度
14		对机械化适应程度
15		改善农田小气候
16		土壤侵蚀情况
17		土壤排盐情况
18		对地下水资源持续利用的影响
19		对土壤水库调蓄能力的影响

对定性指标的量化值可通过模糊评判法获得。具体方法为:请节水专家(≥ 5 个)对所给定的指标按规定的评语进行评判,由此计算指标的隶属度。

指标评语集

$$C = \{C_1(\text{很好}), C_2(\text{较好}), C_3(\text{一般}), C_4(\text{较差}), C_5(\text{很很差})\}$$

标准隶属度

$$U = (1.0, 0.75, 0.5, 0.25, 0)$$

指标隶属度计算依据专家对各个指标不同节水灌溉方式所下的评语,按其标准隶属度进行平均,取平均隶属度作为该指标的隶属度。

10.5.1.4 指标的规范化与同趋化

节水灌溉项目综合评价指标有些为正向指标,如节水效果、增产效果、经济内部收益率、经济净现值、效益费用比、灌水均匀度、灌水强度、灌溉水利用系数、农民欢迎程度等,其指标值越大越好；有些为负向指标，如投资回收期、水资源紧缺程度等，其指标值越小越好；另外有些指标具有量纲。因此，在利用层次分析法求各节水灌溉方式的综合评价值时，必须对负向指标和有量纲指标进行技术处理。

10.5.1.5　指标的规范化

指标的规范化就是通过技术处理，消除指标间数量级差异过大和具有量纲的指标，使各指标在同一层次中具有可比性。具体方法是对指标进行指数化处理，即用同一指标数列中的最大值去除数列中的每一个指标，得到的商即为规范化处理后的指标值 αx_{ij}，用下式计算：

$$\alpha x_{ij} = \frac{x_{ij}}{x_{\max}} \tag{10-1}$$

10.5.1.6　指标的同趋化

指标的同趋化就是将指标通过整理变换，使所有指标转化为同一方向。在建设项目经济评价中统一规定指标大者为优（正向指标），这就要对指标小者为优（负向指标）的指标进行处理。具体处理方法可采用指标转置的方法，即大小值和求补法，用下式计算处理后的指标值：

$$\alpha x_{ij} = \frac{x_{\max} + x_{\min} - x_{ij}}{x_{\max} + x_{\min}} \tag{10-2}$$

式中　αx_{ij}——处理后的指标值；

$x_{\max}$——指标的最大值；

x_{min}——指标的最小值；

x_{ij}——原指标值。

10.5.1.7　指标权重和综合评价值

指标的权重对综合评价值的计算结果及适宜节水灌溉技术选择影响较大，因此必须合理确定各级指标的权重。

按下式计算各指标的权重值：

$$\beta x_{ij} = \frac{1}{\overline{\alpha x_{ij}}} \sqrt{\frac{1}{m} \sum_{i=1}^{m} (\alpha x_{ij} - \overline{\alpha x_{ij}})^2} \tag{10-3}$$

式中　αx_{ij}——第 i 行乘以第 j 列的无量化值（$0 < \alpha x_{ij} \leq 1$）；

x_{ij}——处理 i 和变量 j 的实际值；

$x_{\max}$ 和 $x_{\min}$——每个变量的最大值和最小值。

$$\text{Index} = \sum_{i=1}^{m} \left(\alpha x_{ij} \times \frac{\beta x_{ij}}{\sum_{i=1}^{m} \beta x_{ij}} \right) \tag{10-4}$$

式中　Index——综合评价值；

βx_{ij}——每个变化的无量化系数；

m——处理 i 和变量 j 的实际值的个数。

10.5.2 黄淮平原种植区域灌溉技术筛选

黄淮平原种植区位于北方春玉米区以南，淮河、秦岭以北。包括山东、河南全部，河北的中南部，山西中南部，江苏和安徽北部，是全国最大的粮食集中产区。该区属温带半湿润气候，年均降水量500~800 mm，多数集中在6月下旬至9月上旬，自然条件对作物生长发育极为有利。但由于气温高，蒸发量大，降雨较集中，故经常发生春旱夏涝等自然灾害。黄淮平原种植区目前仍以大水漫灌模式为主，灌溉水源为地下水。目前，在土地流转政策和土地规模化经营模式下，适宜黄淮平原的节水灌溉技术仍在进一步探索当中，因为在冬小麦－夏玉米一年两熟种植制度下，适宜小麦灌溉技术的同时，还必须满足玉米田间灌溉。当前，喷灌技术和微喷灌技术在解决黄淮平原灌溉问题上表现突出。

10.5.2.1 指标的量化

通过计算、查资料和专家打分得到经济指标、技术指标、社会指标、管理指标和农业生态指标中各子类指标的值，各指标的值如表10-4所示。

表10-4 黄淮平原种植区各灌溉技术指标值

序号	评价指标	喷灌	滴灌	微喷灌	低压管灌	畦灌
1	工程投资	200.00	300.00	250.00	80.00	50.00
2	投资回收期	13.20	14.20	12.20	12.80	11.50
3	经济内部收益率	0.13	0.14	0.15	0.11	0.14
4	经济效益费用比	2.10	1.94	0.76	1.86	1.65
5	经济净现值	9.20	10.80	9.68	11.26	9.80
6	灌溉成本	0.25	0.32	0.36	0.15	0.21
7	经济承受能力	0.25	0.50	0.75	0.75	0.50
8	政府扶持力度	0.50	0.50	0.75	0.25	0.25
9	灌水均匀度	0.92	0.88	0.91	0.80	0.83
10	灌水强度	8.90	9.10	9.20	9.30	9.20
11	灌溉水利用系数	0.90	0.90	0.90	0.95	0.90
12	对水质适应性	0.50	0.50	0.75	0.50	0.75
13	对玉米适应性	0.50	0.75	0.75	0.50	0.50
14	对地形适应性	0.50	1.00	0.75	0.75	0.50
15	土壤入渗量	5.50	6.50	7.60	7.80	7.10
16	施工难易程度	0.50	0.50	0.75	0.75	0.50
17	生产管理体制	0.50	0.25	0.50	0.50	0.25
18	管理难易程度	0.25	0.50	0.50	0.50	0.25
19	管理人员需求	0.25	0.50	0.75	0.50	0.50
20	水源条件	0.75	1.00	1.00	0.75	0.50
21	节水量	0.60	0.40	0.40	0.25	0.25
22	省工程度	0.40	0.20	0.20	0.20	0.10

续表 10-4

序号	评价指标	喷灌	滴灌	微喷灌	低压管灌	畦灌
23	节约耕地情况	0.10	0.08	0.06	0.02	0.01
24	节能量	0.20	0.40	0.40	0.40	0.25
25	对水肥一体化适应	0.25	0.75	0.50	0.25	0.25
26	对机械化适应	0.50	0.50	0.75	0.75	0.50
27	改善农田小气候	0.75	0.25	0.75	0.25	0.25
28	对土地盐碱化影响	0.50	0.50	0.75	0.75	0.50
29	土壤侵蚀情况	0.50	0.75	0.75	0.25	0.25
30	增产幅度	0.40	0.45	0.30	0.20	0.20
31	农民欢迎程度	0.50	0.25	0.75	0.50	0.25
32	地下水资源保护作用	0.50	0.50	0.50	0.25	0.25
33	土壤蓄水能力的影响	0.50	0.50	0.50	0.25	0.25

10.5.2.2　指标的处理

对表 10-4 所示指标中的工程投资、投资回收期、灌溉成本运用公式进行同趋化处理，然后对指标工程投资、投资回收期、经济效益费用比、经济净现值、灌溉成本、灌水强度、土壤渗透量、增产幅度运用公式进行规范化处理，各指标无量纲后的值如表 10-5 所示。

表 10-5　黄淮平原种植区灌溉指标同趋化和规范化后的指标值

序号	评价指标	喷灌	滴灌	微喷灌	低压管灌	畦灌
1	工程投资	0.50	0.17	0.14	0.90	1.00
2	投资回收期	0.88	0.81	0.70	0.91	1.00
3	经济内部收益率	0.13	0.14	0.15	0.11	0.14
4	经济效益费用比	1.00	0.92	0.36	0.89	0.79
5	经济净现值	0.82	0.96	0.86	1.00	0.87
6	灌溉成本	0.69	0.47	0.53	1.00	0.81
7	经济承受能力	0.25	0.50	0.75	0.75	0.50
8	政府扶持力度	0.50	0.50	0.75	0.25	0.25
9	灌水均匀度	0.92	0.88	0.91	0.80	0.83
10	灌水强度	0.96	0.98	0.99	1.00	0.99
11	灌溉水利用系数	0.90	0.90	0.90	0.95	0.90
12	对水质适应性	0.50	0.50	0.75	0.50	0.75

续表 10-5

序号	评价指标	喷灌	滴灌	微喷灌	低压管灌	畦灌
13	对玉米适应性	1.00	0.25	0.25	0.50	0.50
14	对地形适应性	0.50	1.00	0.75	0.75	0.50
15	土壤入渗量	0.71	0.79	0.92	1.00	0.91
16	施工难易程度	0.50	0.50	0.75	0.75	0.50
17	生产管理体制	0.50	0.25	0.50	0.50	0.25
18	管理难易程度	0.25	0.50	0.50	0.50	0.25
19	管理人员需求	0.25	0.50	0.75	0.50	0.50
20	水源条件	0.75	1.00	1.00	0.75	0.50
21	节水量	0.60	0.40	0.40	0.25	0.25
22	省工程度	0.40	0.20	0.20	0.20	0.10
23	节约耕地情况	0.10	0.08	0.06	0.02	0.01
24	节能量	0.20	0.40	0.40	0.40	0.25
25	对水肥一体化的适应	0.25	0.75	0.50	0.25	0.25
26	对机械化的适应	0.50	0.50	0.75	0.75	0.50
27	改善农田小气候	0.75	0.25	0.75	0.25	0.25
28	对土地盐碱化影响	0.50	0.50	0.75	0.75	0.50
29	土壤侵蚀情况	0.50	0.75	0.75	0.25	0.25
30	增产幅度	0.40	0.45	0.30	0.20	0.20
31	农民欢迎程度	0.75	0.25	0.75	0.50	0.75
32	地下水资源保护作用	0.50	0.50	0.50	0.25	0.25
33	土壤蓄水能力的影响	0.50	0.50	0.50	0.25	0.25

10.5.2.3 权重的确定

请专家构造准则层和目标层的权重矩阵，计算各指标值的平均值、方差和均方，通过公式将求出 βx_{ij} 值，将 βx_{ij} 值除以 βx_{ij} 的总和，可以得出各指标值的权重值，计算结果如表 10-6 所示。

10.5.2.4 综合计算

按照以上公式求出目标层的综合评价值 index，计算结果如表 10-7 所示。

表 10-6　黄淮平原种植区各指标值的权重分析

序号	评价指标	平均值	方差	均方	无量纲系数	权重
1	工程投资	0.54	0.64	0.17	0.31	0.07
2	投资回收期	0.86	0.05	0.05	0.06	0.01
3	经济内部收益率	0.13	0.00	0.01	0.05	0.01
4	经济效益费用比	0.79	0.26	0.11	0.13	0.03
5	经济净现值	0.90	0.02	0.03	0.03	0.01
6	灌溉成本	0.70	0.18	0.09	0.13	0.03
7	经济承受能力	0.55	0.18	0.09	0.16	0.03
8	政府扶持力度	0.45	0.18	0.09	0.19	0.04
9	灌水均匀度	0.87	0.01	0.02	0.02	0.01
10	灌水强度	0.98	0.00	0.01	0.01	0.00
11	灌溉水利用系数	0.91	0.00	0.01	0.01	0.00
12	对水质适应性	0.60	0.08	0.06	0.10	0.02
13	对玉米适应性	0.50	0.38	0.13	0.26	0.06
14	对地形适应性	0.70	0.18	0.09	0.12	0.03
15	土壤渗透量	0.87	0.05	0.05	0.06	0.01
16	施工难易程度	0.60	0.08	0.06	0.10	0.02
17	生产管理体制	0.40	0.08	0.06	0.14	0.03
18	管理难易程度	0.40	0.08	0.06	0.14	0.03
19	管理人员需求	0.50	0.13	0.07	0.15	0.03
20	水源条件	0.80	0.18	0.09	0.11	0.02
21	节水量	0.38	0.08	0.06	0.16	0.03
22	省工程度	0.22	0.05	0.05	0.21	0.04
23	节约耕地情况	0.05	0.01	0.02	0.30	0.06
24	节能量	0.33	0.04	0.04	0.12	0.03
25	对水肥一体化适应	0.40	0.20	0.09	0.23	0.05
26	对机械化适应	0.60	0.08	0.06	0.10	0.02
27	改善农田小气候	0.45	0.30	0.11	0.25	0.05
28	对土地盐碱化影响	0.60	0.08	0.06	0.10	0.02
29	土壤侵蚀情况	0.50	0.25	0.10	0.21	0.05
30	增产幅度	0.31	0.05	0.05	0.15	0.03
31	农民欢迎程度	0.60	0.20	0.09	0.16	0.03
32	地下水资源保护作用	0.40	0.08	0.06	0.14	0.03
33	土壤蓄水能力的影响	0.40	0.08	0.06	0.14	0.03

表 10-7　黄淮平原种植区适宜灌溉技术综合排序

评价因子	喷灌	滴灌	微喷灌	低压管灌	畦灌
综合因子	0.50	0.45	0.52	0.46	0.41
总排序	2.00	4.00	1.00	3.00	5.00

10.5.3　方案的确定

根据表 10-7 的计算结果可知，选择微喷灌技术，即微喷管（带）灌溉。黄淮平原种植区微喷灌技术综合评价值最高，是因为其在灌水均匀度、农民欢迎程度、改善农田小气候及对水质的适应情况上表现突出。

在需求分析和基础数据的基础上，通过专家打分将定性指标量化，根据种植区特点，选择典型的五种常见的节水灌溉技术模式，通过实例计算，完成了灌溉技术的评价，实现对最优节水灌溉技术的选择，体现了数学模型的严密性和简便性。

10.5.4　结论

本书在分析我国节水灌溉技术发展现状的基础上，对节水灌溉适宜技术进行了研究，研究主要得到以下结论：

（1）节水灌溉技术适宜是指对技术、经济、社会、管理和农业生态环境的适宜，构建了对黄淮平原种植区节水灌溉适宜技术的指标体系，综合评价体系既考虑了灌溉工程投资、效益、成本等硬条件，又考虑了影响灌溉技术推广的满意度、管理、制度等软条件，较为全面地涵盖了影响因素，为客观评判奠定了基础。

（2）对节水灌溉适宜技术选择的指标体系进行规范化与同趋化处理，建立了节水灌溉适宜技术选择的层次分析数学模型，对各个指标进行处理，并计算权重，使用单因素法求出一个综合评价值。本书使用的综合评价计算公式避免了各层次指标进行矩阵演算的烦琐过程，简化了整个评价体系的量化和排序步骤，且操作简单，结果可靠，是一种新颖的综合评价计算方法。

（3）本书在对我国节水灌溉技术的发展现状分析的基础上，提出了一种可用于决策的节水灌溉技术评价方法。以黄淮平原种植区划为单位，评判了种植区的适宜灌溉技术。运用所建立模型在喷灌、滴灌、微喷灌、低压管灌和畦灌五种方案中选择最优的节水灌溉技术。结果表明，黄淮平原种植区适宜微喷灌，即微喷带灌溉技术。

第 11 章　高效灌溉技术 CAD 辅助设计

滴灌的工程设计过程非常烦琐,长期以来,国内外的工程技术人员都在尝试借助计算机系统完成工程设计的绘图、计算、分析工作。现有的滴灌系统田间管网布置,大多结合通用 CAD 支撑软件(如 AutoCAD)进行交互式计算机辅助绘图。与以往手工设计相比,这虽然在一定程度上提高了设计效率,但在工程应用中存在一些明显不足:通用软件包虽然具有很强的制图功能,但在管网的计算、分析等方面功能较弱,仅靠绘图无法更好地辅助设计者进行工程设计;通用软件包辅助绘图方式效率低,很难达到工程设计要求。因此,工程上迫切需要开发出功能完善、适用性强的滴灌专业 CAD 软件。

滴灌管网布置 CAD 专业软件的开发一是从底层开发独立的管网布置模型,而不借助于其他平台或者软件包;二是以一些功能较完善的图形绘制软件包作为支撑平台,进行模型的二次开发。目前国外有些灌溉 CAD 软件,如新西兰的 IRRICAD、以色列的 WCADI 等,是从底层开发独立的管网布置模型,而不借助于其他平台或者软件包。专业性强,但开发工作量大,尤其是要开发大量与灌溉 CAD 无直接关系的通用图形编辑模块。John 等利用二次开发技术建立了污水灌溉 CAD 系统;2005 年,Sohag 等开发了基于 AutoCAD 平台的灌溉管网优化调节 CAD 系统。但使用者需要购买通用支撑软件的版权。推广普及困难。国内在喷灌计算机辅助设计方面的开发研究主要是利用 AutoCAD VBA 接口,武汉大学的严雷等开发了基于 AutoCAD VBA 接口的 CAD 模型,实现了喷灌管网特定布置形式的辅助技术;张学锋、何浩等研究了基于 AutoCAD 平台的喷灌管网布置模型,采用几何推算法实现了喷灌系统中各种管网布置形式的快速布置。何新林、刘华梅等研究了计算机辅助设计在大田棉花喷灌设计中的应用;欧建锋等对微灌工程规划设计专家系统进行了研究,该系统应用了 Visual Basic 、AutoCAD 、Microsoft Excel 等软件,基本实现了微灌系统的计算机辅助规划设计。2003 年,郑文刚等在 AutoCAD2000 环境下采用 ObjectArx 技术,开发了滴灌计算机辅助设计软件系统,实现了滴灌设计中材料报表的自动生成。虽然国外已有一些相关软件,但是国外软件产品目录中的滴灌设备均为外国产品,选型受到限制。国内研究一般是基于 AutoCAD 平台进行二次开发,软件应用时必须先安装 AutoCAD 系统,推广应用困难。因此,根据我国实际情况,针对滴灌管网系统的设计复杂,计算烦琐,为了提高滴灌工程设计效率,针对滴灌系统管网布置形式的特点,依据现有的滴灌工程设计标准和规范,采用模块化技术,以 Visual Basic 作为开发平台,充分发挥 GDI + 的绘图功能、crystal reports 的报表制作功能以及 Access 数据库功能,研发出滴灌工程规划辅助设计系统。该 CAD 辅助设计软件对于不同地形、不同形状、不同形式的滴灌工程设计,实现了灌溉工程设计从灌水器基本参数选择到提供各类工程图和材料表的整个过程,提高了滴灌系统规划设计的效率。研究滴灌工程规划计算机辅助设计系统,对增强设计的科学性、节约水资源等都具有重要意义。

11.1 滴灌工程 CAD 系统的特点

针对我国滴灌工程设计的现状和标准,采用模块化技术研究了大田粮食作物滴灌工程 CAD,利用 Visual Basic 编程软件界面友好、功能强大、稳定性好的优点,以 Visual Basic 作为开发平台,充分发挥 GDI + 的绘图功能、crystal reports 的制作报表功能以及 Access 制作完备数据库功能,开发了适合应用于农业设施群的滴灌工程规划辅助设计系统。实现了不同地形、不同作物、不同滴灌形式的滴灌工程计算机辅助设计,能进行滴灌工程形式的优选和对管网进行优化计算,该软件拥有功能相当强大的设计、计算、绘图体系,完整实现了灌溉工程设计从灌水器基本参数选择到最终为用户提供各类工程图和材料表的整个过程。

该系统具有以下特点:

(1)友好的人机交互界面。

(2)数据管理采用集中输入与局部输入相结合。

(3)系统自运行与人工干预相结合。系统在输入必要的参数后,即可自动运行,运行结果随时显示于屏幕,等待用户的认可,不满意之处可进行修改,消除隐患。

(4)良好的通用及扩充性。滴灌工程 CAD 采用模块化设计技术进行开发,这些模块在需要时既可单独使用,也可根据需要进行拼装;扩充系统时只需增加相应的功能模块,通过设定的接口与系统连接,即可完成对系统的扩充。

11.1.1 CAD 总体设计

11.1.1.1 功能设计

滴灌工程 CAD 将整个系统按其功能分成输入、优化、输出、数据库维护、帮助五大功能模块。输入模块采用交互式参数输入方式对系统设计时所需的参数进行人机对话;优化模块是根据滴灌工程设计的特点进行系统选型和管网选择进行优化;输出模块除包括工程设计中的材料表、预算表的输出外,同时对管网的布置进行示意;数据库维护模块利用外挂的 Access 数据库功能和 VB 的外部数据通信功能,实现了对设计中所需器材(如水泵、灌水器、管材等)数据库的浏览、修改、添加、删除等功能;帮助模块包括系统设计中采用方法的介绍(系统说明)和使用过程中要求用户输入参数时进行简要的说明及必要时 F1 热键帮助。滴灌工程 CAD 软件各功能模块间的关系如图 11-1 所示。

以上各功能模块在设计中单独开发,通过预定义的数据文件格式进行通信,主控模块决定对各功能模块的正确调用,完成滴灌工程的设计。

11.1.1.2 数据通信

模块功能的实现是通过数据间的通信来实现的,为方便数据的操作管理,按照数据在系统中的作用将数据分为四大类,即输入数据、输出数据、图形数据、专项表数据。其中,输入数据是要求用户输入的数据,这些数据与每一个专门设计的数据输入表相对应,这样输入或修改时既可通过数据表对话输入,对熟悉系统者又可直接修改这些数据文件达到输入的目的;输出数据是针对用户确认的某一输出(图形、表格等)对应的数据文件,以方

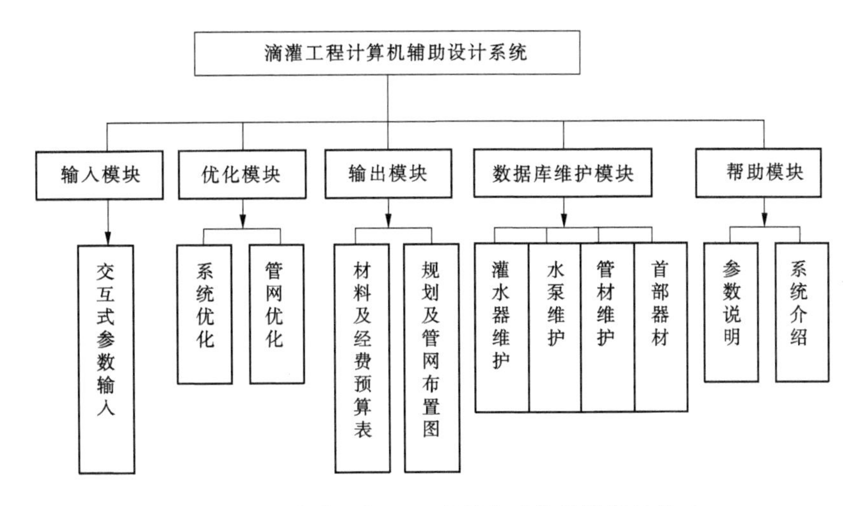

图 11-1　滴灌工程 CAD 软件各功能模块间的关系

便以后对其重用;图形数据是所有有关图形的文件汇集,主要包括位图文件、图形坐标、修饰数据等;专题数据集中存放材料表、预算等输出结果中所需要的数据,以利于快速查找和生成输出结果。以上各种数据间的通信均通过预定义好的空间数据进行。数据的通信过程如图 11-2 所示。

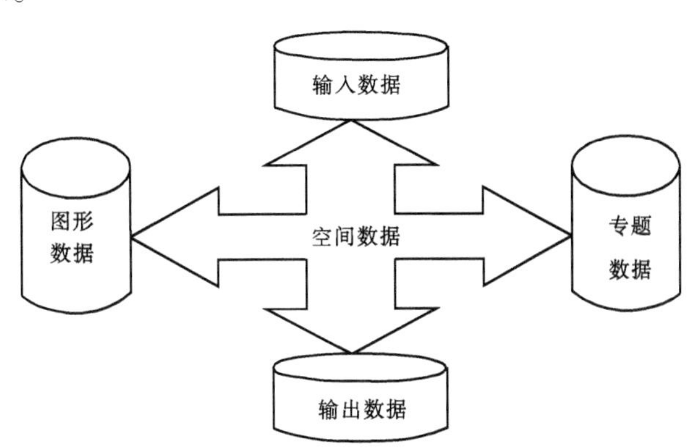

图 11-2　滴灌 CAD 数据间的通信

11.1.2　CAD 主要功能模块介绍

11.1.2.1　主控模块

完成各功能模块的功能,需要通过数据文件在各功能模块间进行通信,主控模块设计的好坏起着关键的作用。为了少占用系统资源,设计滴灌工程 CAD 系统时采用了覆盖技术,即主模块调用所需子功能模块时,只将相应的功能模块调入内存中独立运行,运行结束后释放其所占内存,以备调用其他功能模块时使用,运行的结果以标准化的数据形式存盘;由主控模块根据需要调用下一功能模块,重复此过程,至整个系统设计完毕。

主控模块主要完成以下功能:

(1)文件管理功能。滴灌工程 CAD 系统是集运算、绘图于一体的软件系统,包含大量的文件和资源,如源程序、可执行文件和各类数据文件,为便于管理和维护,所有文件均采用分层结构的树形模式。

(2)正确调用各子功能模块。这是主要功能,也是主控模块名称的来源。为了实现主控模块对各子功能模块的正确调用,采用了友好的人机交互界面,即菜单提示与图形提示并举,对拟调用的功能模块给予简要的说明,同时设有 F1 热键帮助,说明所用参数的含义和其正常的取值;完成所调用的功能模块后,屏幕显示当前的参数值、平面布置图等,让用户确认后再进行下一步的操作,提高工作效率。

11.1.2.2 系统输入模块

系统输入模块是系统工作的基础,只有正确地输入了系统的工作参数后,系统才能进行正常的设计工作。系统输入模块主要有以下功能:

(1)设计参数的输入。滴灌工程的设计参数采用屏幕菜单的输入、修改、查询和存储工作。在输入参数时,参数的名称和单位在菜单上已给出,只需输入相应的值即可,为减少输入的失误(小数点位置),对所应输入的值在级数上做了限制。

(2)图形的输入。拟设计的滴灌工程的地块、地界、地形,用数字化仪或扫描仪输入,对于较大的图形可以分块进行,输入后再进行拼装。

图形输入部分与设备关系密切,因而设计时仅只设置目前常见图形文件格式相互转化的接口,读入数字化仪或扫描仪输入的文件,并把其文件类型转化成统一的格式,作为基本资料保存,供布置方案时使用。同时,为方便没有数字化仪和扫描仪的用户,系统还设置了一套输入地块边界、地形(沟、脊)等基本数据替代方案。

11.1.2.3 管理模块

图形管理模块要对图形进行管理和操作,具有绘图(人工画点、线、面等)、撤销、修改、存储等功能,并提供一套灵活的标注工具,可根据预设的格式在成果图上自动、方便地标出必要的长度、说明等信息。

11.1.2.4 计算模块

滴灌工程设计中,水利计算贯穿其始终,包括水源分析与用水分析、水量平衡计算、各级管网的设计流量和设计水头计算等。根据微灌工程技术规范,进行该模块的设计。

滴灌管网系统根据灌区或小区面积大小进行分级,一般可分为干管、支管及毛管三级,如果面积较大或受地形限制,也可以在干管下增设一级分干管。其中,支管与毛管组成田间管网,每条支管所控制的面积为灌水小区。

微灌系统通过干管、支管和毛管将水从水源输送到分布在田间的灌水器上,然后灌溉到作物根系分布范围的土壤中。支管及以下级别的管道(毛管、分毛管)称为田间管网管道系统,它们是整个系统中数量最大的管路系统,同时是计算上比较复杂和较难处理的管路系统,因此在微灌系统的水力学分析和设计中,毛管和支管单元的水力学分析和设计按现行微灌工程技术规范进行。

支管的水力计算方法和毛管一样,但毛管的流量与压力关系不同于灌水器的流量与压力关系,根据文献,毛管的流量压力关系用多项式来计算。

11.1.2.5 优化模块

(1)滴灌工程类型的优化。滴灌工程设计中,许多不确定的因素影响着滴灌工程的形式,将这些因素形成综合评价指标体系,用系统层次分析模糊优选理论确定滴灌工程的最佳形式。

具体做法是首先对滴灌工程参数进行模糊处理,计算出其中不确定因素的隶属度,再利用各因素的权重系数计算出不同滴灌类型的隶属度,构成隶属度矩阵,根据隶属度越大形式越优的原则,对滴灌形式排队,决定拟采用的滴灌类型。

(2)管网优化。以工程的总费用最小为目标函数,加上约束条件,用动态规划或线性规划等方法对滴灌管网中各级管道进行优化。田间管网优化主要求解田间管网允许水头差在支、毛管间的分配系数,需要结合支、毛管的优化进行。

11.1.2.6　输出模块

该系统直接在 Visual Basic 中绘制工程图。绘制图形是 Visual Basic 中很常用的一种程序设计技术,它使用 GDI + 方法绘制图形,不必考虑这些图形发送到的具体设备,无论图形显示在屏幕上还是绘制在打印机页面上,其绘制过程是完全相同的。

系统规划设计完之后,用户整个系统设计基本完成,需要进行输出,系统输出主要有工程布置图、材料用量表、水损计算表。其中,工程布置图通过程序编程直接绘制在打印机进行输出。而水损计算表和材料表是通过编程,系统自动完成材料汇总、水损计算,并且可以进行修改、保存,然后利用水晶报表设计器制作报表,通过报表实现打印输出。

11.1.2.7　帮助模块

系统帮助模块包含了滴灌工程 CAD 系统的说明文件、系统帮助文件及操作管理规程和使用注意事项等。

11.1.3　软件安装与使用

软件是用于农业滴灌系统设计及工程预算的一套完整的软件,适用于大型滴灌工程的设计。该软件操作方便,使基层普通水利工作者在较短时间内撑握,免去了烦琐的计算及绘图。用户只输入基本地形土壤等资料,以及布置的要求,该软件即可在几分钟内做好全部的设计绘图工作。

软件成功地解决了绘图问题,使绘图与工程预算很好地结合。不需要连接 AutoCAD 绘图软件即可独立运行。该软件能够在较短时间内成功地画出布置图并准确地输出预算表。

该软件是一种集图形处理、数据库、计算等功能于一体,有效地提高滴灌系统设计的速度与质量,缩短设计周期,提高工作效率。

该软件具有良好的通用及扩充性。滴灌工程 CAD 采用模块化设计技术进行开发,这些模块在需要时既可单独使用,也可根据需要进行拼装;扩充系统时只需增加相应的功能模块,通过设定的接口与系统连接,即可完成对系统的扩充。

11.1.3.1　软件安装

本软件安装需要以下条件:

(1)486 以上计算机。

(2)Windows95/98 操作系统。

(3)100 MB 以上硬盘空间。

(4)A3 幅以上的打印机一台(针式或喷墨)。

如果计算机具备以上条件,把光盘放入光驱中。从资源管理器或者从运行中选择光盘中的setup.exe即可进行安装。

11.1.3.2 **软件启动**

该程序可在Windows程序菜单中自动生成,所以只要你的计算机上已装有该程序,按下面操作即可。

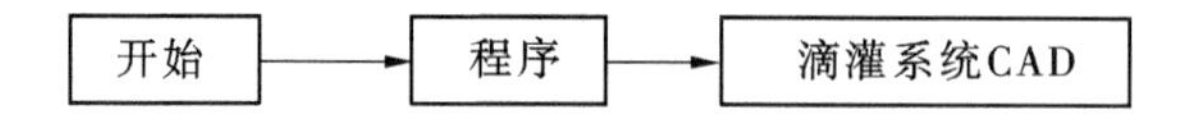

11.1.3.3 **软件操作**

进入系统前是软件版权页,5 s后自动进入系统,屏幕显示软件信息,鼠标单击信息空白处,进入系统。

进入系统后,主菜单如下:

(1)文件。

(2)基本资料。

(3)设计参数。

(4)图文本。

(5)打印预览。

(6)指北针。

(7)编辑设置。

(8)布置图输出。

(9)结构图输出。

(10)工程预算。

(11)关于软件。

以下分别对其功能进行介绍。

1.文件

鼠标点击"文件",弹出下拉菜单有以下四个选项:

(1)新文件:单击"新文件"会弹出模拟框,且"设计参数"选项可用,单击"继续"继续。

(2)打开:弹出文件选择菜单,选择路径,在"文件名"中输入已存在的文件名,或用鼠标双击"文件名",单击"确定"。

(3)保存:单击主菜单"文件",弹出下拉菜单,点击"保存",在跳出的对话框中,选择需要的路径,在"文件名"中输入想要的文件名,或用鼠标双击已存在的文件名,单击"确定"即可。

(4)退出:单击主菜单"文件",弹出下拉菜单,点击"退出",退出程序。

2.基本资料

按实际情况输入基本资料(见图11-3),由于程序运算中需要这些数据,所以必须填写,然后单击"确定"即可。

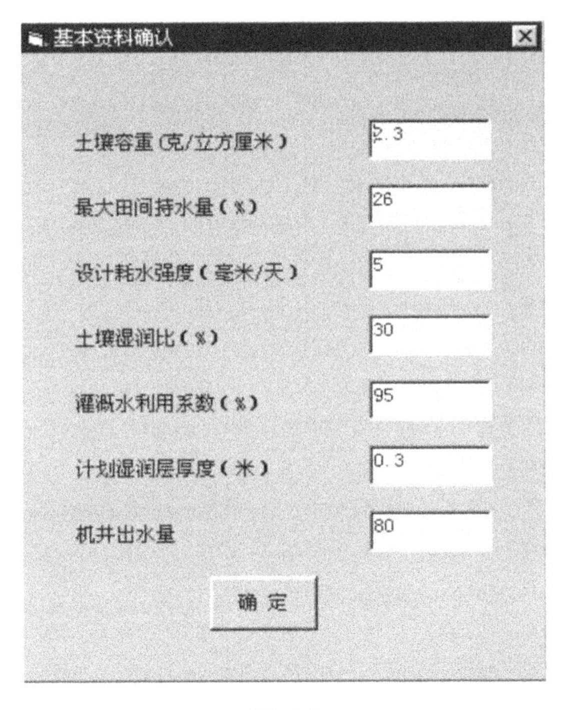

图 11-3

3. 设计参数

用鼠标点击“设计参数”,弹出六个菜单,顺次为“地形定位”“井位定位”“井控制区”“干支管方向定位”“主干管定位”“管径确认”。

(1)地形定位:在进入系统后,用鼠标点击“文件”,在弹出的菜单中点击“新文件”,然后在屏幕跳出的显示图中单击“继续”。再用鼠标点击“设计参数”,在弹出的菜单中点击“地形定位”,此时屏幕跳出一个对话框,如图 11-4 所示。输入第 1 个点的 X、Y 坐标值(均以地形实际尺寸计算,单位以米计,以下相同。要求尺寸均为正值,即图在第一象限),按“Tab”键,用鼠标点击“下一个”,输入第 2 个点,直到输入最后一个点,若输错,可点击“重输”,重新输入正确的坐标值,按“Tab”键,点击“完成”,此时屏幕跳出模拟框中出现的图形即是所需的地形,点击“继续”继续。

(2)井位定位:用鼠标点击“井位定位”,依照“地形定位”的方法,输入井的坐标点,然后点击“完成”,屏幕跳出模拟框,继续。

(3)井控制区:若只有一口井,系统规定地形定位坐标即为井控制区坐标。若有两口或两口以上的井,则点击“井控制区”,输入井控制区坐标点,输入“X”与“Y”后按“Tab”键,点击“下一个”,输第二口井、第三口井……,方法同第一口井的输入方法,输完后,按“Tab”键,点“确定”,再点击“完成”,点击模拟框的“继续”继续。

(4)干支管方向定位:点击“干支管方向定位”,在跳出的对话框中点击“请输入干管方向边”,跳出对话框如图 11-5 所示。系统认定干管边需平行于地形一边,所以输入与干管平行边的起点与终点,若干管为一条,则点击“结束”进入下一口井。若干管拐弯,点击“下一条”输入下一条干管方向边起点与终点。如果干管方向为任意,即除水平、垂直外的方向,则点击“支管”进入下一级对话框,输入支管方向边,点击“确定”,回到上一级对话框；点击“结束”，再回到第一级对话框，点击“确定”。再输“第 2 号井”的干管方向边，方法与“第 1 号井”相同。“确定”最后一口井后，点“继续”往下运行。

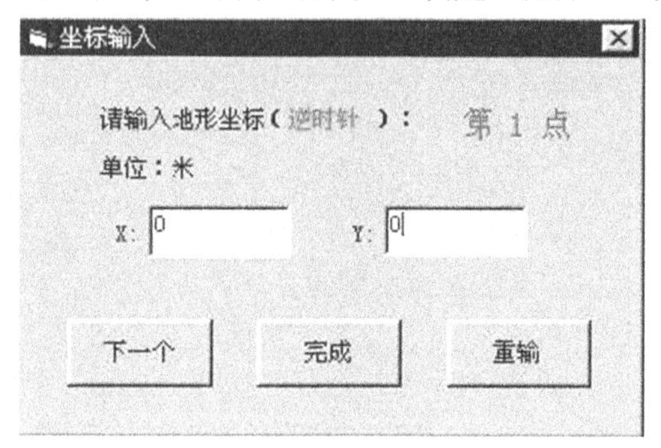

图 11-4

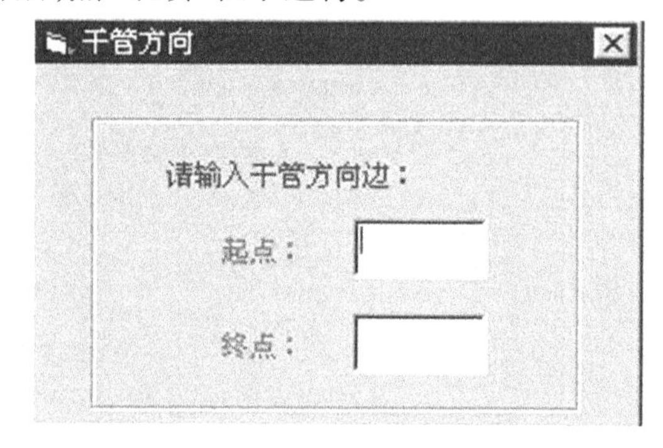

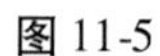
图 11-5

（5）主干管定位：点击“主干管定位”，先输入第 1 号井主干管方向的起点与终点坐标，接着输第 2 号井、第 3 号井……，全部输完后，点“完成”结束，点击模拟框中的“继续”继续。

（6）管径确认：单击“管径确认”，底下显示一列为系统计算出的默认值，用户可根据需要进行调整。分别确认完每一口井的主干管、干管、干管末、支管、付管、毛管的直径后点“确定”结束，参数全部完成后，最好先存盘。

4. 图文本

点击“图文本”选项，在“工程名称”中输入工程的名称，点“确定”。工程名称不允许超过 30 个汉字。

在“工程说明”中，输入说明文字后点“确认”结束。工程说明中，共分为 6 行，每行不允许超过 20 个汉字（见图 11-6）。

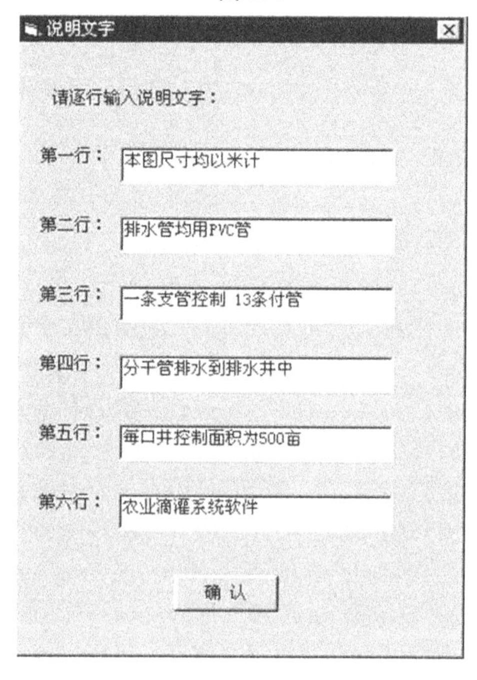

图 11-6

5. 打印预览

显示布置图大致情况，根据显示情况，判断输入的主要参数是否有误，若有误，请在“参数设计”中进行修改。

6. 指北针

指北针菜单有上、下、左、右四个选项，指明图形的正北方向，指明后，按“确定”结束。指北针输入后就可进行打印。

7. 编辑设置

单击“编辑设置”，弹出下拉菜单，包括干支管间距上限、副管长度、布置图编辑、打印偏移、排水井方向。

（1）干支管间距上限：点击后出现图 11-7 所示窗口，选择好井号，并分别输入该井控制区内的干支管上限，计算机将根据输入的上限自动计算出最优化且最接近上限的干支管间距；如果每一口井控制区内干支管上限相同，点“全部”即可，然后点击“确定”。

(2)付管长度：方法同输入“干支管间距上限”。还可输入每条支管准备控制的副管数，如图 11-8 所示。

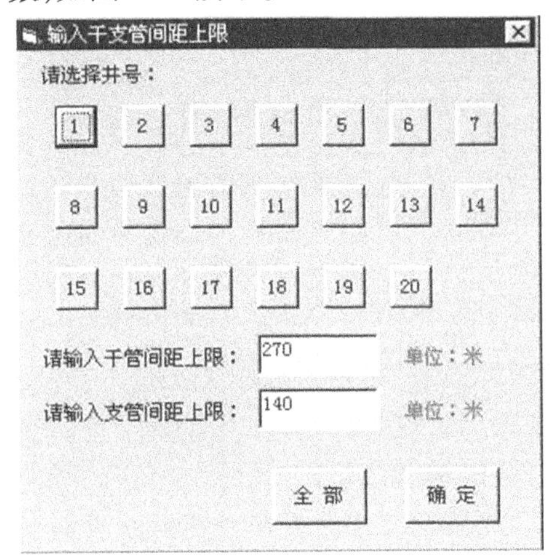

图 11-7

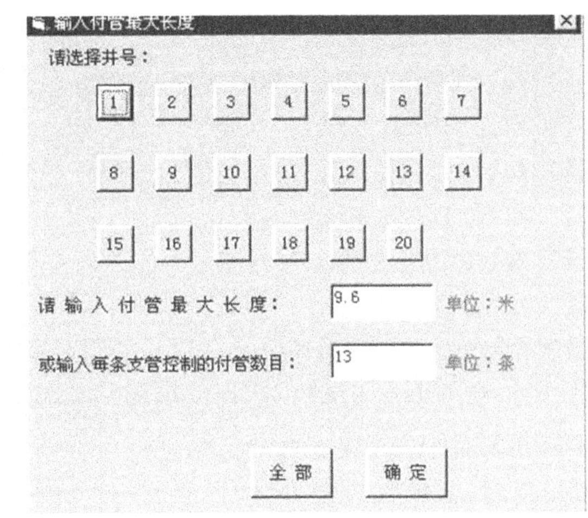

图 11-8

(3)布置图编辑：该选项功能是为了填补特殊地形中留下的空白地段。填补图形如图 11-9 所示。

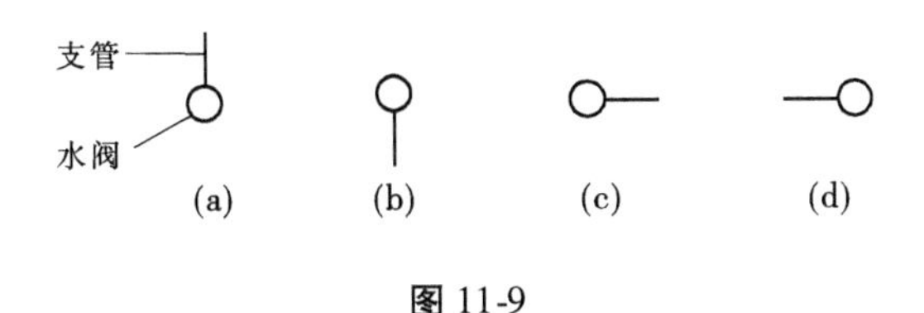

图 11-9

在弹出菜单中输入水阀坐标，选择支管方向，输入支管长度，按“确定”即可将上述结构补充在布置图中。

(4)打印偏移：该选项用于控制整幅图打印的位置偏移，输入“X”正值即为向右偏移，输入“Y”正值为向上偏移。负值反之。

(5)排水井方向：在某些特定环境下，排水井可能不在干管的尾端，而在首端，选择此项，可将排水井由干管尾端调至首端。

8. 布置图输出

点击此项，即可输出滴灌工程布置图。

9. 结构图输出

点击此项，即可输出与滴灌工程布置图对应的工程结构图。

10. 工程预算

点击此菜单，屏幕跳出一个窗口，选择好井号，输入毛管间距，点击“确定”，在跳出的下一级窗口中选水泵、组合过滤器、首部直径和施肥罐，材料富余系数为当前材料默认增加百分数，用户可自行调整，工作完毕后保存，此时屏幕上菜单被激活，如图 11-10 所示。

(1)计算并浏览结果:点击“计算”,如果材料库中没有所需材料,就会弹出一个窗口,请输入某种材料型号或配件当前市场价格,输入后点击“保存”(见图 11-11)。

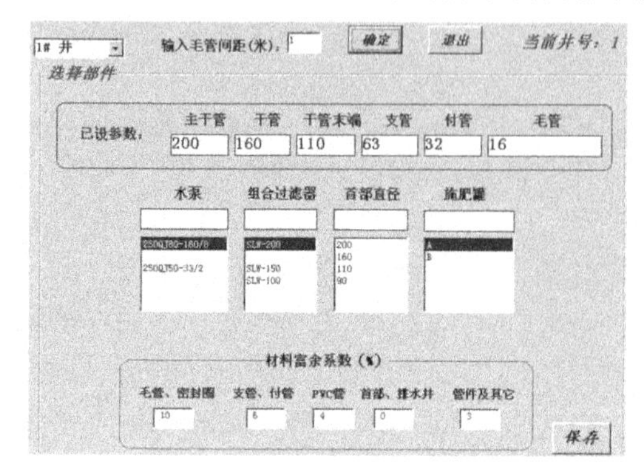

图 11-10

图 11-11

(2)显示当前计算结果:屏幕出现当前井控制区内的工程预算结果。以此类推,计算出整块的所有井控制区内的工程预算,计算结束后,点击“保存”。

(3)打印预览:此时屏幕出现打印模拟结果图,点击屏幕左上角打印机图标即可输出本块地的工程预算表。

在操作过程中,“显示全部计算结果”是已经计算过的井控制区的全部预算结果,随时可用。

(4)修改部件库:是为用户自行编辑当前库而设定的,点击该选项,屏幕出现本软件中整体部件库,用户可对其进行任意编辑。

(5)直接预览:是为打开旧文件后直接进行工程预算而设立的。如用户打开旧的文件,只想输出预算表,选择“直接预览”进行打印即可。

11.1.4　计算方法和程序

毛管主要是根据种植作物的行距来进行布置的,因此可以根据地块的面积来进行用量的计算。比如毛管的间距是 1 m,那么在 1 m^2 的面积上就需要 1 m 的毛管。

地块面积的计算采用方法如下:

如图 11-12 所示,将地块划分为若干个三角形,分别求出每个三角形的面积,然后相加,就是整个地块的面积。

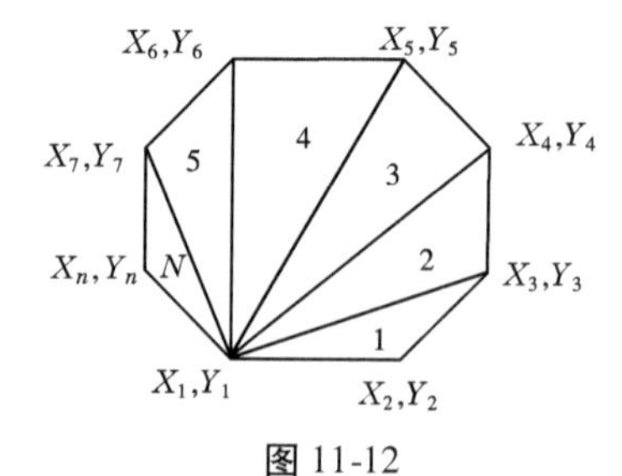

图 11-12

三角形 1 的面积用下面的公式求出:

$$S_1 = |[(X_1 - X_3) \times (Y_2 - Y_3) - (X_2 - X_3) \times (Y_1 - Y_3)]/2|$$

地块总面积为

$$S = \sum_{i=1}^{N} S_i$$

在算出地块的总面积之后,利用 S/d(d 为毛管的间距)可计算出所需毛管的总长度。

滴灌系统 CAD 程序部分源代码如下:

```
Dim kk As Single
Dim l1 As Single
Dim num As Single
Dim sn As Integer
Dim x As Single
Dim y As Single
'Call jiemi
Printer.FontSize = 14
Printer.CurrentX = 19000
Printer.CurrentY = 3500
Printer.Print "说 明:"
Printer.FontSize = 11
For i = 1 To 6
    Printer.CurrentX = 19000
    Printer.CurrentY = 3800 + (i - 1) * 300
    Printer.Print dk.explain(i)
Next i
For i = 1 To dk.wellnum
  If (jw(i).ggfx.fxbnum = 1) Then
    Printer.CurrentX = 18900
    Printer.CurrentY = 7000 + (i - 1) * 300
    If (jw(i).ggnum = 1) Then
      Printer.Print Str(i) + "#井支管长度:" + Str(Int(jw(i).jj.ggjj /2))
    Else
      Printer.Print Str(i) + "#井干管间距:" + Str(Int(jw(i).jj.ggjj))
    End If
    Printer.CurrentX = 18900 + 2100
    Printer.CurrentY = 7000 + (i - 1) * 300
    Printer.Print "支管间距:" + Str(Int(jw(i).jj.zgjj))
  Else
    Printer.CurrentX = 18900
    Printer.CurrentY = 7000 + (i - 1) * 600
    If (jw(i).ggnum = 1) Then
        Printer.Print Str(i) + "#井支管长度:" + Str(Int(jw(i).jj.ggjj /2))
    Else
        Printer.Print Str(i) + "#井干管间距:" + Str(Int(jw(i).jj.ggjj))
    End If
    Printer.CurrentX = 18900 + 2100
```

```
        Printer.CurrentY = 7000 + (i - 1) * 300
        l1 = linelen(jw(i).gg(1).begin, jw(i).gg(1).midle)
        If (Int(l1/160) <> l1/160)Then
            num = Int(l1/160) +1
        Else
            num = l1/160
        End If
        jw(i).jj.zgjj = l1/num
        Printer.Print "支管间距:" + Str(Int(jw(i).jj.zgjj))
        Printer.CurrentX = 18900 + 2100
        Printer.CurrentY = 7000 + (i - 1) * 300 + 300
        l1 = linelen(jw(i).gg(1).midle, jw(i).gg(1).ended)
        If (Int(l1 / 160) <> l1 / 160) Then
            num = Int(l1 / 160) + 1
        Else
            num = l1 / 160
        End If
        jw(i).jj.zgjj = l1 / num
        Printer.Print "支管间距:" + Str(Int(jw(i).jj.zgjj))
    End If
Next i
Dim p1(1 To 3) As point
Dim h(1 To 3) As point
Printer.DrawWidth = 1
Printer.DrawStyle = 3
For i = 1 To dk.wellnum
    If (jw(i).ggnum > 1) Then
        For j = 1 To jw(i).ggnum - 1
            p1(1).x = (jw(i).gg(j).begin.x + jw(i).gg(j + 1).begin.x) / 2
            p1(1).y = (jw(i).gg(j).begin.y + jw(i).gg(j + 1).begin.y) / 2
            p1(2).x = (jw(i).gg(j).ended.x + jw(i).gg(j + 1).ended.x) / 2
            p1(2).y = (jw(i).gg(j).ended.y + jw(i).gg(j + 1).ended.y) / 2
          Dim j1 As Integer
            j1 = jw(i).pointnum + 1
          ReDim p(j1)
          For j1 = 1 To jw(i).pointnum
          p(j1).x = jw(i).contrl(j1).x
          p(j1).y = jw(i).contrl(j1).y
```

```
                Next j1
                p(jw(i).pointnum + 1).x = p(1).x
                p(jw(i).pointnum + 1).y = p(1).y
                 For k = 1 To jw(i).pointnum
                      If (p1(1).x = p1(2).x) Then
                           If ((p(k).x - p1(1).x) * (p(k + 1).x - p1(1).x) < 0) Then
                            kk = (p(k + 1).y - p(k).y) / (p(k + 1).x - p(k).x)
                            If (p1(1).y <> kk * (p1(2).x - p(k).x) + p(k).y) Then
                               p1(2).y = kk * (p1(2).x - p(k).x) + p(k).y
                                   k = jw(i).pointnum
                              End If
                         End If
                    End If
                    If (p1(1).y = p1(2).y) Then
                    End If
                    If (p1(1).x <> p1(2).x And p1(1).y <> p1(2).y) Then
                         kk = (p1(2).y - p1(1).y) / (p1(2).x - p1(1).x)
                         h(1) = cross(p(k), p(k + 1), kk, p1(1).y - kk * p1
(1).x)
                          If (((h(1).x - p(k).x) * (h(1).x - p(k + 1).x) <=
0) And (h(1).x <> p1(1).x Or h(1).y <> p1(1).y) And (h(1).x <> 111111
And h(1).y <> 111111) And (Abs(h(1).x) < 100000 Or Abs(h(1).y) < 100000))
Then
                               p1(2).x = h(1).x
                               p1(2).y = h(1).y
                               k = jw(i).pointnum
                          End If
                     End If
                 Next k
                 Printer.Line (p1(1).x * bl1 + aa1, Printer.ScaleHeight - p1(1).y *
bl1 + bb1) -(p1(2).x * bl1 + aa1, Printer.ScaleHeight - p1(2).y * bl1 + bb1)
             Next j
         End If
     Next i
     Printer.DrawWidth = 4
     Printer.Line (500, 800) -(Printer.ScaleWidth - aa + 3000, 800)
     Printer.Line (Printer.ScaleWidth - aa + 3000, 800) -(Printer.ScaleWidth - aa +
3000, Printer.ScaleHeight - bb)
```

```
Printer.Line (Printer.ScaleWidth - aa + 3000, Printer.ScaleHeight - bb) - (500, Printer.ScaleHeight - bb)
Printer.Line (500, Printer.ScaleHeight - bb) - (500, 800)
Dim ll As Single
Dim blc As String
ll = 10000
If (maxx / 0.3 >= 20 And maxx / 0.3 < 50) Then blc = "比例尺:(1:50)"
If (maxx / 0.3 >= 50 And maxx / 0.3 < 100) Then blc = "比例尺:(1:100)"
If (maxx / 0.3 >= 100 And maxx / 0.3 < 200) Then blc = "比例尺:(1:200)"
If (maxx / 0.3 >= 200 And maxx / 0.3 < 500) Then blc = "比例尺:(1:500)"
If (maxx / 0.3 >= 500 And maxx / 0.3 < 1000) Then blc = "比例尺:(1:1000)"
If (maxx / 0.3 >= 1000 And maxx / 0.3 < 2000) Then blc = "比例尺:(1:2000)"
If (maxx / 0.3 >= 2000 And maxx / 0.3 < 5000) Then blc = "比例尺:(1:5000)"
If (maxx / 0.3 >= 5000 And maxx / 0.3 < 7000) Then blc = "比例尺:(1:5000)"
If (maxx / 0.3 >= 7000 And maxx / 0.3 < 8000) Then blc = "比例尺:(1:7500)"
If (maxx / 0.3 >= 8000 And maxx / 0.3 < 10000) Then blc = "比例尺:(1:10000)"
If (maxx / 0.3 >= 10000 And maxx / 0.3 < 20000) Then blc = "比例尺:(1:20000)"
If (maxx / 0.3 >= 20000 And maxx / 0.3 < 50000) Then blc = "比例尺:(1:50000)"
Printer.CurrentX = 500 + ll + 2500
Printer.CurrentY = 1000
Printer.FontSize = 25
Printer.Print blc
Printer.DrawStyle = 0
Printer.FontSize = 11
Printer.DrawWidth = 1
For i = 1 To dk.pointnum
    If (dk.contrl(i).y = maxy) Then
        Printer.Line (dk.contrl(i).x * bl1 + aa1, Printer.ScaleHeight - maxy * bl1 + bb1) - (600, Printer.ScaleHeight - maxy * bl1 + bb1)
    End If
    If (dk.contrl(i).y = miny) Then
        Printer.Line (dk.contrl(i).x * bl1 + aa1, Printer.ScaleHeight - miny * bl1 + bb1) - (600, Printer.ScaleHeight - miny * bl1 + bb1)
    End If
    If (dk.contrl(i).x = maxx) Then
```

```
            Printer. Line (dk. contrl(i). x * bl1 + aa1, Printer. ScaleHeight - dk. contrl
(i). y * bl1 + bb1) - (dk. contrl(i). x * bl1 + aa1, Printer. ScaleHeight - bb - 100)
        End If
        If (dk. contrl(i). x = minx) Then
            Printer. Line (dk. contrl(i). x * bl1 + aa1, Printer. ScaleHeight - dk. contrl
(i). y * bl1 + bb1) - (dk. contrl(i). x * bl1 + aa1, Printer. ScaleHeight - bb - 100)
        End If
    Next i
    Printer. Line (700, Printer. ScaleHeight - maxy * bl1 + bb1) - (700, Printer. Scale-
Height - miny * bl1 + bb1)
    Printer. Line (minx * bl1 + aa1, Printer. ScaleHeight - bb - 200) - (maxx * bl1
 + aa1, Printer. ScaleHeight - bb - 200)
    Dim mmm As Single
    mmm = (maxy + miny) / 2
    Printer. CurrentX = 550
    Printer. CurrentY = Printer. ScaleHeight - mmm * bl1 + bb1
    Printer. Print Str(maxy - miny)
    mmm = (maxx + minx) / 2 * bl1 + aa1
    Printer. CurrentX = mmm
    Printer. CurrentY = Printer. ScaleHeight - bb - 600
    Printer. Print Str(maxx - minx)
    Dim nnn As Single
    For i = 1 To dk. wellnum
        If (jw(i). ggfx. fxbnum = 1) Then
            For j = 1 To jw(i). ggnum
                If (jw(i). gg(j). begin. y = jw(i). gg(j). ended. y) Then
                    If (linelen(jw(i). gg(j). begin, jw(i). gg(j). ended) > = 2.1 *
jw(i). jj. zgjj) Then
                        If (jw(i). gg(j). begin. x > jw(i). gg(j). ended. x) Then
                            sn = -1
                        Else: sn = 1
                        End If
                        Printer. CurrentX = (jw(i). gg(j). begin. x + 1.1 * jw(i).
jj. zgjj * sn) * bl1 + aa1
                        Printer. CurrentY = Printer. ScaleHeight - jw(i). gg(j). be-
gin. y * bl1 + bb1 - 400
                        Printer. Print "D =" + Str(Int(jw(i). ggd))
                        nnn = (linelen(jw(i). gg(j). begin, jw(i). gg(j). ended) -
```

```
1 / 2 * jw(i).jj.zgjj) / jw(i).jj.zgjj
                        If (nnn - Int(nnn) > 0.48) Then
                            Printer.CurrentX = (jw(i).gg(j).begin.x + (1 + Int
(nnn)) * jw(i).jj.zgjj * sn) * bl1 + aa1
                        Else
                            Printer.CurrentX = (jw(i).gg(j).begin.x + (1 + Int
(nnn) - 1) * jw(i).jj.zgjj * sn) * bl1 + aa1
                        End If
                         Printer.CurrentY = Printer.ScaleHeight - jw(i).gg(j).
begin.y * bl1 + bb1 - 400
                        Printer.Print "D =" + Str(Int(jw(i).ggbd))
                    End If
                End If
                If (jw(i).gg(j).begin.x = jw(i).gg(j).ended.x) Then
                    If (linelen(jw(i).gg(j).begin, jw(i).gg(j).ended) > = 2.1 *
jw(i).jj.zgjj) Then
                        If (jw(i).gg(j).begin.y > jw(i).gg(j).ended.y) Then
                            sn = -1
                        Else: sn = 1
                        End If
                        Printer.CurrentX = jw(i).gg(j).begin.x * bl1 + aa1 - 500
                        Printer.CurrentY = Printer.ScaleHeight - (jw(i).gg(j).
begin.y + sn * jw(i).jj.zgjj) * bl1 + bb1
                        Printer.Print "D =" + Str(Int(jw(i).ggd))
                        Printer.CurrentX = jw(i).gg(j).begin.x * bl1 + aa1 - 500
                        Printer.CurrentY = Printer.ScaleHeight - (jw(i).gg(j).
begin.y + sn * (Int(linelen(jw(i).gg(j).begin, jw(i).gg(j).ended) / jw(i).jj.zgjj) *
jw(i).jj.zgjj)) * bl1 + bb1 + sn * 500
                        Printer.Print "D =" + Str(Int(jw(i).ggbd))
                    End If
                End If
                If ((jw(i).gg(j).begin.x < > jw(i).gg(j).ended.x) And (jw(i).gg
(j).begin.y < > jw(i).gg(j).ended.y) And (linelen(jw(i).gg(j).begin, jw(i).gg(j).
ended) > 2.1 * jw(i).jj.zgjj)) Then
                    If (jw(i).zg(1).begin.y = jw(i).zg(1).ended.y) Then
                        If (jw(i).gg(j).begin.y > jw(i).gg(j).ended.y) Then
                            sn = -1
                        Else: sn = 1
```

```
                End If
                ll = linelen(jw(i).gg(j).begin, jw(i).gg(j).ended)
               If (Int(ll / jw(i).jj.zgjj) < ll / jw(i).jj.zgjj) Then
                    num = Int(ll / jw(i).jj.zgjj) + 1
               Else
                    num = ll / jw(i).jj.zgjj
               End If
                kk = (jw(i).gg(j).ended.y - jw(i).gg(j).begin.y) / (jw
(i).gg(j).ended.x - jw(i).gg(j).begin.x)
                 y = jw(i).gg(j).begin.y + sn * (Abs(jw(i).gg(j).
ended.y - jw(i).gg(j).begin.y) / num)
                 x = ((y - jw(i).gg(j).begin.y) / kk + jw(i).gg(j).
begin.x - 1/4 * jw(i).jj.ggjj) * bl1 + aa1
                y = Printer.ScaleHeight - y * bl1 + bb1
                Printer.CurrentX = x
                Printer.CurrentY = y
                Printer.Print "D =" + Str(Int(jw(i).ggd))
                If (ll - 1 / 2 * jw(i).jj.zgjj) / jw(i).jj.zgjj - Int((ll -
1/2 * jw(i).jj.zgjj) / jw(i).jj.zgjj) > 0.48 Then
                    y = jw(i).gg(j).begin.y + sn * (Abs(jw(i).gg(j).
ended.y - jw(i).gg(j).begin.y) / (2 * num) * (2 * num - 0.5))
                Else
                    y = jw(i).gg(j).begin.y + sn * (Abs(jw(i).gg(j).
ended.y - jw(i).gg(j).begin.y) / (2 * num) * (2 * num - 1.5))
                End If
                 x = ((y - jw(i).gg(j).begin.y) / kk + jw(i).gg(j).
begin.x - 1/4 * jw(i).jj.ggjj) * bl1 + aa1
                y = Printer.ScaleHeight - y * bl1 + bb1
                Printer.CurrentX = x
                Printer.CurrentY = y
                Printer.Print "D =" + Str(Int(jw(i).ggbd))
            End If
        End If
    Next j
End If
If (jw(i).ggfx.fxbnum = 2) Then
  For j = 1 To jw(i).ggnum
    If (jw(i).gg(j).begin.x > jw(i).gg(j).ended.x) Then
```

```
                sn = -1
            Else: sn = 1
            End If
            If (jw(i).gg(j).begin.y = jw(i).gg(j).midle.y) Then
                Printer.CurrentX = (jw(i).gg(j).begin.x + sn * 1 / 2 * jw(i).jj.zgjj) * bl1 + aa1 + sn * 300
                Printer.CurrentY = Printer.ScaleHeight - jw(i).gg(j).begin.y * bl1 + bb1 - 300
                Printer.Print "D =" + Str(Int(jw(i).ggd))
            End If
            If (jw(i).gg(j).ended.y = jw(i).gg(j).midle.y) Then
                Printer.CurrentX = (jw(i).gg(j).midle.x + sn * 1 / 2 * jw(i).jj.zgjj) * bl1 + aa1 + sn * 300
                Printer.CurrentY = Printer.ScaleHeight - jw(i).gg(j).midle.y * bl1 + bb1 - 300
                Printer.Print "D =" + Str(Int(jw(i).ggd))
            End If
        Next j
      End If
    Next i
    End Function
    '***********************************
    '*******************************
    VERSION 5.00
    Begin VB.Form frmbase
       Caption          =   "基本资料确认"
       ClientHeight     =   5730
```

11.2 管道灌溉计算机辅助设计

11.2.1 CAD 总体设计

11.2.1.1 管网布置原则

管网的规划布置要根据水源的位置、供水量、地块的形状和地形条件，使管网总长度最短。

(1)根据地形条件分析确定管网形式，应使输配水管网总长度最短，管道顺直，水头损失小，目的是使造价低、管理运用方便。

(2)井灌区的管网通常以单井控制灌溉面积作为一个完整系统。渠灌区应根据作物布局、地形条件、地块形状等,尽量将压力接近的地块划分在同一分区。

(3)各级管道应尽量采取两侧分水的布置形式,在山丘区宜采用树状管网,每个梯田台地中应考虑设置给水栓。

(4)最末一级固定管道的走向应与作物种植方向一致,移动软管或田间垄沟垂直于作物种植行。在山丘区,干管应尽量平行于等高线布置,支管垂直于等高线布置。

(5)给水栓的间距要适宜,既不要间距过小,增加给水栓的数量,使得工程总造价增高;也不要间距过大,造成应用中的不便。

11.2.1.2　单水源管网布置形式

针对井灌区和渠灌区两种不同的水源灌区,管网布置常采用不同的形式。

对于井灌区单井灌溉系统来说,其树状管网的布设有一字形、T 形、H 形、L 形及梳齿形和鱼骨形等。

当水源位于田块一侧或中部的狭长条地块时,树状管网可布设成一字形、T 形和 L 形,这三种布置形式主要适用于控制面积较小、机井出水量不大时。

当水源位于田块一侧,井出水量较大时,管网可布置成鱼骨形或梳齿形的二级固定管网布置形式。

当水源位于田块中部、地块为长方形时,可采用 H 形管网布置形式,支管与种植方向垂直。

针对渠灌区管道输水灌溉具有取水流量大、输配水管网级数多、管径大、管网内压力大且分布复杂等特点。其管网布置可类似井灌区管网形式,如采用扩大的梳齿形和鱼骨形布置(见图 11-13)。其中,梳齿形布置一般是干管沿河渠布置,支管垂直于干管排列,形成二级管网;鱼骨形管网布置则多是干管垂直河渠,而支管垂直于干管,沿河渠方向布置。

11.2.1.3　田间灌水系统布置

根据《低压管道输水灌溉工程技术规范(井灌区部分)》(SL 153—1995)中的规定,出水口(给水栓)间距不应大于 100 m,支管间距单向布置时不应大于 75 m,双向布置时不应大于 150 m 的原则进行设计。

(1)支管和给水栓均为双向控制形式。这种形式主要适用于地形平坦、作物品种单一的灌区。因双向灌溉,故农田管网中管材和给水栓密度较小,管网投资较少,但其要求的平整土地工程量大。

(2)支管和给水栓均为单向控制的形式。这种形式主要适用于地形复杂、地面起伏较大的灌区。其管理方便,且平整土地工程量最小,但亩均管道用量最大,投资相对最大。

(3)支管双向控制、给水栓单向控制的形式。这种形式主要适用于单一坡度、地面起伏较小的地块。支管通常垂直等高线布置或与等高线斜交。其管材和给水栓数量较小,投资较小,但平整土地的工程量较大。

(4)支管单向控制、给水栓双向控制形式。这种形式主要用于单一坡度、地面起伏较大的灌区,支管通常沿等高线布置。其平整土地的工程量较小,但管材和给水栓数量较多,投资较大。

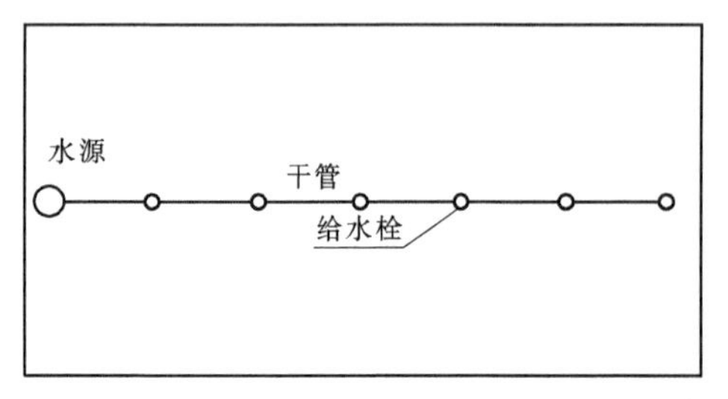

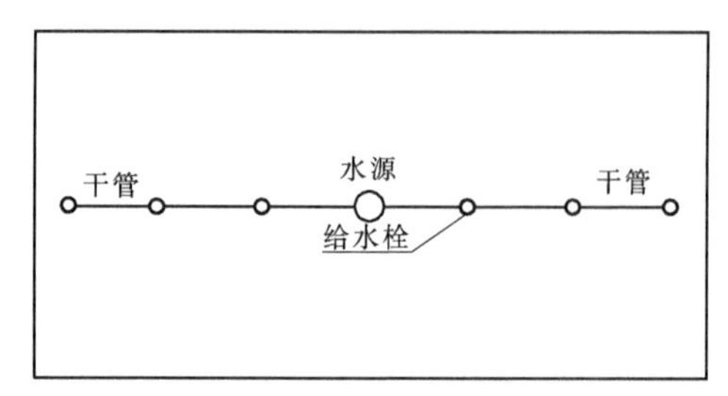

(a) "一" 字形布置

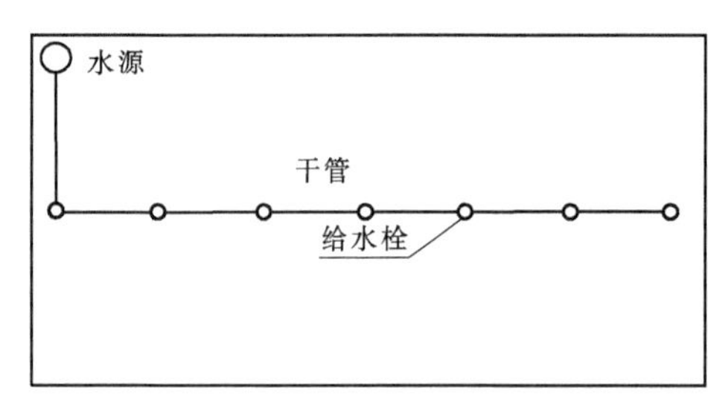

(b) "L" 形布置

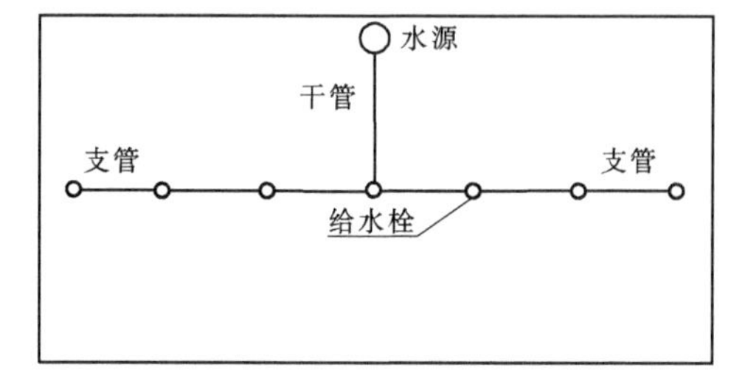

(c) "T" 形布置

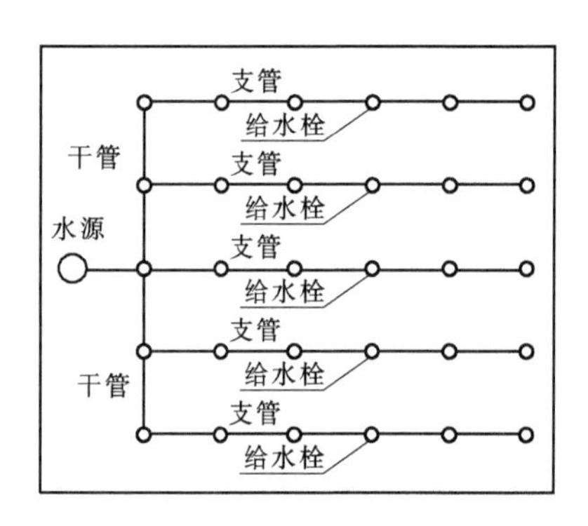

(d)鱼骨形布置

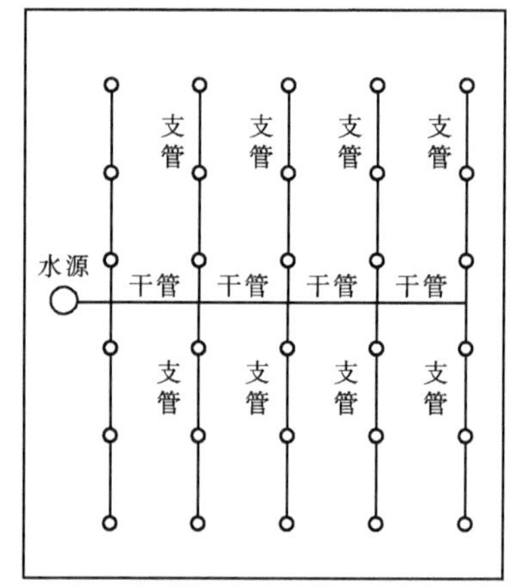

(e)梳齿形布置

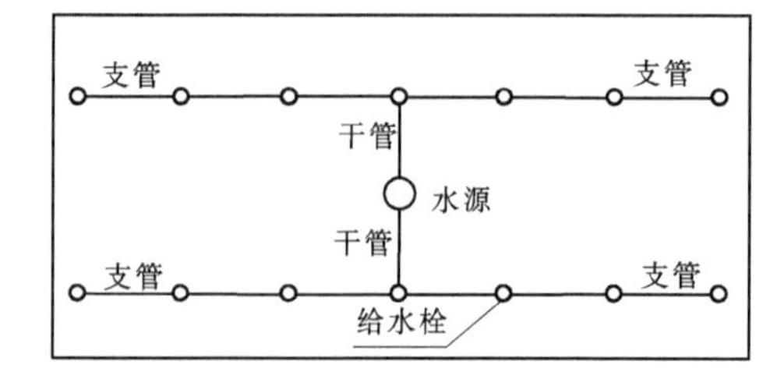

(f) "H" 形布置

图 11-13　树状管网的布设形式

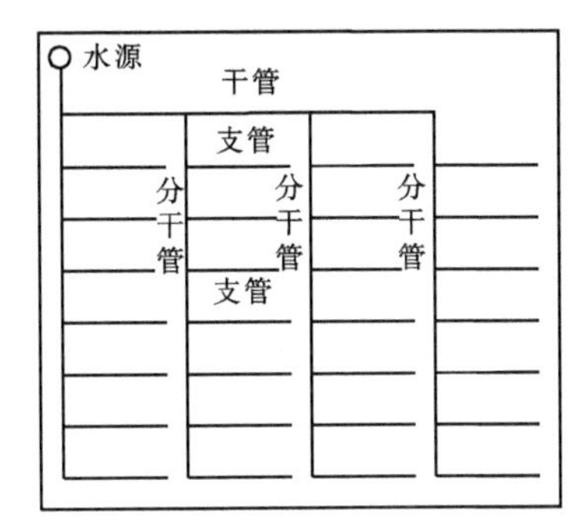

(a)扩大的梳齿形布置

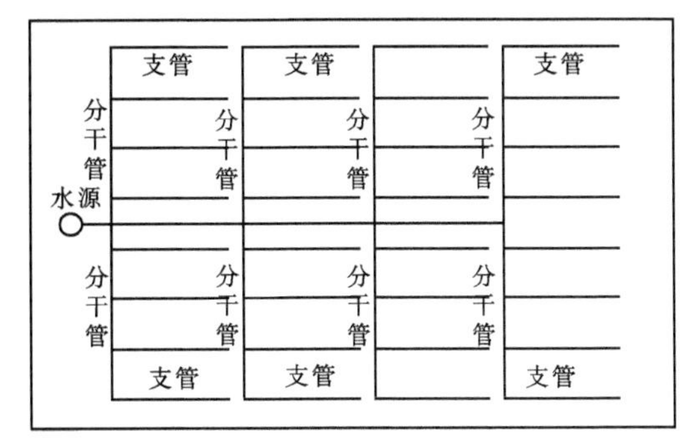

(b)扩大的鱼骨形布置

图 11-14　管网布置

11.2.1.4　管道输水灌溉工作制度

管道输水灌溉系统设计,须根据灌区的作物种类、灌溉制度、畦田形状及地块平整程度等因素,为灌溉系统的运行管理确定一种合理的灌溉工作制度。灌溉工作制度是指管网各管道的工作顺序及进行输水、配水和灌水的方式,灌溉工作制度设计是否合理,将直接影响各级管道的设计流量,从而影响灌区的灌溉质量和工程投资。

灌溉制度是指作物全生育期每一次灌水量、灌水时间间隔、一次灌水延续时间、灌水次数和全生育期(或全年)灌水总量的确定。

1. 设计灌水定额 m

可根据当地试验资料按下式计算确定

$$m = 0.1\gamma z P(\theta_{max} - \theta_{min})/\eta \tag{11-1}$$

$$m = 0.1\gamma z P(\theta'_{max} - \theta'_{min})/\eta \tag{11-2}$$

式中　m——设计灌水定额,mm;

γ——土壤容重,g/cm^3;

z——计划湿润层深度,m;

P——微喷灌设计土壤湿润比,%;

θ_{max}、θ_{min}——适宜土壤含水度上、下限(占干土壤重量百分比);

θ'_{max}、θ'_{min}——适宜土壤含水度上、下限(占干土壤体积百分比);

η——灌水利用系数。

2. 设计灌水周期 T

设计灌水周期取决于作物、水源和管理情况,可根据试验资料确定,在缺乏试验资料的地区,可参照邻近地区的试验资料并结合当地实际情况按式(11-3)确定

$$T = (m/E_a)\eta \tag{11-3}$$

式中　T——设计灌水周期,d;

E_a——耗水强度,mm/d。

灌溉工作制度通常有续灌、轮灌两种方式。

(1)续灌是对系统内全部管道同时供水、灌区内全部作物同时灌水的一种工作制度。其优点是每株作物都能得到适时灌水,操作管理简单。其缺点是干管流量大,工程投资和

运行费用高;设备利用率低;在水源不足时,灌溉控制面积小。一般只在小系统中应用。

(2)轮灌是支管分成若干组,由于管轮流向各组支管供水,而各组支管内部同时向毛管供水。这种工作制度减少了系统的流量,从而可减少投资,提高设备的利用率,通常采用这种工作制度。在划分轮灌组时,要考虑水源条件和作物需水要求,以使土壤水分能够得到及时补充并便于管理。有条件时最好是一个轮灌组集中连片,各组控制的灌溉面积相等。全系统轮灌组的数目 N 为

$$N = CT/t \tag{11-4}$$

日轮灌次数 N' 为

$$N' = C/t \tag{11-5}$$

式中,C 为系统的日工作时间,要根据当地水源和农业技术条件确定,一般不大于 20 h。

11.2.1.5　管网水头损失的计算

水流在管道中流动时,有一部分机械能量由于克服水流在管道中的水流阻力而转化为热能,表现为水头损失。水头损失分为两种:一种是均匀的或渐变的水流,由于沿全流程的摩擦阻力而损失的水头,叫沿程水头损失;另一种是在流道的局部地方,如管道扩大、缩小、转弯等处,由于边界形状的急剧变化,使水流运动状态发生急剧改变,消耗能量而造成的,叫局部水头损失。

1. 沿程水头损失计算

采用勃氏公式计算沿程水头损失,即:

$$h_f = f\frac{Q^m}{d_b}L \tag{11-6}$$

式中　h_f——沿程水头损失,m;

f——摩阻系数;

Q——流量,L/h;

d——管道内径,mm;

L——管长,m;

m——流量指数;

b——管径指数。

2. 局部水头损失计算

局部水头损失以流速水头乘以局部水头损失系数来表示。管道总局部水头损失等于管道上各局部水头损失之和。在实际工程设计中,为简化计算,总局部水头损失通常按沿程水头损失的 10% ~15% 考虑。

局部水头损失的计算公式为

$$h_w = \sum \xi \frac{v^2}{2g} \tag{11-7}$$

式中　h_w——局部水头损失,m;

ξ——局部水头损失系数;

v——断面平均流速,m/s;

g——重力加速度,m/s^2。

11.2.2　CAD 主要功能模块介绍

按照系统软件结构标准化要求，将整个系统按其功能分成输入、优化、输出、数据库维护、帮助 5 大功能模块。输入模块采用交互式参数输入方式，对系统设计时所需的参数进行人机对话；优化模块是根据低压管道灌溉工程设计的特点进行系统选型和管网优化；输出模块除包括工程设计中的材料表、预算表的输出外，同时对管网的布置进行示意；数据库维护模块利用外挂的 Access 数据库功能和 VB 的外部数据通信功能，实现对设计中所需器材（如水泵、管材、给水栓等）的浏览、修改、添加、删除等功能；帮助模块包括系统设计中采用方法的介绍（系统说明），使用过程中要求用户输入参数时的简要说明，以及必要时 F1 热键帮助。低压管道灌溉计算机辅助设计功能模块框图如图 11-15 所示。

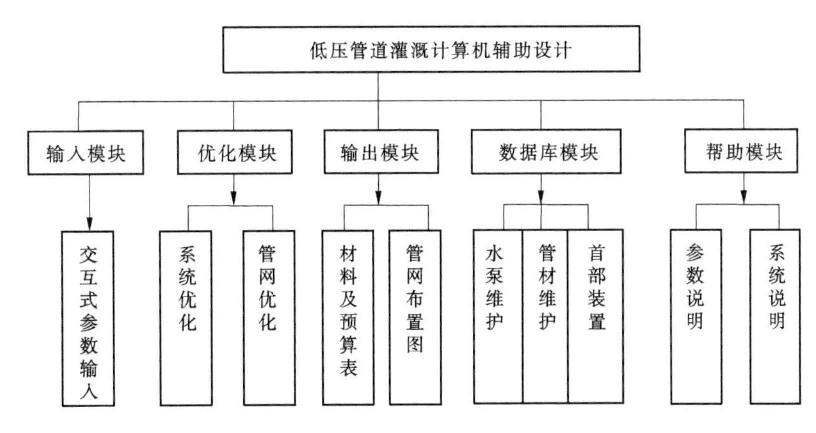

图 11-15　低压管道灌溉计算机辅助设计功能模块框图

在设计中，以上各功能模块单独开发，通过预定义的数据文件格式进行通信，由主控模块决定对各功能模块的正确调用，完成低压管道灌溉工程的设计。

11.2.2.1　数据管理

模块功能的实现是通过数据间的交互来实现的，为方便数据的操作管理，按照数据在系统中的作用将数据分为四大类，即输入数据、输出数据、图形数据、专项表数据。其中，输入数据是要求用户输入的数据，这些数据与每一个专门设计的数据输入表相对应。输入或修改时，既可通过数据表对话输入，对熟悉系统者又可直接修改这些数据文件达到输入的目的。图形数据是所有有关图形的文件汇集，主要包括位图文件、图形坐标、修饰数据等；专题数据集中存放材料表、预算等输出结果中所需要的数据，以利于快速查找和生成输出结果。

11.2.2.2　主控模块

完成各功能模块的功能，需要通过数据文件在各功能模块间进行通信，主控模块设计的好坏起着关键的作用。为了少占用系统资源，设计低压管道灌溉工程系统时采用了覆盖技术，即主模块调用所需子功能模块时，只将相应的功能模块调入内存中独立运行，运行结束后释放其所占内存，以备调用其他功能模块时使用，运行的结果以标准化的数据形式存盘；由主控模块根据需要调用下一功能模块，重复此过程，至整个系统设计完毕。主

控模块主要完成以下功能:

(1)文件管理功能。低压管道灌溉计算机辅助设计系统是集运算、绘图于一体的软件系统,包含大量的文件和资源,如源程序、可执行文件和各类数据文件,为便于管理和维护,所有文件均采用分层结构的树形模式。

(2)正确调用各子功能模块。这是主要功能,也是主控模块名称的来源。为了实现主控模块对各子功能模块的正确调用,采用了友好的人机交互界面,即菜单提示与图形提示并举,对拟调用的功能模块给予简要的说明,同时设有 F1 热键帮助,说明所用参数的含义和其正常的取值;完成所调用的功能模块后,屏幕显示当前的参数值、平面布置图等,让用户确认后再进行下一步的操作,提高工作效率。

11.2.2.3　系统输入模块

系统输入模块是系统工作的基础,只有正确地输入了系统的工作参数,系统才能进行正常的设计工作。系统输入模块主要有以下功能:

(1)设计参数的输入。低压管道灌溉工程的设计参数采用屏幕菜单进行输入、修改、查询和存储。在输入参数时,参数的名称和单位在菜单上已给出,只需输入相应的值即可,为减少输入的失误(小数点位置),对应输入的值在级数上做了限制。

(2)图形的输入。拟设计的低压管道灌溉工程的地块、地界、地形,用数字化仪或扫描仪输入,对于较大的图形可以分块进行,输入后再进行拼装。

图形输入部分与设备关系密切,设计时只设置目前常见图形文件格式相互转化的接口,读入数字化仪或扫描仪输入的文件,并把其文件类型转化成统一的格式,作为基本资料保存,供布置方案时使用。同时,为方便没有数字化仪和扫描仪的用户,系统还设置了一套输入地块边界、地形(沟、脊)等基本数据的替代方案。

11.2.2.4　管理模块

图形管理模块要对图形进行管理和操作,具有绘图(人工画点、线、面等)、撤销、修改、存储等功能,并提供一套灵活的标注工具,可根据预设的格式在成果图上自动、方便地标出必要的长度、说明等信息。

11.2.2.5　计算模块

工程设计中,水利计算贯穿其始终,包括水源分析与用水分析、水量平衡计算、各级管网的设计流量和设计水头计算等。根据低压管道灌溉工程技术规范,进行该模块的设计。

管网系统根据灌区或小区面积大小进行分级,一般可分为干管、分干管及支管三级,如果面积较大或受地形限制,也可以在干管下增设一级分干管。其中分干管与支管组成田间管网,每条支管所控制的面积为灌水小区。管道灌溉系统通过干管、分干管和支管将水从水源输送到分布在田间的给水栓上。分干管和支管称为田间管网管道系统,它们是整个系统中数量最大的管路系统,同时是计算上比较复杂和较难处理的管路系统,因此在管道系统的水力学分析和设计中,分干管和支管单元的水力学分析和设计按现行低压管道灌溉工程技术规范来计算。

11.2.2.6　优化模块

优化模块主要完成以下功能:

(1)工程类型的优化。低压管道灌溉工程设计中,许多不确定的因素影响着管道灌溉工程的形式,优化模块将这些因素形成综合评价指标体系,确定工程的最佳形式。

(2)管网优化。以工程的总费用最小为目标函数,加上约束条件,对管网中各级管道进行优化。田间管网优化主要求解田间管网允许水头差在干、支管间的分配系数,需要结合干、支管的优化进行。

11.2.2.7　输出模块

系统直接在 Visual Basic 中绘制工程图。绘制图形是 Visual Basic 中很常用的一种程序设计技术,它使用 GDI + 方法绘制图形,不必考虑这些图形发送到的具体设备,无论图形显示在屏幕上还是绘制在打印机页面上,其绘制过程是完全相同的。系统输出主要有工程布置图、材料用量表、水损计算表。其中工程布置图通过程序编程直接绘制在打印机进行输出。而水损计算表和材料表是通过编程,系统自动完成材料汇总、水损计算,并且可以进行修改、保存,然后利用水晶报表设计器制作报表,通过报表实现打印输出。

11.2.2.8　帮助模块

系统帮助模块包含了低压管道灌溉计算机辅助设计系统的说明文件、系统帮助文件及操作管理规程和使用注意事项等。

软件成功地解决了绘图问题,使绘图与工程预算很好地结合。不需要连 AutoCAD 绘图软件即可独立运行。能够在较短时间内成功地画出布置图,并准确地输出预算表。该软件集图形处理、数据库、计算等功能于一体,可有效地提高低压管道灌溉规划设计的速度与质量,缩短设计周期,提高工作效率。

具有良好的通用及扩充性。低压管道灌溉计算机辅助设计采用模块化设计技术进行开发,这些模块在需要时既可单独使用,也可根据需要进行拼装;扩充系统时只需增加相应的功能模块,通过设定的接口与系统连接,即可完成对系统的扩充。

第 12 章　机井最优出水量、经济管径确定

12.1　目标函数

12.1.1　效益函数

设提水效益为 B,则效益函数为

$$B = K_1 QTY \tag{12-1}$$

式中　K——水费,元/m^3;

Q——机井出水量,m^3/h;

T——年抽水小时,h;

Y——工程使用年限,a。

12.1.2　费用函数

总费用包括一次性固定投资费用和运行费用,其他费用视为常量,下面分别列出成本函数。

(1)投资费用函数。地埋管道的直径直接影响到投资费用,故投资费用是管径 D 的函数,该函数可用式(12-2)表示:

$$C_1 = \alpha D^{\beta} \cdot L \tag{12-2}$$

式中　α、β——费用函数中的系数和指数;

D——管道的管径,mm;

L——管道的长度,m。

(2)运行费用函数。运行费用主要指能源耗费,它不包括工程管理、维修等费用,用式(12-3)表示:

$$C_2 = K_2 \rho \cdot gQHTY/(1\,000 \times 3\,600 \times \eta_0) \tag{12-3}$$

式中　ρ——水的密度,t/m^3;

K_2——能源单价,电能以元/(kW · h)计,油料以元/kg 计;

g——重力加速度,m/s^2;

η_0——水泵总装置效率;

H——水泵扬程,m,其表达式为 $H = S + h + h_w + h_f + \Delta$;

S——抽水降深,m;

h——潜水含水层平均埋深,承压含水层则为水头或压力水位埋深,m;

h_w——局部水头损失,m;

h_f——沿程水头损失,m;

Δ——水泵出水管管路损失，田间灌溉所要求的水头及高于地面的最小剩余水头之和，m。

令 $K_3 = \rho g / (1\,000 \times 3\,600 \times \eta_0)$，则

$$C_2 = K_2 K_3 QHTY \tag{12-4}$$

为便于计算，局部水头损失按沿程水头损失的 10% 计，即

$$H_w = 0.1 h_f$$

(3)其他费用。其他费用包括工程管理费、维修费等，一般为常量，记为 A。

因此，目标函数为

$$\max M = B - (C_1 + C_2 + A) \tag{12-5}$$

将以上各式代入式(12-5)，得：

$$\max M = K_1 QTY - [\alpha D^{\beta} L + K_2 K_3 QTY(S + h + 1.1 h_f + \Delta) + A] \tag{12-6}$$

(4)约束条件

(1)$0 < Q_{opt} \leqslant Q_{max}$。

(2)$\delta(Q_{opt}) \leqslant 1/10\,000$。

(3)$D_{min} \leqslant D \leqslant D_{max}$。

(4)$0.5\ m/s \leqslant V \leqslant 1.5\ m/s$。

式中，Q_{opt} 为效益最大时的最佳出水量，m^3/s；Q_{max} 为机井设计的最大出水量，m^3/s；$\delta(Q_{opt})$ 为相应最佳出水量的含砂量(重量比)；D_{min}、D_{max} 为可选择的最小、最大管径，mm；V 为选用经济管径 D 时的管中流速，m/s。

12.2　目标函数求解

(1)由于抽水降深是抽水流量 Q 的函数，故在求解目标函数之前，应首先确定其函数表达式。其一般式为

$$S = aQ + bQ^2 + cQ^3 \tag{12-7}$$

式中　a——含水层和机井的线性相关系数；

b、c——机井的非线性相关系数；

令 $S_0 = S/Q$，则式(12-7)变为

$$S_0 = a + bQ + cQ^2 \tag{12-8}$$

根据阶梯抽水试验资料联立方程组，即可求解出式(12-8)各系数。

(2)地埋管道的沿程水头损失可采用光滑管道紊流的哈—威公式计算，其形式为

$$h_f = 1.13 \times 10^9 \frac{L}{D^{4.87}} \left(\frac{Q}{C}\right)^{1.852} \tag{12-9}$$

将式(12-7)、式(12-9)代入式(12-6)得：

$$\max M = K_1 QTY - \left\{\alpha D^{\beta} L + K_2 K_3 QTY\left[(aQ + bQ^2 + CQ^3) + h + 1.243 \times 10^9 \frac{L}{D^{4.87}}\left(\frac{Q}{C}\right)^{1.852} + \Delta\right] + A\right\} \tag{12-10}$$

式(12-10)中必有一点使得 M 为最大，相应的 Q、D 即为最佳出水量和经济管径。计算采用试

算法,即先假定一个水头损失值,然后求解出出水量 Q 及 D,反过来再验证所假定的水头损失值是否合适。反复计算,即求出最佳出水量 Q_{opt}、经济管径 D 和最佳扬程 H_{opt}。

(3)计算最佳出水量。欲使 M 达到最大值,则

$$K_1 TY - K_2 K_3 TY(2aQ + 3bQ^2 + 4cQ^3) - K_2 K_3 TY(h + 1.1h_f + \Delta) = 0 \tag{12-11}$$

将式(12-11)化简,可得:

$$Q_{i+1} = \sqrt[3]{\frac{\frac{K_1}{K_2 K_3} - (h + 1.1h_f + \Delta) - 2\alpha Q_i - 3bQ_i^2}{4c}} \tag{12-12}$$

第 13 章　高效灌水技术产品研制

13.1　主副流道旋转微喷头的研制和性能测试

针对现有的单流道旋转微喷头喷洒水量不均匀、旋转喷洒过程中抖动大的不足，研制开发出主流道和副流道为一体的微喷头旋转体，主流道和副流道相向设置。主副流道旋转体中的主流道控制远处的水量，副流道控制近处的水量，大大提高了喷洒的均匀度，同时保证了旋转体的重心处在旋转体转动的中心线上，克服了喷洒转动过程中抖动大的现象。喷洒试验表明，主副流道旋转体在 3 种喷嘴直径下，流态指数为 0.47～0.58，为全紊流状态的非压力补偿式。与传统的单流道旋转微喷头相比，主副流道微喷头喷洒效果良好，性能可靠，扩展性强，对提高自主知识产权品牌的市场化占有率具有非常重要的意义。

微喷头是微喷灌的关键设备，微喷头性能直接影响到灌水质量的高低、灌溉系统的可靠性和稳定性。因此，国内外十分重视对灌水器的研制和开发。目前，国内尚无微喷头喷洒方面的技术规范，市场销售的产品绝大多数微喷头都是仿造国外大公司的产品，质量差异较大，给我国节水灌溉的发展带来了非常不利的影响。因此，研究开发的主副流道旋转体利用不同的流道控制不同远近的灌溉水量，主流道控制远处的水量，副流道控制近处的水量，大大提高了喷洒的均匀度，同时保证了旋转体的重心处在旋转体转动的中心线上，克服了转动过程中抖动大的现象。产品的研发对提高国产品牌的市场化占有率具有非常重要的意义。

13.1.1　主副流道微喷头的研制

13.1.1.1　旋转式微喷头的设计

微灌系统中微灌滴头是重要构件，其水力性能对系统的设计和运行有很大的影响。主副流道微喷头研制需要解决的关键技术问题是设计一种喷洒均匀、射程远、转动稳定的全圆微灌喷头旋转体。旋转体中相向设置主流道和副流道的流道形式和技术参数是旋转体的关键部分。图 13-1 为主副流道微喷头旋转体结构图，图 13-2 为主副流道旋转微喷头和单流道微喷头实物对比图。

主流道、副流道旋转体由旋转体、进水口、主流道、主流道导水槽、副流道、副流道导水槽和上端转动轴组成。主流道、副流道旋转体与支架的连接方式与普通微喷头相同。旋转体设置主流道与主流道导水槽和副流道与副流道导水槽；主流道导水槽的设计参数为：圆弧角度 42°，半径为 105 mm；副流道的设计参数为：圆弧角度 35°，半径为 52 mm；考虑到与现有的微喷头支架的通用性、互换性，主副流道微喷头旋转体的整体高度与现有微喷头相同。主流道、副流道在下端的连接处垂悬于喷水嘴上方 2 mm 处，连接点垂悬端距主流道喷水嘴直径 D 的 70%，连接点垂悬端距副流道喷水嘴直径 D 的 30%。副流道的垂

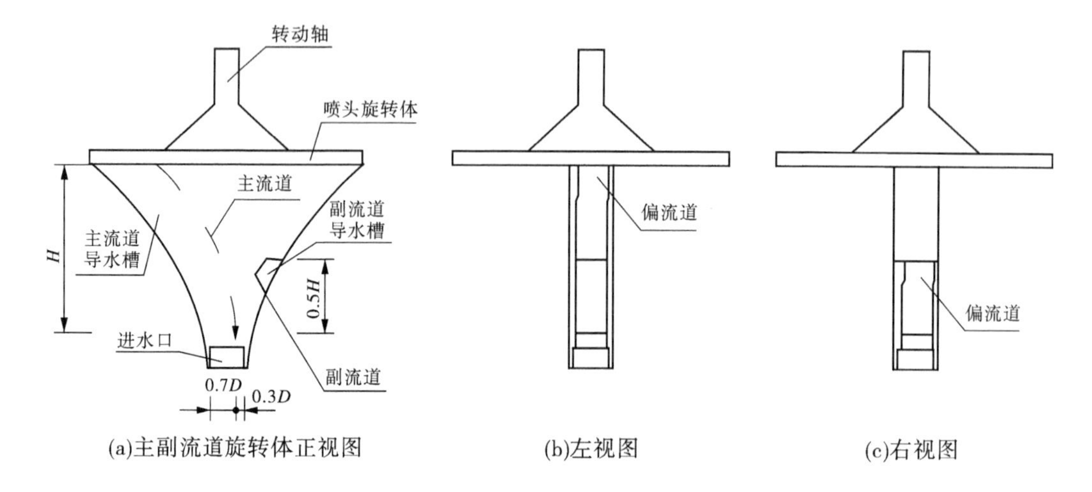

(a)主副流道旋转体正视图　　(b)左视图　　(c)右视图

图 13-1　主副流道微喷头旋转体结构图

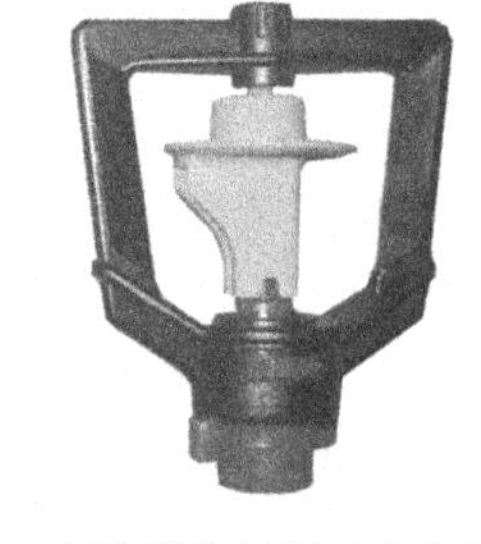

（a）主副流道旋转微喷头实物　　(b) 单流道旋转微喷头实物

图 13-2　主副流道旋转微喷头和单流道旋转微喷头实物对比图

直高度是主流道的一半；主流道、副流道的上端采用偏流道，偏流道向相同方向偏转。喷水嘴可设计为不同的直径大小，以满足不同的流量需求。

主流道、副流道的最外端分别设计了偏流道，目的是使得在喷洒中水流经过该偏流道时产生反作用力，从而推动主副流道旋转体旋转，可以在主流道和副流道上均设置的使得旋转体转动的偏流道，也可以仅在主流道上或副流道上设计一个偏流道。

13.1.1.2　主副流道微喷头工作原理

微喷头喷洒时，进入导流槽内的水流经旋转体中导水槽导流、折射向外喷洒，主副流道的最外端的偏流道使得在喷洒中水流经过时产生反作用力，从而推动旋转体旋转，形成2个环状的、互相搭接的喷洒区。

由于主副流道连接点垂悬端至主流道喷水嘴距离为0.7D，连接处垂悬端至副流道喷水嘴距离为0.3D。通过喷水嘴的水量约70%进入到主流道，这部分水量主要喷洒在外环状区域范围；通过喷水嘴的水量约30%进入副流道，内环状区域范围喷洒水量主要由副流道控制。与目前常见的单流道旋转微喷头相比，由于设计了控制不同范围的2个流道，不仅保证了喷洒区域内水量的均匀性，还可以在满足喷洒均匀性的前提下，使喷洒的距离更远。

13.1.1.3　水流喷嘴直径确定

喷嘴的直径决定了主副流道旋转体的喷洒水量，喷嘴的直径按式(13-1)确定：

$$d = 33.3\sqrt{\frac{q}{\pi\mu\sqrt{0.2gp}}} \tag{13-1}$$

式中　d——喷嘴直径，mm；

q——微喷头流量，m^3/h；

μ——喷嘴流量系数，一般取值0.85～0.95；

g——重力加速度，9.81 m/s^2；

P——工作压力，kPa。

由于本书中的主副流道微喷头与目前现有的旋转微喷头相比较，过流量较大，同时也根据灌水时间和不同作物对需水量的要求，在主副流道的研发过程中，设计了3种规格的喷嘴直径，分别为1.5 mm、2.0 mm、2.5 mm。

13.1.2　主副流道微喷头性能测试

13.1.2.1　制造偏差

灌水均匀度是衡量灌水器的一个重要指标。主副流道微喷头在结构设计参数确定之后，灌水均匀度会受到制造偏差的影响，在微喷头的设计和研发中，微喷头的制造偏差也是保证灌水均匀度的重要指标。制造偏差测试按行业标准《微灌灌水器－微喷头》(SL/T 67.3—1994)要求进行。

随机选取25个主副流道微喷头，在额定工作压力200 kPa下测试并记录各个喷头的流量，测试时间为30 s，根据式(13-2)计算流量偏差系数。

$$c_v = \frac{S}{\bar{q}} \tag{13-2}$$

$$S = \sqrt{\frac{1}{n-1}\sum_{i=1}^{n}(q_i - \bar{q})^2} \tag{13-3}$$

$$\bar{q} = \frac{\sum_{1}^{n} q_i}{n} \tag{13-4}$$

式中　c_v——流量偏差系数；

S——流量标准偏差；

$\bar{q}$——平均流量，L/h；

q_i——第 i 个微喷头的流量，L/h；

n——微喷头个数。

各种规格的微喷头制造偏差系数见表13-1。

从表13-1可以看出，3种喷嘴规格的主副流道微喷头 c_v 值分别为3.36%、3.86%和5.81%，制造偏差在6%以内，小于标准规定的不大于7%的要求，并通过了1 500 h的耐久性试验。

表 13-1　微喷头制造偏差数据计算

	喷嘴直径(mm)		
	1.5	2.0	2.5
平均流量 $\overline{q}$(L/h)	101.35	152.67	192.89
流量标准偏差 S	3.65	5.89	11.20
c_v	3.36%	3.86%	5.81%

13.1.2.2　压力—流量关系

微喷头的流量—压力关系是评价微喷头水力性能的常用指标。为了检测 3 种不同喷嘴直径的主副流道微喷头的水力性能，分别对 3 种不同喷嘴直径的微喷头进行压力—流量关系测试，测试压力范围为 50～300 kPa。微喷头的压力—流量关系试验在每一个设计压力都重复试验 3 次。微喷头的压力—流量关系按式(13-5)计算：

$$q = kH^x \tag{13-5}$$

式中　q——微喷头流量，L/h；

k——流量系数；

H——工作压力，kPa；

x——流态指数。

喷嘴直径 1.5 mm、2.0 mm 和 2.5 mm 的主副流道微喷头的压力—流量关系曲线见图 13-3，根据实测的压力、流量数据，经回归分析，即可得出式(13-5)中的流量系数 k 和流态指数 x 的值，不同喷嘴直径的压力—流量关系见表 13-2。

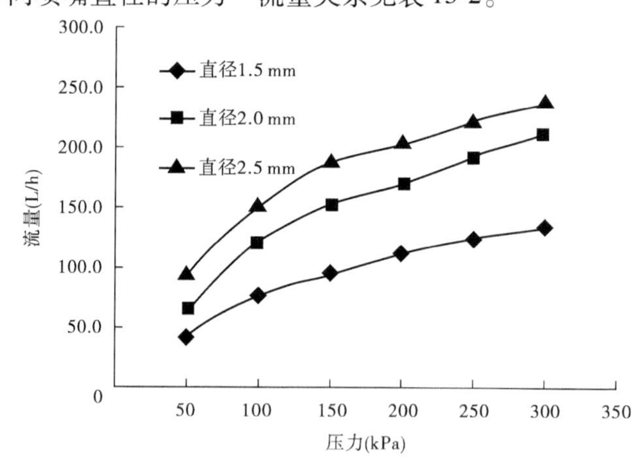

图 13-3　旋转式微喷头压力—流量关系曲线

表 13-2　微喷头性能参数

喷嘴直径(mm)	Q—P 关系式	相关系数
1.5	$Q = 5.01P^{0.58}$	0.993
2.0	$Q = 7.90P^{0.57}$	0.990
2.5	$Q = 16.89P^{0.47}$	0.988

压力对流量影响的敏感程度一般由流态指数(x)表示,流态指数是小于 1 的正数。流态指数越小,其对流量影响的敏感程度就越小;液态指数越大,其对流量影响的敏感程度越大。根据相关,当流态指数不大于 0.3 时,可认为喷洒装置是压力补偿式,压力增加带来的流量变化不明显;当水流的形态为层流时,流态指数为 1,这时压力—流量曲线为直线。由表 13-2 可以看出,研发的主副流道旋转体在 3 种喷嘴直径下,流态指数为 0.47 ~0.58,为全紊流状态,为非压力补偿式,且属于调节功能较好的一类。

13.1.2.3　喷洒试验

主副流道微喷头的喷洒试验主要是检测喷头的喷洒水量分布情况和有效喷洒直径。喷洒水量分布是在将喷头固定在一定高度时,通过点喷洒强度绘制的等值线图。有效喷洒直径是指以喷头安装点为圆心向外辐射的多条直线上最远喷洒距离,一般最远喷洒距离的确定原则是该点的喷洒水量不应少于同径向各点水量的 1/10。一般情况下,在满足喷洒均匀度的条件下,进水口压力越高,喷洒直径越大。但随着压力的增大,会增加系统中支管、毛管的费用,喷洒试验压力为 200 kPa。试验在余姚乐苗灌溉用具厂进行。试验所用主副流道旋转体随机产品中抽取,并现场装配不同直径的喷嘴,本次仅测试了单一喷头的喷洒状况,目的是测试主副流道旋转体的喷洒距离和单一喷头在远近距离喷洒的水量情况。在同一安装高度(0.45 m),同一测试压力(200 kPa)下 3 种不同喷嘴直径的水量分布图见图 13-4。

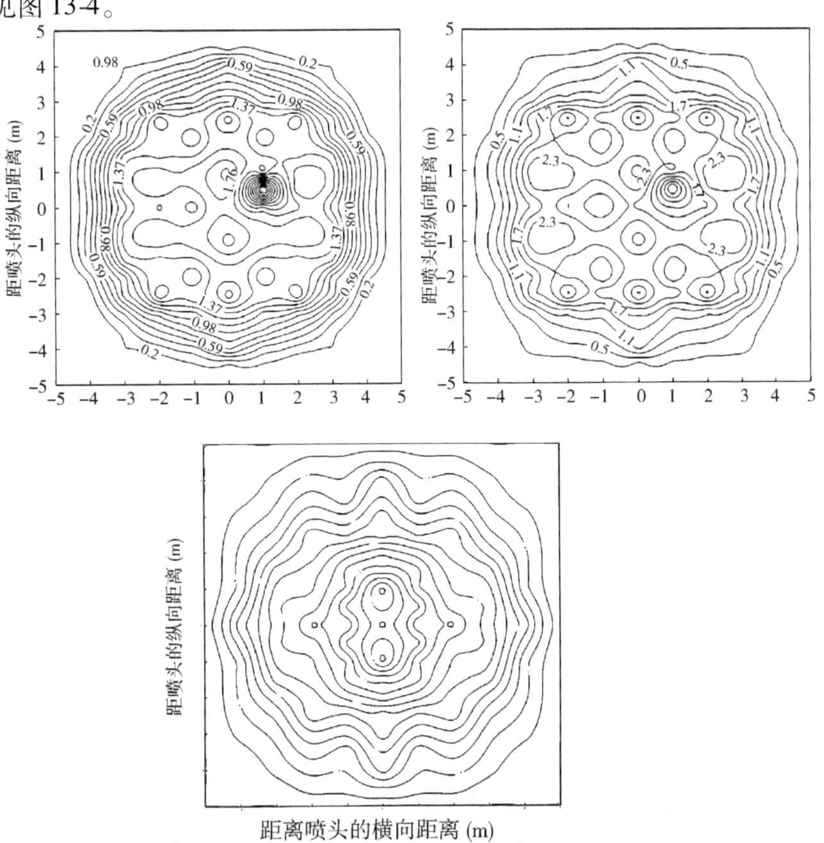

图 13-4　不同喷嘴直径水量分布图

由于设置的主喷水流道和副喷水流道,很好地解决了目前常见的单一流道微喷头在喷洒有效圆形区域水量沿射程方向的“外多内少”的现象。在实际组合布置中,由于主副流道喷洒克服了单一流道微喷头喷洒不均匀的特点,可以适当加大田间毛管的间距,节省一次性的工程投入。

喷洒试验表明,主副流道微喷头喷洒效果良好,性能可靠,扩展性强,耐久性好。随着压力水头的增大,相应的有效喷洒直径也随之增加,压力水头与有效喷洒直径呈正相关;随着压力水头的增加,流量也会随之增加,但增加的程度不大,当压力水头由 200 kPa 增加到 250 kPa 时,流量仅增加了 10% 左右,可根据不同植物的需水要求,通过选用不同直径的喷嘴达到增加或减少流量的目的。

对主副流道微喷头的试验研究,主要是针对研发的产品进行关键的技术参数测定,下一步可根据其他有关的技术参数做进一步试验,例如:主副流道旋转体的转速与喷洒参数的关系、安装高度与有效喷洒直径的关系等。

研制的 3 种不同直径的喷水嘴的主副流道旋转体的高度相同,开发不同高度的旋转体将使得应用范围更加广泛。

13.2　四流道微灌喷头的研制

现有的单流道旋转式微喷头,喷洒不均匀,存在水量远多近少的弊端,且由于重心偏离,转动过程中抖动大。针对上述公知技术的不足,研发的四流道微灌喷头有四个流道,四个流道之间呈 90°夹角,其中有两个远程流道,这两个主流道相向设置,同时设置一个中程流道和一个近程流道,中程流道和短程流道相向设置,两个远程流道的大部分水量喷洒在湿润周的远端,小部分水量喷洒在湿润周的中、近端;中程流道和近程流道喷洒的水量主要喷洒在湿润周的中、近程,对远程流道在中、近程喷洒的水量进行补充。在两个远程流道的上端设置同一方向的控制四流道微灌喷头转动的方向流道。四流道喷头克服了现有微喷头中湿润周水量不均匀问题,喷洒的均匀度较高,克服了转动过程中抖动大的现象,减少了水量喷洒过程中的能量损失。

13.2.1　研发方案

需要解决的技术问题是提供一种射程大、喷洒均匀、转动稳定的全圆喷头。具体的技术解决方案是:喷头包括进水口、2 个远程流道、1 个中程流道和 1 个近程流道,下部进水口为喷头的下部支撑,上部支撑转动轴(见图 13-5)。

发展节水灌溉技术已是我国的一项基本国策,推广先进的节水灌溉技术和研制开发新型的节水产品已成为节水技术研究中的一个重要方面。近几年来,随着我国设施农业的快速发展及城镇绿化面积的迅猛增加,喷灌、微喷灌技术得到了大面积的推广应用,尤其需要喷洒均匀度高的大射程喷洒器。此发明提出的喷洒器由于喷洒效果好、均匀度高,不仅能用于对农作物、果园、绿化带、草坪和花卉等的灌溉,而且也能用于调节环境温、湿度。其有利于促进农业节水技术的推广,改善缺水地区农业生产条件,提高农民经济收入,稳定当地农业生产,并且在园林建设中能起到美化环境、改变小气候的作用,具有显著的社会效益和生态效益。

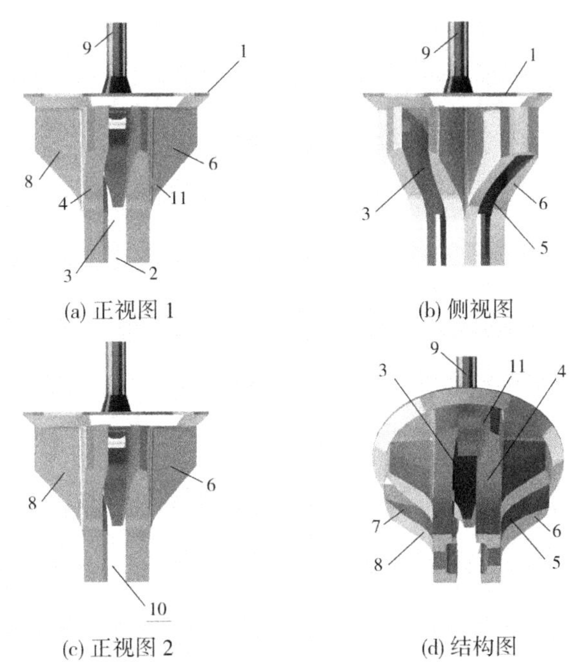

(a) 正视图 1　(b) 侧视图

(c) 正视图 2　(d) 结构图

1—喷头;2—进水口;3—远程流道;4—远程流道导流板;5—中程流道;
6—中程流道导流板;7—短程流道;8—短程流道导流板;9—喷头上端转动轴;
10—与喷水嘴承插相联接;11—偏心流道

图 13-5

13.2.2　具体实施方式

四流道微喷头的射程大、喷洒均匀、转动稳定。喷头包括有进水口、2 个远程流道、1 个中程流道和 1 个近程流道,下部进水口为喷头的下部支撑,上部支撑转动轴。四流道喷头的上端插入支架上端的定位孔内,下端与喷水嘴承插相连接,喷头由喷水嘴和支架上端定位并可自由转动。远程、中程、近程流道均设置导流板,2 个远程流道的流道形状为弧线形,且参数相同,弧线形流道的弦长 38 mm,弧半径 60 mm,对应的圆心角 37°;中程流道的弧线形流道的弦长 28 mm,弧半径 32 mm,对应的圆心角 54°;短程流道的弧线形流道的弦长 16 mm,弧半径 16.5 mm,对应的圆心角 58°。远程、中程和近程流道上均设置导流板,2 个远程流道相向设置,同样,中程流道和短程流道相向设置,4 个流道之间呈 90°夹角,在 2 个远程流道的上端设置同一方向的控制四流道喷头转动的偏心流道。研发的 4 流道喷头克服了现有公知技术中湿润周水量不均匀问题,喷洒的均匀度较高,克服了转动过程中抖动大的现象,减少了水量喷洒过程中的能量损失。

13.3 曲线流道微喷头研制

13.3.1 研发方案

解决的技术问题是提供一种大射程、灌水均匀度高的全圆微灌喷头。技术方案是:微灌喷头包括支架、喷水嘴、喷洒体、喷洒体上设置多曲线组合流道,喷洒体的上端插入在支架上端的定位孔内,下端悬空在喷水嘴出水口内,喷水嘴的直径大小根据需要可以采用不同的喷水嘴直径。喷洒体上设置长、中、短三种曲线组合流道,使水流能从不同的曲线端点离开喷洒体,抛洒到不同的位置,保证了喷洒水量的均匀度。其关键技术是使水流沿不同的曲线流道流动,曲线流道设置长、中、短三种,中流道的长度为长流道的75%,短流道的长度为长流道的50%,不同流道的流道深度不同,长流道较深,中流道次之,短流道最浅,使喷洒体中不同流道的水流产生不同的喷射力,水流可均匀地喷洒到喷洒范围的远、中、近的地方,保证了喷洒更加均匀。与现有的微喷头相比其具有喷水射程大、水量分布均匀的优点。

多曲线流道喷洒器包括喷洒体、喷洒体上设置的多曲线组合流道、支架和喷水嘴。喷洒体上端插入支架上端的定位孔内,喷洒体下端悬空在喷水嘴出水口处,喷洒体中设有长、中、短三种曲线的组合流道。支架3上设置有导流锥体1,使喷水嘴射出的水流能均匀地喷射到喷洒体上,利用长、中、短三种曲线组合流道形成不同的流束。多曲线组合流道由长、中、短三种曲线组成,不同流道的流道深度不同,长流道较深,中流道次之,短流道最浅。喷水嘴可为不同的过流直径,以满足不同的流量要求。

13.3.2 具体实施方式

曲线流道微喷头用于对农作物、果园、绿化带、草坪和花卉等的节水灌溉,同时也能用于调节环境的温度和湿度。

喷洒器包括支架、喷水嘴、多曲线组合流道喷洒体。喷水嘴可根据所需流量要求采用不同的喷水嘴内径安装在支架下端,多曲线组合流道喷洒体上端插入支架上端的定位孔内。系统工作时,水流经喷水嘴喷射到喷洒体上,喷洒体上的水流沿不同的曲线流道射出,喷洒到不同距离的土壤表面或作物上。现有的微喷头相比具有喷水射程大、有效射程之内水量分布均匀的优点。

近几年来,随着我国设施农业的快速发展及城镇绿化面积的迅猛增加,微喷灌技术得到了大面积的推广应用,尤其需要喷洒均匀度高的大射程喷洒器。本发明就是针对上述背景技术研发的。提出的喷洒器由于喷洒效果好、均匀度高,不仅能用于对农作物、果园、绿化带、草坪和花卉等的灌溉,而且也能用于调节环境温、湿度。有利于促进农业节水技术的推广,改善缺水地区农业生产条件,提高农民经济收入,稳定当地农业生产,并且在园林建设中能起到美化环境、改变小气候的作用。本产品的推广将会进一步推动我国微灌技术的发展和推广,促进节水农业的全面发展,具有显著的社会效益、生态效益。

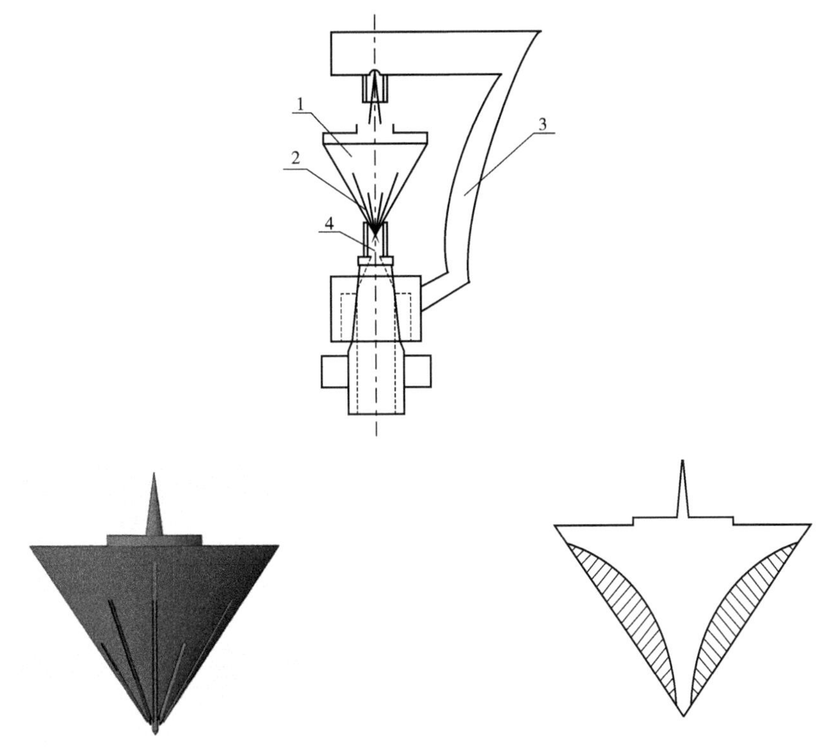

1—喷洒体;2—多曲线组合流道;3—导流锥体;4—支架;5—喷水嘴

图 13-6　全圆灌溉喷洒器的结构示意图

13.4　具有收卷滴灌带功能的移动灌溉设备

13.4.1　研发方案

移动灌溉装置较固定式灌溉装置可减少管材及灌水器的用量,降低工程总体造价,提高灌溉设备的利用率,降低工程投资。

目前,有些业内研究者提出了各种各样的移动滴灌设备,虽然各种移动滴灌设备规格不一,外观不同,结构各异,装置也不尽相同,但基本上都设有供水水箱、水泵、传动机构和滴灌带,其中供水水箱、水泵和滴灌带通过管道相连接,传动机构为水泵提供动力,且该移动滴灌设备通过机动车驱动进行移动;其问题是滴灌车上要设置动力设备与滴灌设备,而这种集动力设备与滴灌设备为一体的滴灌车,或者是新设计生产的,或者是用现有的机动车改装,但无论如何都属于专用机动车,需滴灌时用,否则闲置,不能移做它用,资产未能充分利用;有的滴灌带在卷绕支撑上进行卷绕时,由于滴灌带在滴灌时需要布置在地面上,在收起时滴灌带上会粘上大量的泥沙,由于缺少现场清洗装置,给卷绕工作带来了诸多不便,特别是遇到锋利的杂物时会损坏滴灌带。不同形式滴灌系统的优缺点见表 13-3。

表 13-3　不同形式滴灌系统的优缺点

滴灌形式	优点	缺点	适用范围	投资	说明
固定式	安装、操作管理方便	影响田间耕作，维修困难，投资高	果园、温室	高	管道和滴头固定
半固定式	不影响田间耕作，造价少于固定式	田间管道移动时，劳动强度大	大田粮食作物	中	干管固定，支管和毛管移动
移动式	设备利用率高	操作、管理不便	干旱缺水、灌溉次数少的作物	低	干、支、毛管均移动

针对上述各种滴灌方式的特点，研制了具有收卷并同步清洗滴灌带功能的移动灌溉设备，该设备在充分利用了现有动力设备的前提下，对滴灌带上所粘的杂物进行了有效去除，具有投资低、操作简单、适用性强、维修方便、造价低廉、实用性好、应用广泛等优点。

装置技术方案如下：

具有收卷滴灌带功能的移动灌溉设备包括灌溉装置、支架、卷盘支撑轴和至少一根滴灌带。装置卷盘支撑轴的两端通过轴承固定在支架上，且该卷盘支撑轴至少一端设置有传动轮。

固定卷盘支撑轴两端的支架上分别对应设有连接杆，在两个连接杆之间固装有导向杆。导向杆上开设有至少一个导向槽，该导向槽内设置有可在导向槽内滑动的清洗套。滴灌带卷缠在卷盘支撑轴上，其一端为通向水源的进水口，另一端为出水口，出水口一端穿过导向槽内所设的清洗套。卷盘支撑轴上设有用于分隔各滴灌带的卷盘。清洗套内设有清洗物，该清洗物为碎布条或石棉条。滴灌带的进水口上设有用于快速连接水源供水管的连接件。

13.4.2　具体实施方式

设备的工作原理是：在使用时，将卷盘支撑轴上的滴灌带拉出，穿过导向槽内所设的清洗套，布设到要灌溉的地面上，将拖拉机上的动力轮用皮带与水泵相连接，水泵进水口通过管道连接到供水水源，当抗旱灌溉时，也可将水泵进水口通过管道连接到供水水箱，水泵旁边设置有过滤器，启动水泵就可进行灌溉，当一次灌溉过程结束后，将拖拉机的动力轮用皮带连接到卷盘支撑轴的一端所设的传动轮上，启动拖拉机，就可将田间灌溉的滴灌带管收卷到卷盘支撑轴上，在收卷的同时，滴灌带管经过导向槽内所设的清洗套时对滴灌带的外壁进行擦洗去除杂物。全部过程结束后，移动到下一个待灌溉的地块，重复上述的过程即可。当需要铺设多个滴灌带时，在所述卷盘支撑轴上设置用于分隔各滴灌带的卷盘，保证各个滴灌带之间相互不受影响。

装置通过利用现有的动力设备与滴灌设备对所述灌溉装置进行驱动操作，具有投资低、易操作、适用性强、管理简单、维修方便等优点，可在农村迅速的普及推广。

设备装配图如图 13-7 所示，它是一种具有收卷滴灌带功能的移动灌溉设备，该设备包括灌溉装置,灌溉装置包括支架 1、卷盘支撑轴 2、卷盘 3 和滴灌带 4;卷盘支撑轴 2 的两端通过轴承固定在支架 1 上,且该卷盘支撑轴 2 的一端设置有传动轮 5;卷盘 3 设在卷盘支撑轴 2 上用于分隔各个滴灌带 4,保证各个滴灌带 4 之间相互不受影响;用于固定卷盘支撑轴 2 两端的支架 1 上分别对应设有连接杆 6,两个连接杆 6 之间固装有导向杆 7;导向杆 7 上开设有导向槽 7-1,导向槽 7-1 内设置有可在导向槽 7-1 内自由滑动的清洗套 8,清洗套 8 内设有清洗物,该清洗物为碎布条和石棉条;滴灌带 4 卷缠在卷盘支撑轴 2 上,其一端为通向水源的进水口 4-1,另一端为出水口 4-2,出水口 4-2 一端穿过导向槽 7-1 内所设的清洗套 8;滴灌带 4 的进水口 4-1 上设有用于快速连接水源供水管的连接件 9。

如图 13-7 所示,灌溉装置中的支架 1 固定在带有轮子的平台 10 上,该平台 10 由一机动车 11 进行驱动,机动车 11 可以是拖拉机。

平台 10 上设有灌溉机组,该灌溉机组包括供水水箱 12-1、水泵 12-2 和过滤器 12-3,供水水箱 12-1、水泵 12-2 和过滤器 12-3 依次通过管道 12-4 连接;过滤器 12-3 出水口与滴灌带 4 进水口 4-1 上所设的用于快速连接水源供水管的连接件 9 相连接;进行灌溉时,将卷盘支撑轴 2 上的滴灌带 4 拉出,穿过导向槽 7-1 内所设的清洗套 8,布设到要灌溉的地面上,将拖拉机上的动力轮用皮带与水泵 12-2 相连接,水泵 12-2 进水口通过管道 12-4 连接到供水水箱 12-1,启动水泵 12-2 就可进行灌溉,当一次灌溉过程结束后,将拖拉机的动力轮用皮带连接到卷盘支撑轴 2 的一端所设的传动轮 5 上,启动拖拉机,就可将田间灌溉的滴灌带 4 收卷到卷盘支撑轴 2 上,在收卷的同时,滴灌带 4 经过导向槽 7-1 内所设的清洗套 8 时,清洗套 8 对滴灌带 4 的外壁进行擦洗去除杂物。全部过程结束后,移动到下一个待灌溉的地块,重复上述的过程即可。

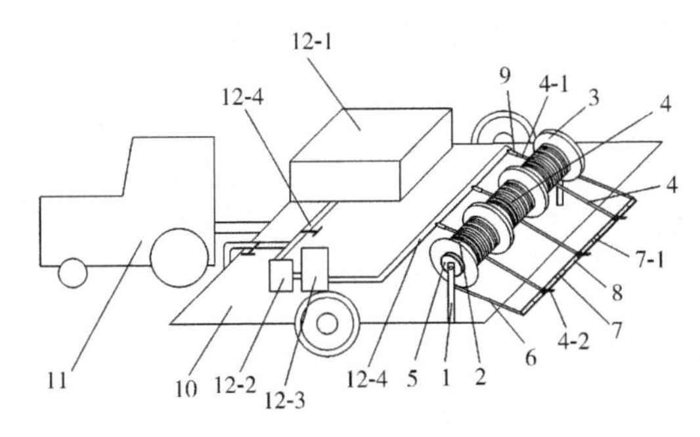

1—支架;2—卷盘支撑轴;3—卷盘;4—滴灌带;4-1—进水口;4-2—出水口;
5—传动轮;6—连接杆;7—导向杆;7-1—导向槽;8—清洗套;9—连接件;
10—平台;11—机动车;12-1—供水水箱;12-2—水泵;12-3—过滤器;12-4—管道

图 13-7　设备装配图

具有收卷滴灌带功能的移动灌溉设备能应用在田间不同位置,提高了该灌溉装置使用的便利性,有效减轻了劳动强度,节省了投资。该设备结构简单,且方便移动,对于降低劳动强度,提高灌水效率具有重要的意义,有利于规模化推广使用。

13.5　机井旋转填砾装置研发

回填滤料的目的是拦阻或减少泥沙进入井内，防止透水管孔隙的淤塞，同时增加进入井中水流的过水面积，起到增大水井的出水量、减少井水的含沙量和延长水井工程寿命的目的。滤料回填是机井建设的重要环节，直接关系着机井的涌水量、出水量以及使用年限，《机井技术规范》(SL 256—2000)要求在填砾工序中做到及时填砾和均匀填砾，以防止滤料的淤塞和离析等不良现象产生，从而满足填砾的设计标准。如何做到均匀填砾，规范上也没有具体的措施，在机井工程的建设实践中，通常采用人工用铁锹作为工具直接向井孔内回填滤料，经常造成填砾不均匀，从而影响机井的出水量，造成管井涌沙严重，出水量不足，甚至机井井管倾斜、报废等现象。

13.5.1　研发方案

可旋转的机井填砾装置利用钻机或柴油机控制旋转装置转动，填砾装置内安装了使滤料均匀分布到填砾容器上的叶片，旋转装置设置在填砾装置的下部，沿井管上边沿做圆周运动，滤料出口为条状弧形结构，围绕井管外壁与井孔作360°转动，实现了井管周围均匀填砾的目的。在滤料输送上利用传送带向上部漏斗加滤料，这样不但可以实现机械化快速填砾，还能达到填砾均匀的目的。

机井滤料回填装置包括可转动的填砾容器，填砾容器上部设置漏斗，内部设置随填砾容器同时转动的叶片组，填砾容器的下部设置4个沿井沿运动的定位支架，定位支架内分别装置轴承，定位支架的下部为开口设置，定位支架内的轴承和开口形成了一个倒U形的凹槽，设置的4个倒U形的凹槽保证了填砾容器围绕井沿做圆周运动，填砾容器的滤料出口为条状弧形。填砾容器为圆柱形，填砾容器的中部设置与钻机主动钻杆连接的连接轴，连接轴与钻机主动钻杆用丝扣连接。填砾容器的连接轴上端的丝扣与柴油机连接。

工作过程为：开动钻机或柴油机，填砾容器开始围绕井沿做圆周转动，通过传送带或人工将一定级配的滤料送入填砾容器内，经过叶片组的搅动混合，滤料沿填砾容器倾斜的底板通过条状弧形滤料出口，进入井管外壁和钻孔的环形空间中，由于在填砾的过程中填砾容器一直在转动，回填的滤料运动轨迹为全圆螺旋上升。保证了在井管的四周都能均匀地充填滤料，装置不但可以实现机械化快速填砾，还能达到填砾均匀的目的。

机井滤料回填装置由填砾容器、漏斗、叶片组、定位支架、轴承、条状弧形出口和连接轴等组成。如图13-8所示，填砾容器1的下端设置条状弧形滤料出口2，条状弧形滤料出口2伸入井孔17内，人工装填滤料时，弧形滤料出口2的圆心角不应大于40°，传送带输送滤料时，圆心角应为40°~90°。填砾容器1底部设置4个沿井沿运动的定位支架3，定位支架3内分别装置轴承4，定位支架3的下部为开口设置，定位支架内的轴承4和下部开口形成了一个倒U形的凹槽5，设置的4个倒U形凹槽5保证了填砾容器1围绕井沿1-8做圆周运动。定位支架3之间夹角为90°，定位支架3相向设置上下2组加强杆6。填砾容器1的底部7向弧形滤料出口2方向倾斜，倾斜的角度为25°~30°。填砾容器1内设置导向漏斗8和叶片组9，导向漏斗8为圆锥形，导向漏斗8的周边与填砾容器1上边缘相连接。叶片组 9 设置在漏斗 8 出口的下方,叶片组 9 与填砾容器 1 的连接轴 10 用销连接。连接轴 10 与填砾容器 1 通过 12、13 销连接。填砾容器 1 的弧形滤料出口 2 相对方向,在底部 7 的上端设置张力计 14,张力计 14 的上端通过绳索 15 连接到底部 7 的上端,下端通过绳索 15 与锥形平衡球 16 连接。

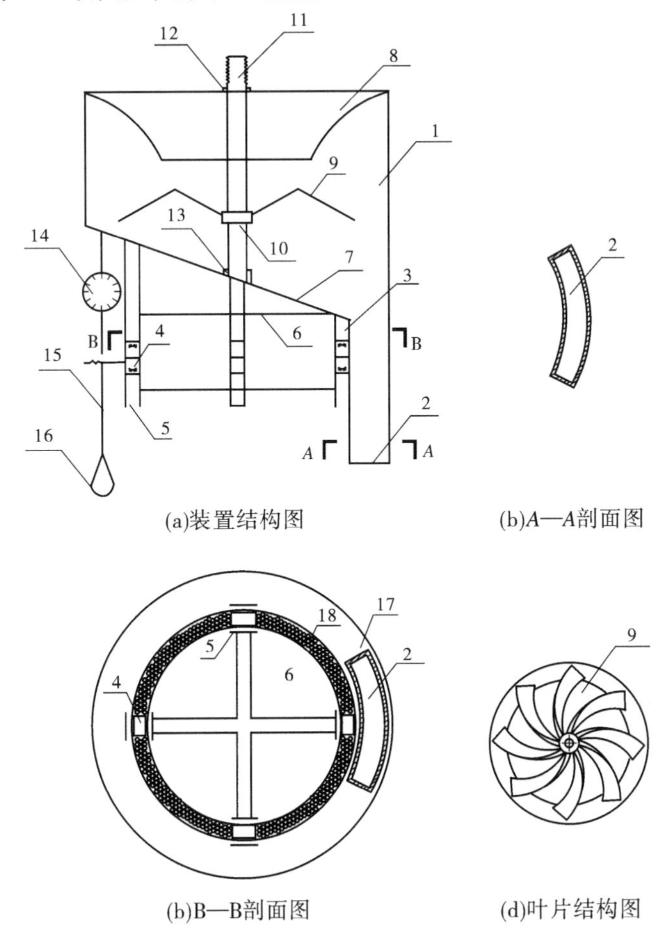

(a)装置结构图　(b)*A*—*A*剖面图

(b)B—B剖面图　(d)叶片结构图

1—填砾容器;2—条状弧形滤料出口;3—定位支架;4—轴承;5—倒 U 形凹槽;
6—加强杆;7—填砾容器底部;8—导向漏斗;9—叶片组;10—连接轴;11—连接轴;
12～13—销;14—张力计;15—绳索;16—锥形平衡球;17—井孔;18—井沿

图 13-8　机井滤料回填装置

滤料回填是机井建设的重要环节,直接关系着机井的涌水量、出水量以及使用年限,《机井技术规范》(SL 256—2000)要求在填砾工序中做到及时填砾和均匀填砾,但如何做到均匀填砾,无论是在规范上还上在实际工程中,至今仍未见到可以均匀填砾的装置或工具。在机井工程的建设实践中,通常都是采用人工直接向井孔内回填滤料,造成填砾不均匀,从而影响机井的出水量,往往造成管井涌沙严重,出水量不足,甚至出现机井井管倾斜、报废等现象。

可旋转的机井填砾装置利用钻机控制旋转装置转动,填砾装置内安装了使滤料均匀分布到填砾容器上的叶片,旋转装置设置在填砾装置的下部,沿井管上边沿做圆周运动,滤料出口为条状弧形结构,实现了井管周围均匀填砾的目的。滤料沿填砾容器倾斜的底板通过条状弧形滤料出口,进入井管外壁和钻孔的环形空间中,由于在填砾的过程中,填砾容器一直在转动,回填的滤料的运动轨迹为全圆螺旋上升,保证了在井管的四周都能均匀地充填滤料。该装置不但可以实现机械化快速填砾,还能达到填砾均匀的目的。

13.5.2 具体实施方式

机井滤料回填装置包括可转动的填砾容器,填砾容器上部设置漏斗,内部设置随填砾容器同时转动的叶片组,填砾容器的下部设置 4 个沿井沿运动的定位支架。

(1)将填砾容器底部的 4 个定位支架上倒 U 形的凹槽插入井口部的井沿上,使倒 U 形的凹槽内装置轴承与井沿接触,轻轻推动填砾容器,保证定位支架和轴承都能放置到位。

(2)若以钻机作为动力,填砾容器中部设置的连接轴与钻机主动钻杆用丝扣连接;当填砾容器的连接轴上端的丝扣与柴油机连接。

(3)将拉力计和锥形平衡球用线索连接并将绳索的上端连接到填砾容器的底部,锥形平衡球的位置就是填砾层的最上端。

(4)开动钻机或柴油机,使机井滤料回填装置转动起来,填砾容器开始围绕井沿做圆周转动,同时,通过传送带向填砾容器中输送级配滤料,经过叶片组的搅动混合,滤料沿填砾容器倾斜的底板通过条状弧形滤料出口,进入井管外壁和钻孔的环形空间中,由于在填砾的过程中,填砾容器一直在转动,回填的滤料运动轨迹为全圆螺旋上升。当滤料到达锥形平衡球的位置时,锥形平衡球被覆盖并固定,拉力计会报语音报警或红灯闪烁,说明已填砾完成了,关闭钻机或柴油机即可。

第 14 章　雨水资源化利用技术

我国人均占有水资源量约为世界人均占有量的 1/4，总量少，而且存在严重的时空分布不均，其中 81% 集中分布在长江及其以南地区，且该地区耕地面积仅占全国的 36%，致使我国北部地区水资源短缺情况更加严重。尤其我国目前正在进行西部大开发，随着我国西部地区社会经济的快速发展以及人口的增加，水资源的供需矛盾尤为突出。在目前这种水资源十分紧缺的情况下，一方面，城区需水量仍在上升，且污染问题也日趋严重；另一方面，每年又有相当量的雨水资源白白地从境内流出，并且随着城市规模的扩大，城区的建筑、道路、绿地的占地面积不断变化，降雨产生的径流量也在不断变化。而且随着城区不透水面积的不断增加，雨水的流失量随之增加，这样地下水的补给就会减少，城市的洪涝灾害威胁就会增加，并且大量初期雨水对河流水体也构成了严重污染，整个城市的生态环境会日趋恶化。因此，将雨水作为一种优质的水源进行开发利用势在必行。

"所有的水都是雨水。"这是美国雨水收集利用专家理查德说的一句话。不论是地下储水层的水，还是河里、井里的水，最早都是从天上掉下来的。当雨水落到地面，透过土壤、石层渗灌到地下储水层，带上了矿物质和盐等有益于人们健康的物质，然而也带上了对人体有害的工业化学元素及各种细菌。"收集的雨水质量，一般来说高于地下或地面的水。"这是得克萨斯州水资源开发理事会一份研究报告的结论。该报告指出，对雨水的收集利用不仅可减轻人类对水资源的压力，保护环境，还可避免人们饮用含有多种有害化学元素的水。最明显的是，雨水一般比地下水质要软得多，这可以节省地下水处理中使用的软水材料。

雨水收集利用不但降低了人类用水对地下储水层的压力，减缓对水资源的过度使用，也减少了雨水造成的水土流失和洪涝灾害。

14.1　常见的雨水利用方式

作为水资源利用的最早形式——雨水利用，已有近千年的历史。尤其在过去的 20 多年里，随着资源匮乏、人口增长等问题的出现，这一技术又迅速在世界各地开始复兴和发展。目前，与雨水利用有关的理论研究和现代的雨水利用技术并不完善，尚需进一步的探索和发展。但近 20 年来，许多工业化国家如日本、澳大利亚、美国和德国等都很关注雨水的利用，如日本结合已有的中水道工程，在城市屋顶修建用雨水浇灌的"空中花园"，在楼房中设置雨水收集储藏装置与中水道工程共同发挥作用；德国在 20 世纪 80 年代末就把雨水的管理与利用列为 90 年代水污染控制的三大课题之一，修建了大量的雨水池来截流、处理及利用雨水，并尽可能利用天然地形地貌及人工设施来截流、渗透雨水，削减雨水的地面径流，降低处理厂的负荷，减轻城市洪涝。我国早期雨水利用主要集中在特别干旱地区，现在一些城市也进行了雨水利用的尝试。如北京正在一些新建住宅小区建雨水利用的示范工程。

14.1.1　渗透回灌以补充地下水

一些国家的雨水设计体系已把渗透和回灌列入雨水系统设计的考虑因素，即雨水渗透和排放系统。城市雨水利用和地下水补灌，削减径流量、减轻污染负荷、补充水源、改善生态环境等综合效益。

利用城市路面及一些建筑物表面集蓄的雨水可用于城市消防、厕所冲洗、城市绿化草坪灌溉；水质经处理后，也可用于一些工业加工用水。将城市建筑物及平原地区的雨水直接拦蓄入渗或通过一定的渗漏过滤装置，回灌地下水，可补充地下水量，兼有防洪作用。将雨水作为中水的补充水源，用于城市的绿地浇灌、路面喷洒、维持城市的水体景观等，可有效地缓解城市供水压力。

城区可利用雨量在实际利用时要受到许多因素的制约，如气候条件、降雨季节的分配、雨水水质情况和地质地貌等自然因素的制约以及特定地区建筑的布局和结构等其他因素的影响。因此，所谓雨水利用，主要是根据利用的目的，通过合理的规划，在技术和经济可行的条件下使降雨量尽可能多地转化为可利用雨量。

在大多数城市，由于地下水过量开采，导致沉降漏斗范围不断扩大，不少地区甚至出现了严重的地面沉降和断裂带。如果地下水长期得不到补充，地面沉降和断裂幅度将不断增大，从而导致建筑物倾斜甚至倒塌，造成严重的损失。所以，采取有效措施，利用汛期雨水进行合理的地下回灌势在必行。影响地下水人工回灌的因素很多，必须进行综合考虑，可以对现有的两用井、渗井等加以充分利用，在地下水库所在位置扩建回灌井、渗井等设施，从而可以有效地补充地下水，防止地质环境的恶化。作为补充地下水的一个有效途径，人工回灌是非常必要的，如果利用汛期雨水来进行回灌，不仅可以增加地下水的存储量，而且可以减少洪水径流量，起到防洪排涝的作用。所以，利用汛期雨水进行地下水人工回灌是一举两得的事情。

14.1.2　人蓄饮水和农业雨水利用

利用道路、庭院屋顶收集雨水解决干旱半干旱山区、淡水缺乏地区的人蓄饮水问题是提高这些地区人们生活质量的关键步骤。甘肃省中东部地区 1995 年实施“121 雨水集流工程”，一年多时间解决了 131.07 万人、118.7 万头牲畜的饮水问题。浙江省余姚市由于地表河道蓄水量少，地下水水质差且污染严重，井水咸、涩、臭，所以这里居民家家都建有雨水集流设施。

水是农业生产的命脉，在干旱半干旱地区，降雨量少且分布不均匀及降雨期与作物生长需水关键期错位，作物产量长期低而不稳。在这些地区，降雨多集中在 6～9 月，若将多余的雨水径流收集起来缓解春旱、夏初旱，将大大提高作物产量，从时空上调节雨水分配，使水分供给与作物需水期相吻合，这就是集雨农业的出发点。集雨农业中的补灌必须用节水灌溉方式（微喷灌、滴灌、渗灌、点浇、穴灌等）并与农业节水措施（覆盖、松耕等）相结合。

14.1.3 雨水集蓄利用工程

雨水集蓄利用工程的建设,主要由集流场、沉淀池、水窖组成。简单的雨水集蓄利用系统主要由集雨面、集雨槽、储水容器和出水口等组成,还有首次冲洗、处理、过滤和输送设备等。

(1)集雨面。生活雨水集蓄利用最常用的集雨面是屋面。屋面的结构和材料影响着屋面收集雨水时的稳定性和收集的雨水的质量。屋面的材料主要有瓦楞铁、石棉板、各种瓦和石板等。

(2)集雨槽。集雨槽的主要作用有两个:一是将屋面收集的雨水聚集起来;二是将聚集的雨水输送到储存设备内。集雨槽的材料和形状多种多样,如 PVC 集雨槽、铁皮制作的集雨槽;断面形状有矩形、半圆形、三角形。

(3)储水容器。雨水集蓄利用系统中,储水容积的大小取决于当地的降雨和气候情况、集雨面的大小、集流面的材料、用水情况等因素。

14.2 雨水集蓄利用装置结构与形式

14.2.1 雨水收集、过滤装置

14.2.1.1 雨水收集装置

1. 背景技术

雨水资源利用将是节约用水、减轻城市洪涝灾害、缓解排水管道负担、减少污染负荷、改善城市水环境状态的有效措施。雨水采用简单的处理后达到杂用水水质标准,主要用于家庭、公共场所和企业的非饮用水。雨水利用技术的研究与应用产生了明显的经济效益、社会效益和生态效益,显示出强大的生命力,推动了雨水利用的发展。

2. 解决方案

雨水收集装置很好地实现了对初期雨水径流、后期雨水径流的分离与收集。对现有房屋落水管进行简单的改造,分别与初雨收集箱和后期雨水收集箱连接就可较好地实现对前期雨水的分离,初雨收集箱的进水口在下端,后期雨水收集箱的进水口高于初雨收集箱的进水口,后期雨水收集箱设溢流口与下端的落水管相连通,在连接水箱上部的落水管开一与其半径尺寸相等的孔洞,孔洞下端留出 3 ~5 cm 高的台阶,在台阶下端设置一向上倾斜的较粗的滤网,目的是先将树叶、杂草类的东西清除掉。当降雨开始后,一些树叶、杂草类的东西被阻挡在较粗的滤网上,在水流的冲击下,树叶、杂草类等会通过设置的孔洞冲出管道,初期的雨水径流会进入初雨收集箱中,当初雨收集箱中水满后,管道中的水面逐渐上升,直至到达后期雨水收集箱的进水口,后期的雨水就会进入后期雨水收集箱中。在两个水箱的底部都安装有阀门,便于将雨水放出,同时在后期雨水收集箱的上端设置有溢流口,多余的雨水可继续收集,也可以排入落水管。

3. 有益效果

雨水收集装置是一种非常有效的水质控制技术,它不但可以去除树叶、大颗粒杂物,

还可以把初期径流中所含的大部分污染物,包括细小的或溶解性污染物的水量收集起来集中排放掉,保证了后期雨水的水质,减少了雨水净化处理的难度。许多国家的雨水利用项目中,对初期雨水中的污染都格外重视,普遍采用收集、弃流的方法去除初期雨水,避免这种突发性和非连续性的污染,保证后期雨水的水质。该雨水收集装置首先将初期雨水和后期雨水分离收集和储存,避免了降雨产生的初期径流中的污染物和其他杂物对后期收集雨水的污染。该装置简单、安装方便,有利于推广应用。

4. 具体实施方式

将现有房屋落水管分别与上述两个水箱连接,初雨收集箱的进水口在下端,后期雨水收集箱的进水口高于初雨收集箱的进水口,后期雨水收集箱设溢流口与下端的落水管相连通,在连接水箱上部的落水管开一与其半径尺寸相等的孔洞,孔洞下端留出 3 ~5 cm 高的台阶,在台阶下端设置一向上倾斜的较粗的滤网,目的是先将树叶、杂草类的东西清除掉。当降雨开始后,一些树叶,杂草类的东西被阻挡在较粗的滤网上,在水流的冲击下,树叶、杂草类等会通过设置的孔洞冲出管道,初期的雨水径流会进入初雨收集箱中,当初雨收集箱中水满后,管道中的水面逐渐上升,直至到达后期雨水收集箱的进水口,后期的雨水就会进入到后期雨水收集箱中。在两个水箱的底部都安装有阀门,便于将雨水放出,同时在后期雨水收集箱的上端设置有溢流口,多余的雨水可继续收集,也可以排入落水管。雨水收集装置本实用新型主要用于雨水径流的分离和收集,避免了初期径流中污染物和其他杂物对后期收集雨水的污染,减小后期雨水处理的难度。其结构简单、造价低、维护方便,便于推广应用。

图 14-1 为新型雨水过滤收集装置结构示意图。

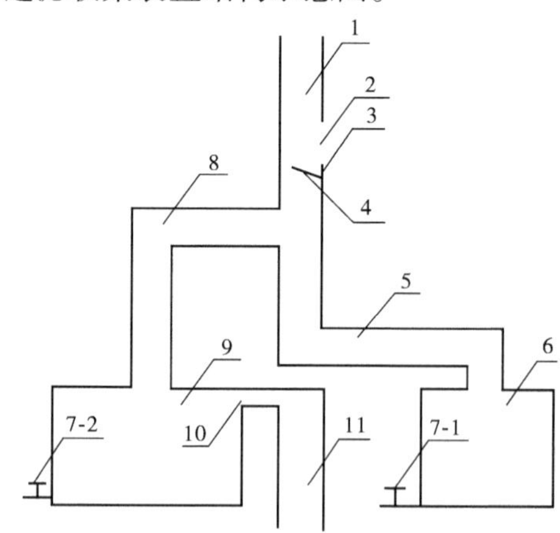

1—雨水落水管;2—落水管侧面弃流孔;3—台阶;4—滤网;5—连接管;
7-1、7-2—阀门;8—连接管;6、9—后期雨水收集箱;10—溢流口;11—溢流管

图 14-1　雨水过滤收集装置结构示意图

14. 2. 1. 2　初期雨水弃流的雨水收集装置

1. 背景技术

世界上很多国家已经认识到了雨水的利用价值,开始探索雨水资源化利用,采用各种技术、设备和措施对雨水进行收集、利用、控制和管理,一些国家开展了相关的研究并建成

不同规模的示范工程。德国第三代雨水利用技术的特征表现为设备的集成化。从屋面雨水的收集、截污、储存、过滤、渗透、提升、回用到控制都拥有一系列的定型产品和组装式成套设备。日本的许多居民家中都安装了雨水收集装置，用雨水来浇花、洒水、洗车等。雨水利用在我国尚处于初期阶段，目前主要在缺水地区有小型、局部的应用。利用雨水正在被人们所接受和认可。

2. 解决方案

该雨水收集装置的主要组成部分为管体，该管体的上部为雨水管，下部为初期雨水收集管；管体的管体壁上设有可上下转动的拍门，拍门与初期雨水收集管上部的进水口相匹配，且该拍门上设有浮块；初期雨水收集管上部进水口的管体壁上设有用于阻挡拍门向上转动的限位块。

雨水收集管的进水口下沿与初期雨水收集管上部进水口的上缘在同一平面内。拍门设置在初期雨水收集管上部进水口的管体壁上。拍门的一端通过转动轴与初期雨水收集管上部进水口的管体壁相连接。浮块设置在拍门另一端的下表面上。初期雨水收集管下部出水口连接有初期雨水收集箱，雨水收集管的出水口连接有雨水收集箱。

该装置的工作原理是雨水从雨水管进入，先直接流向初期雨水收集管，当初雨收集到一定量时，水位上升推动浮块上升，拍门在浮块的带动下向上转动，停止在限位块处，将初期雨水收集管上部的进水口挡住，雨水不再通过初期雨水收集管流向初期雨水收集箱，避免了与后期雨水混合，后期雨水通过与所述雨水管相连通的雨水收集管进入雨水收集箱。这样避免了初期雨水中污染物和其他杂物对后期所收集雨水的污染，减少了后期雨水处理的难度。

3. 有益效果

初期雨水中的污染物含量高，随着径流的持续，雨水径流的表面被不断冲洗，污染物含量逐渐减小到相对稳定的浓度。随着城市大气污染及地面污染的严重，雨水径流污染愈加严重，尤其是污染物较多的初期雨水。所以，将降雨初期产生的径流分离出来是雨水利用的第一步，初期雨水收集装置是一种非常有效的水质控制技术，用于去除径流中大部分污染物，包括细小的或溶解性污染物。

在雨水收集过程中能弃流掉污染严重的初期径流雨水，只收集比较清洁的后期径流雨水，减少后续针对雨水的处理环节，节约投资和运行费用，无能耗，且结构简单紧凑，安装方便，可以安装在墙体上，也可以放置在地面，使用范围广，便于推广应用。

4. 实施方式

图 14-2 所示，雨水从雨水管 1 进入，先直接通过初期雨水收集管 1-1 流向初期雨水收集箱 6，当初雨收集到一定量时，水位上升推动浮块 3 上升，拍门 2 在浮块 3 的带动下向上转动，停止在限位块 4 处，拍门 2 将初期雨水收集管 1-2 上部的进水口 1-1-1 挡住，雨水不再通过初期雨水收集管 1-2 流向初期雨水收集箱 6，避免了与后期雨水混合，后期雨水通过与雨水管 1-1 相连通的雨水收集管 5 进入雨水收集箱 7。这样避免了初期雨水中污染物和其他杂物对后期所收集雨水的污染，减少了后期雨水处理的难度。

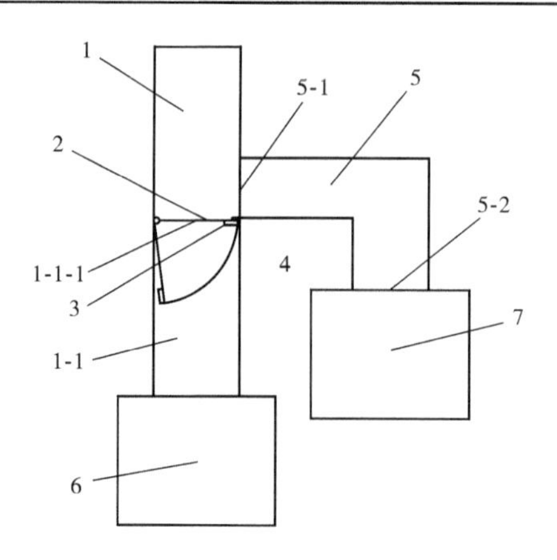

1—雨水管;1-1—初期雨水收集管;2—拍门;3—浮块;4—限位块;5—雨水收集管;5-1—雨水收集管进水口;5-2—雨水收集箱进水口;6—初期雨水收集箱;7—雨水收集箱;1-1-1—上部进水口

图 14-2　初期雨水弃流的雨水收集装置结构示意图

14.2.1.3　雨水过滤装置

1. 背景技术

现有的雨水过滤装置存在以下缺点：

(1)过滤设备结构过于复杂、制造成本高,不利于广泛推广应用。

(2)过滤粗糙,需另外动力支持。

(3)不方便维护清理,容易导致树叶或树枝等杂物长期卡在过滤管中,进而造成雨水过滤收集的效率变差。

2. 解决方案

改进现有技术的缺陷,而提供一种结构简单、制造成本低、过滤效果好、清洗方便、应用范围广的雨水过滤装置。

雨水过滤装置包括过滤管和泄流管。过滤管为一直管,其上管口为进水口,其下管口为出水口,且该过滤管管体内设置有过滤网;泄流管一端口固装在过滤管上,并与过滤管密封连通,另一端口为泄流管口;泄流管与过滤管相连通的管口高度高于过滤管管体内所设的过滤网高度。过滤管内所设过滤网处的管体直径大于过滤管进水口的管体直径。过滤管管体内壁上设有固定座,过滤网可拆卸地匹配安装在固定座上。过滤网为圆形的弧状凹面体,且凸面向上安装在过滤管内。

泄流管为"┐"形管,其包括水平管体和竖直管体,水平管体的长度小于竖直管体的长度。竖直管体上设有阀门。过滤网至少包括一层过滤网。

工作原理是:雨水从过滤管的进水口进入过滤管,流经过滤网过滤后,从过滤管的出水口流出,雨水中的杂物被留置在过滤网上。因过滤网在过滤管中的位置低于泄流管与过滤管相连通的管口位置,所以在过滤网的上边可形成一定厚度的水层,在最大限度对水进行过滤的同时,也可将雨水中的漂浮物冲进泄流管,该水层在进管雨水的冲击作用下也会产生扰动水流,将过滤出的颗粒状杂物冲入泄流管排出。当过滤网上的杂物太多影响过滤效果时,可取出过滤网,清除杂物后再次利用。泄流管的竖直管体的长度较长,是为了能储存一定量的杂物,当杂物太多时,可打开泄流管的竖直管体上的阀门,清除杂物以利于泄流。

3. 有益效果

(1)结构简单、过滤效果好、造价低,可根据所过滤雨水流量的大小,制作不同管径的过滤装置。

(2)泄流管包括水平管体和竖直管体,竖直管体的部分较长,可滞流后期雨水过滤中的杂物。

(3)泄流管与过滤管相连通的管口高度高于过滤管管体内所设的过滤网高度,使得雨水在流经此处时,形成一定厚度的水面,最大限度地对雨水进行过滤,可将漂浮物冲进泄流管;且在雨水的重力作用下,会产生扰动水流,可将过滤网滤出的颗粒状杂物带入泄流管排出。

(4)具有过滤效果好、不易产生堵塞、清洗方便、应用范围广等特点。

4. 实施方式

如图 14-3 所示,雨水过滤装置包括过滤管 1 和泄流管 2;过滤管 1 为一直管,其上管口 1-1 为进水口,其下管口 1-2 为出水口,且该过滤管 1 管体内设置有过滤网 3;过滤管 1 管体内壁上设有固定座 4,过滤网 3 可拆卸地匹配安装在固定座 4 上;过滤网为一层圆形的弧状凹面体,其凸面向上安装在过滤管内。

泄流管 2 为一角形管,其一端口固装在过滤管 1 上,且与过滤管 1 相密封连通,另一端为泄流口;泄流管 2 与过滤管 1 相连通的管口 2-1 位置在过滤管 1 管体内所设的过滤网 3 的上边。

角形泄流管 2 为"┓"形管,其包括水平管体 2-2 和竖直管体 2-3,水平管体 2-2 的长度小于竖直管体 2-3 的长度。泄流管 2 的竖直管体上设有阀门 5。

实例 14-2:

本实例与实例 14-1 的区别在于:过滤管内所设过滤网处的管体直径大于过滤管进水口的管体直径。

图 14-3 为本实用新型的整体结构示意图。

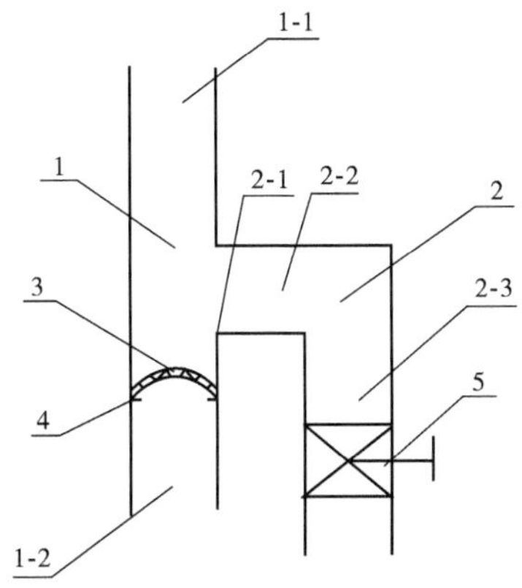

1—过滤管;1-1—进水口;1-2—出水口;2—泄流管;2-1—泄流管与过滤管相连通的管口;
2-2—水平管体;2-3—竖直管体;3—过滤网;4—固定座;5—阀门

图 14-3　整体结构示意图

14.2.1.4　可调节容积的初雨收集装置

1. 背景技术

初期雨水径流的污染较严重，且随着降雨历时呈现出降低的趋势，污染物含量逐渐减小到相对稳定的浓度。在降雨量达到 2 ~3 mm 后水质较好。雨水径流污染属于非点源污染，降雨径流污染具有突发性和非连续性。许多国家的雨水利用项目中，对初期雨水中的污染都格外重视，普遍采用弃流的方法去除初期雨水，避免这种突发性和非连续性的污染，可以保证后期雨水的水质，特别是对于降雨量很小的雨，平均污染物浓度高，可利用水量少，不利于提高资源的有效利用率。设置初期雨水弃流就可以直接去除这种小降雨。初期弃流后的雨水水质较为稳定，悬浮固体含量较低，可用于各种生活杂用水、绿化、喷洒路面等。所以，采用适当的方式对初期雨水进行弃流，有利于后期洁净的雨水收集利用。

2. 解决方案

降雨初期产生的径流中含有大量的污染物和其他杂物，为了减少收集到雨水中的污染物，降低后期雨水处理难度和费用，一般要将这部分初期雨水集中收集起来作为弃流处理。

可调节容积的初期雨水收集装置由雨水下水管道、初期雨水收集箱、控制初期雨水径流量的控制装置、初期雨水进水管路、后期雨水收集管道组成（见图 14-4）。在初期雨水收集箱中控制初期雨水径流量的控制装置由浮球、丝杠和止水板组成。根据当地的降雨情况，通过旋转止水板在丝杠上的位置，就可调节初期雨水收集箱的容积，当降雨开始后，初期产生的径流沿雨水进水管，通过初期雨水进水管路进入到初期雨水收集箱，随着初期雨水收集箱中水位的上升，浮球带动止水板向上运动，最后止水板完全挡住了进入初期雨水收集箱的雨水径流入口，使得后期雨水径流流入后期雨水收集管道，进入雨水收集系统中。

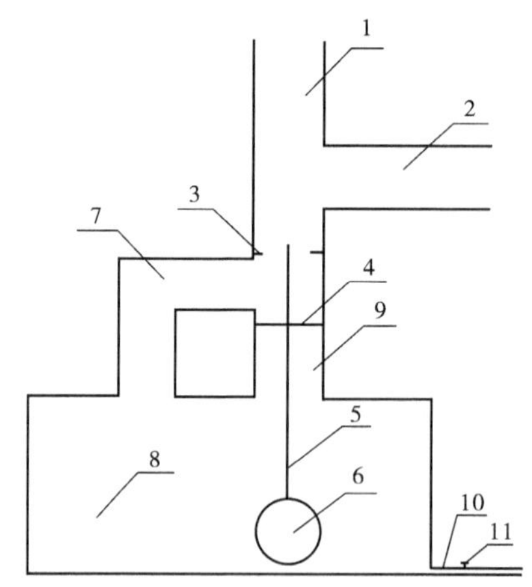

1—雨水下水管道；2—后期雨水收集管道；3—止位块；4—止水板；5—丝杠；
6—浮球；7—初期雨水进水管；8—初期雨水收集箱；9—控制初期雨水径流量管道；
10—排空管道；11—排空管道阀门

图 14-4　可调节容积的初雨收集装置布置图

该装置主要用于初雨径流收集，设备简单、安装使用方便，避免了初期径流中污染物和其他杂物对后期收集雨水的污染，减小后期雨水处理的难度。

3. 有益效果

研究表明，初期雨水径流的水质较差。在雨水收集利用时，由于初期雨水在流经大气、建筑物表面、室外道路和地面时受到污染，使这部分雨水中的污染物较多，污染程度较高，由于初期径流雨水中污染物浓度较高，和后期清洁雨水一起收集，其水质的处理过程不经济。因此，对初期雨水径流的处置是雨水利用工程的关键技术。可调节容积的初期雨水收集装置制造简单、造价低，弃流径流量可调节，满足各种弃流量要求，有利于我国雨水集蓄利用和推广应用。

4. 实施方式

可调节容积的初期雨水收集装置由雨水下水管道、初期雨水收集箱、控制初期雨水径流量的控制装置、初期雨水进水管路、后期雨水收集管道、排空管道、阀门等组成。雨水下水管道垂向连接初期雨水收集箱，水平方向连接后期雨水收集管道，连接初期雨水收集箱的管道中设置的止位块位置略低于后期雨水收集管道的下边缘。止位块以下设置有通往初期雨水收集箱的初期雨水进水管路和安装控制初期雨水径流量的控制装置的管道，初期雨水径流量的控制装置的管道的直径和雨水下水管道、后期雨水收集管道相同，初期雨水进水管路的直径小于或等于上述管道的直径，初期雨水径流量控制装置的浮球、丝杠和止水板按照装置布置图连接，止水板应处在初期雨水径流量的控制装置管道中。初期雨水收集箱的底部一侧设置排空管道，在排空管道上设置阀门，控制收集到的初期雨水径流的排放。根据当地的降雨情况，通过旋转止水板在丝杠上的位置，就可调节初期雨水收集箱的容积，当降雨开始后，初期产生的径流沿雨水进水管，通过初期雨水进水管路进入到初期雨水收集箱，随着初期雨水收集箱中水位的上升，浮球带动止水板向上运动，最后止水板完全挡住了进入初期雨水收集箱的雨水径流入口，使得后期雨水径流流入后期雨水收集管道，进入雨水收集系统中。当一次收集雨水结束后，打开阀门将弃流箱中的水排出，以利于下次使用。

14.2.1.5　可调节初雨弃流量装置

1. 背景技术

城市屋面雨水利用有利于改善城市的生态环境，有利于缓解日益严重的水资源危机。但屋面雨水径流的水质状况直接影响到雨水的用途，径流主要污染物为有机物、营养物及悬浮固体，主要来自于下垫面的污染物积累。屋面径流污染的主要影响因素有大气污染状况、屋面材料、非降雨期屋面大气沉降物积累程度、降雨量、降雨强度及相邻两次降雨的间隔时间、季节等。初期屋面雨水径流的污染较严重，且随着降雨历时呈现出降低的趋势，在降雨量达到2～3 mm后水质较好。对屋面雨水截污和初期雨水弃流装置的开发研究意义重大。

2. 解决方案

为了解决现有技术存在的技术设备结构复杂、造价高，需要动力支持等问题。克服现有技术中存在的不足，提供一种初期雨水弃流装置，可以将初期雨水弃除，并能通过调节装置的内部浮子，调节初期雨水径流弃流量的多少，在雨水收集过程中能弃流掉污染严重的初期径流雨水，只收集比较清洁的径流雨水，减少后续处理环节，节约投资和运行费用。满足各种弃流量要求，无能耗，应用范围广，利于装置的进一步推广应用，对雨水资源的广泛应用具有重要的意义。

初雨弃流装置由弃流箱、雨水收集箱、过滤网、止水球、浮块等组成(见图14-5)。三通管的一端为进水口,另两端分别连接弃流箱和雨水收集箱,弃流箱底部设置有弃流水出口,雨水收集箱下部设置有出水口,止水球和浮块用“V”字形结构连接,并固定在弃流箱上边缘一侧,此“V”字形结构可上下活动,在雨水收集箱的上部设置有过滤层。工作过程为:当降雨开始后,含有树叶、尘埃颗粒的初雨,通过管道进入弃流箱中,随着水量的增加,弃流箱中的水面上升,当弃流水量继续增多时,会推动浮块上升,直到与浮块连接的止水球堵塞进水口,一次弃流收集结束,后续的雨水径流通过连通雨水收集箱的三通管,进入雨水收集箱,进入雨水收集箱的雨水通过设置在上端的过滤层进行过滤后,存入雨水收集箱中。

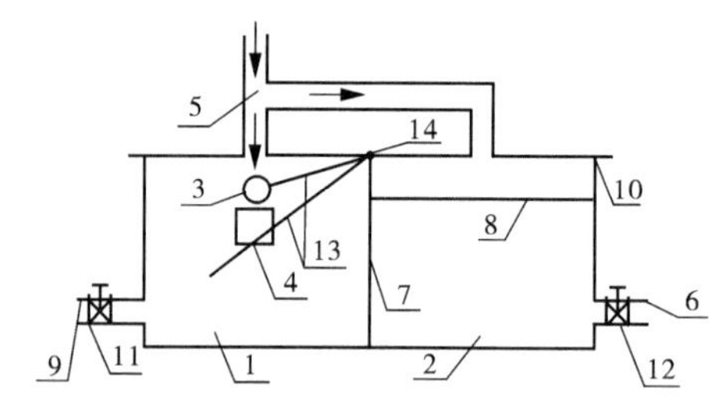

1—弃流箱;2—雨水收集箱;3—止水球;4—浮块;5—分流三通;
6—出水口;7—隔断;8—过滤网;9—弃流箱出水口;10—可移动的盖板;
11—弃流箱出水口阀门;12—收集箱出水口阀;13—“V”字形结构;14—“V”字形结构固定端

图14-5

该装置主要用于雨水初雨径流弃流、收集利用系统,弃流水量可调节,满足各种弃流量要求,并且出流水质好,有利于推广应用。

3. 有益效果

由于淡水资源的日益紧缺,雨水资源的收集、利用已越来越受到重视。在一些淡水资源匮乏的城市和地区,不断有采用各种系统对雨水进行收集、利用。雨水利用正日趋成为我国城市化进程中缓解城市水危机、改善城市水环境的重要措施。在雨水收集利用时,由于初期雨水在流经大气、建筑物表面、室外道路和地面时受到污染,使这部分雨水中的污染物较多,污染程度较高,和后期清洁雨水一起收集,其水质的处理过程不经济。因此,在对雨水的收集过程中,对初雨径流量进行弃流处理是十分必要的。所以,采用适当的方式对初期雨水进行弃流,成为雨水资源利用的一个重要方面。

初雨弃流装置制作简单、造价低,弃流径流量可调节,满足各种弃流量要求,并且出流水质好,有利于我国雨水集蓄利用和推广应用。

4. 具体实施方式

初雨弃流装置由弃流箱、雨水收集箱、过滤网、止水球、浮块等组成(见图14-6)。三通管的一端为进水口,另两端分别连接弃流箱和雨水收集箱,弃流箱底部设置有弃流水出口,雨水收集箱下部设置有出水口,止水球和浮块用V字形结构连接,并固定在弃流箱上边缘一侧,此V字形结构可上下活动,在雨水收集箱的上部设置有过滤层。当降雨开始后,含有树叶、尘埃颗粒的初雨径流,通过三通管道进入到弃流箱中,随着水量的增加,弃流箱中的水面上升，当弃流水量继续增多时，会推动浮块上升，直到与浮块连接的止水球堵塞进水口，一次弃流收集结束，后续的雨水径流通过连通雨水收集箱的三通管，进入雨水收集箱，进入雨水收集箱的雨水，通过设置在上端的过滤层进行过滤后存入雨水收集箱中。在弃流箱的底部安装有控制阀门，当一次收集雨水结束后，打开此阀门将弃流箱中的水排出，以利于下次使用，弃流箱和雨水收集箱上部的盖板是可移动的，需要对水箱进行清理时，可打开盖板进行，雨水收集箱中的过滤层是活动的，方便清理与更换。

14.2.2　雨水收集灌溉装置

14.2.2.1　黄土高原丘陵区梯级温室及集雨自压灌溉系统与方法

1. 背景技术

黄土高原北部丘陵区降水时空分布极不均匀，雨水集蓄利用显得尤为重要，大面积缓坡丘陵地形可用来修建或作为天然集水面。地势高差利于自流灌溉，深厚的黄土创造了良好的就地集蓄条件。降雨的集蓄利用是防治水土流失与雨水资源化的一个有效途径。黄土高原属温带干旱、半干旱气候区，光照资源丰富，气候干燥，昼夜温差大，为蔬菜瓜果生长发育和糖分积累创造了有利条件，该区域气候四季分明，昼夜温差大，空气相对湿度干燥，在设施条件下蔬菜瓜果可一年四季生产，果实成熟充分，香气发育完全，糖类、矿物质与色素物质形成良好，含酸量适中。但水资源短缺限制了设施农业的推广。

黄土高原丘陵区梯级温室及集雨自压灌溉设施在黄土丘陵区的梯级田上设置温室群，采用上一级梯田的雨水自流灌溉下一级温室的方法，解决了在梯田上建设温室的灌溉问题，使黄土高原丘陵区建立温室群成为现实。充分、合理开发利用雨水资源，发展设施农业，促进生态系统向良性循环转化，可有效解决干旱和水土流失，减少自然灾害的发生。促进陡坡地退耕还林还草，改善生态环境，推动综合开发，增加农民收入，实现农业经济的可持续发展。

2. 解决方案

设施农业作为一种高产优质的现代化农业生产方式，在解决农村“三农”问题，拉动农业经济发展，推进农村地区产业结构调整方面发挥着重要作用。黄土高原光照资源丰富，气候干燥，昼夜温差大，为蔬菜瓜果生长发育和糖分积累创造了有利条件；但该区域地表和地下水资源十分缺乏，且降水时空分布不均，限制了设施农业的发展。本装置是针对黄土高原区梯级温室及集雨自压灌溉问题提出的，在梯田上建立温室，并利用上一级梯田的集雨对下一级梯田上的温室进行灌溉，克服了黄土高原丘陵区发展温室大棚的制约因素，对充分、合理开发利用雨水资源，发展设施农业，促进生态系统向良性循环转化，有效解决干旱和水土流失问题，减少自然灾害的发生，增加农民收入具有重要作用。

解决方案是充分利用雨水资源，通过设置集雨系统进行灌溉。具体做法是通过温室的棚面和温室周围的地面进行雨水集蓄，梯田的最顶端的地面设置成集雨面，对最上一级的温室进行集雨灌溉，其余的采用上一级梯田的雨水集蓄后对下一级温室进行自流灌溉的方法，解决了梯田上建设温室的灌溉问题，使黄土高原丘陵区建立温室群成为现实。本装置充分、合理开发利用雨水资源，发展设施农业，促进生态系统向良性循环转化，有效解决了干旱和水土流失问题，是推动黄土丘陵沟壑区发展高产、高效、优质农业的有效途径，也是黄土高原丘陵区实现全面建设小康社会目标的根本措施。

3. 有益的效果

以温室塑料大棚生产为主体的设施农业投资小，土地生产率高，经济效益大，回报率好，可大幅提升单位土地农业生产效益，是农村和农业经济的一个新的增长点。设施农业在黄土高原地区农业持续发展和生态环境的持续改善中有不可替代的地位和作用。设施农业可带动区域经济发展，增加农民收入，促进新农村建设和帮助农民脱贫致富，设施农业作为一种劳动密集型农业，增加了大量的就业机会，从而有效解决了农村剩余劳动力的出路问题。随着农民收入的增加和从业形式的改变，农民的观念和素质也得到很大程度的提升，农业经营管理水平可得到较大提高。

设施农业的发展有助于恢复植被、固沙保土、调节气候等生态措施的实施，对于实现生态良性循环、生态环境改善和农业的可持续发展起到重要的促进作用。

4. 实施方式

不同梯级的温室均依田坎设置，田坎作为温室的墙体，保温效果好，还可节省建设的投资；梯级的顶端作为最上一级温室的集雨面使用，其余梯级温室的棚面和所在的地面也同时作为集雨面(见图 14-6)。具体做法是通过温室的棚面和温室周围的地面进行雨水集蓄，梯田最顶端的地面设置成集雨面(见图 14-6)，对最上一级的温室进行集雨灌溉，其余的采用上一级梯田的雨水集蓄后对下一级温室进行自流灌溉的方法，解决了梯田上建设温室的灌溉问题，使黄土高原丘陵区建立温室群成为现实。本装置充分、合理开发利用雨水资源，发展设施农业，促进生态系统向良性循环转化，有效解决干旱和水土流失问题。该发明结构简单、不需专门的施工技术和设备，易于推广应用。

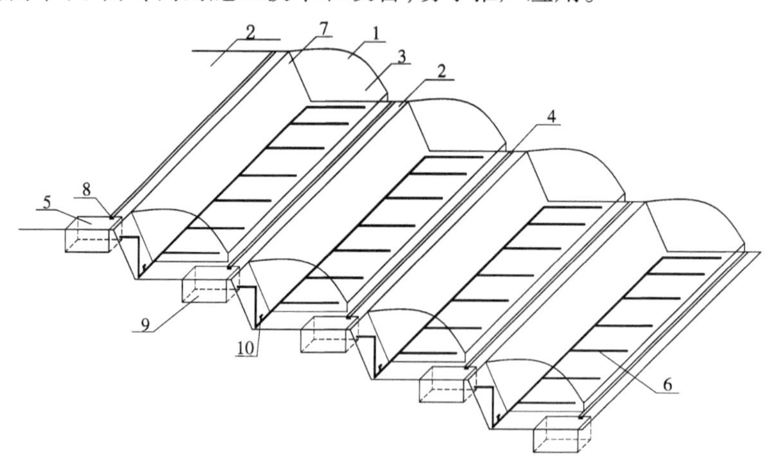

1—温室；2—地面集水面；3—温室棚面集水面；4—集水汇流沟；5—储水池；
6—灌溉管道；7—田坎；8—进水口过滤装置；9—沉淀池；10—阀门

图 14-6

14.2.2.2　黄土高原丘陵区果树集雨自流灌溉设施

1. 背景技术

干旱缺水和水土流失是制约黄土高原地区经济社会可持续发展的重要因子，限制了土地生产力的提高，使山坡地生态系统日趋脆弱，严重制约了山坡地生态系统的稳定性和生产经济的持续性发展。

干旱半干旱地区雨水集蓄利用具有灌溉作物、林木、果树，提高作物产量和林草成活率，同时具有拦泥减沙、保持水土的作用，雨水的集蓄利用对改善农田生态系统、增加区域生态系统的稳定性和增加农民收入具有重要意义。

2. 解决方案

黄土高原具有较广阔的土地资源和丰富的光热资源，但由于干旱少雨，气候干燥等，制约了当地经济的发展。对雨水的集蓄和利用，使得种植高效经济作物成为可能，有利于退耕还林的实施和农业种植结构的调整。在黄土高原区降水量的条件下，一般有 10 ~ 15 m^2 的集水面就可基本满足果树生长对水的需求，例如：核桃种植的行距为 5 ~ 6 m，株距为 4 ~ 5 m，每亩 20 ~ 30 株，集水面积为 20 ~ 30 m^2；苹果、梨种植的行距为 4 ~ 5 m，株距为 3 ~ 4 m，每亩 33 ~ 55 株，集水面积为 10 ~ 20 m^2。在相邻的每行果树之间设置集水面，集水面以 5°的坡度设置，集水面的材料可采用塑料薄膜、混凝土、混合土夯实、素土夯实、砖瓦面等。沿果树行靠近果树处设置集水分水沟，集水分水沟可以用砖砌并用混凝土勾缝，在每棵果树旁设置储水池，储水池和集水分水沟连通，储水池靠近果树的一侧底部连接渗灌管，渗灌管的另一端设置在果树的根系层土壤中。当降雨产生径流时，集水面上的降雨径流沿集水面的坡面流动，汇集到集水沟中，通过集水沟再储存到各个储水池中，当果树需要水分时，储水池中的雨水通过渗灌管道输送到果树的根系层。

该装置不需要专门的抽水设备，利用雨水资源较好地解决了黄土高原丘陵区发展果林业的灌溉问题。

3. 有益效果

黄土高原丘陵区果树集雨灌溉设施解决了缺水地区农民种植高效经济作物时没有灌溉水的主要问题，为当地发展经济作物和果林业提供了条件，该装置可提高黄土丘陵区经济作物种植比例、提高果树的产量和品质，有效地保持了水土，避免了降雨对土壤的冲刷。有利于形成可持续发展的生产经营模式，通过种植果树等不仅可以增加农民收入，改善农民生活，促进农业结构调整，还可以绿化荒山，有利于实施退耕还林还草，改善生态环境，具有良好的经济效益、生态效益和社会效益。为有效解决干旱和水土流失问题，促进生态系统的良性循环创造了条件。

4. 实施方式

在相邻的每行果树之间设置集水面，集水面以 5°的坡度设置，集水面的材料可采用塑料薄膜、混凝土、混合土夯实、素土夯实、砖瓦面等。沿果树行靠近果树处设置集水分水沟，储水池和集水分水沟连通，果树的一侧底部连接渗灌管，渗灌管的另一端设置在果树的根系层土壤中。当降雨产生径流时，集水面上的降雨径流沿集水面的坡面流动，汇集到集水沟中，通过集水沟再储存到各个储水池中，储水池用砖或石料砌成，当果树需要灌水时，储水池中的雨水通过渗灌管道输送到果树的根系层。装置具体结构示意图 A—A 剖面图见图 14-7。该装置结构简单、不需专门的施工技术和设备，易于推广应用。

14.2.2.3　绿化带集雨自动微喷灌装置

1. 背景技术

随着我国城市道路绿化带种植事业的迅速发展，其灌溉用水量也在迅猛增长。道路

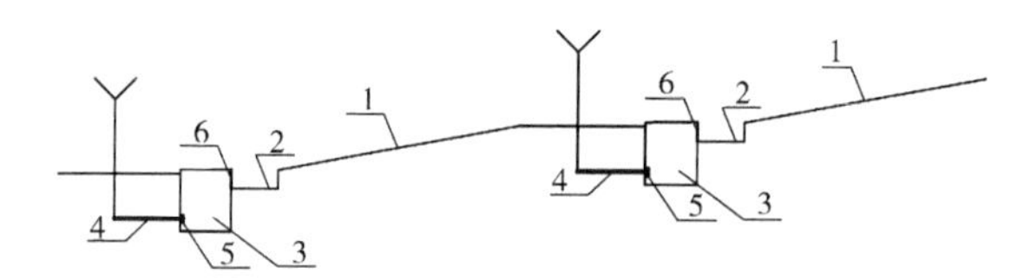

A—A 剖面图

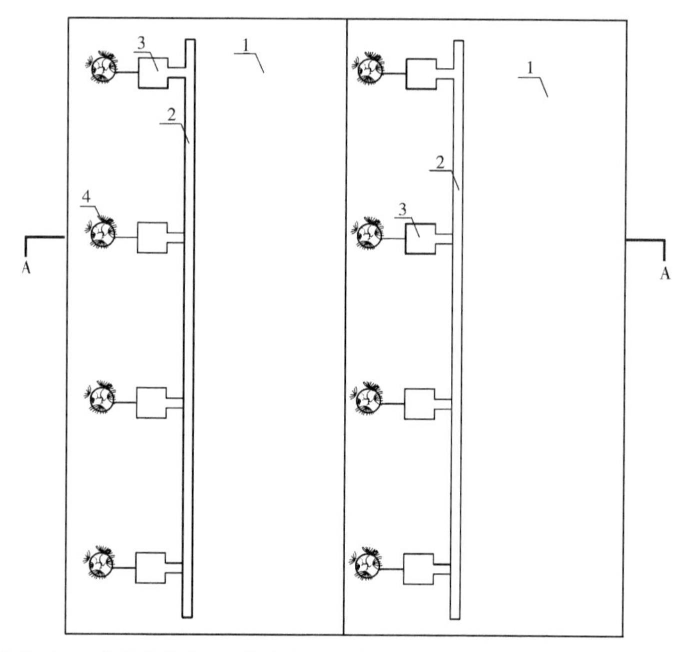

1—集水面;2—集水分水沟;3—储水池;4—渗灌管道;5—出水口过滤网;6—过滤装置

图 14-7　装置结构示意图

绿化带的灌溉方式主要是用洒水车和人工漫灌浇水,这样做的缺点在于:

(1)劳动强度高,费时、费水,造成水源、能源和人力的极大浪费。

(2)洒水车占用行车道进行灌溉作业,速度缓慢,影响到其他车辆的通行,在城市快速路上常造成拥堵,交通事故也时有发生。

(3)洒水车不仅用水量大,而且灌水质量不高,下渗的水会造成路面水损坏。

(4)洒水车进行洒水一般有两个目的:一是进行灌溉,二是对绿化带进行清洗,但是在现有技术中该洒水方式满足不了其对绿化带进行清洗的功能,并且由于绿化带多种植乔木、灌木等林木根系较深的物种,直接导致了需水量增大,渗灌时间过长。

随着水资源的日趋紧张,绿化带维护养护需水量的增大,雨水作为一种水资源越来越受到重视,城市道路雨水资源化对涵养地下水源,改善水资源环境,降低排水管网负荷,降低雨水管道投资,缓解城市用水压力,降低绿地养护成本都具有重要意义。

2. 解决方案

为改进现有技术的缺陷,而提供一种结构简单实用、成本低廉、应用广泛、便于维护的绿化带集雨自动微喷灌装置。

绿化带集雨自动微喷灌装置包括雨水收集装置,该雨水收集装置包括集水过滤池和储水井,集水过滤池为敞口且敞口上盖有过滤水箅子,储水井为封口井,集水过滤池下部设有连接储水井的出水口;储水井连通有灌溉输水管道,该灌溉输水管道通到需灌溉的绿化带,可设置于地上,亦可浅埋于地下;微喷灌装置还包括水泵、水泵启闭装置和土壤水分传感器;水泵与水泵启闭装置安装在储水井中,且所述水泵的出水口与灌溉输水管道相连接;土壤水分传感器安装在需要灌溉的绿化带根系土壤中,土壤水分传感器和水泵分别与水泵启闭装置连接。

储水井底部设有低水位控制器,该低水位控制器与水泵启闭装置连接。集水过滤池上部设有溢流口,该溢流口与城市排水系统相通。灌溉输水管道上设有旋转式微喷头。集水过滤池下部设有砾石和/(或)粗砂过滤材料,用于对雨水进行过滤。为了使雨水经过更好地过滤,集水过滤池下部所设出水口处设有条缝板。

该微喷灌装置的工作原理是:当有降雨时,收集到的雨水通过集水过滤池沉淀过滤后存入储水井中,当绿化带中种植的植物根系周围的土壤水分含量降低到一定的程度时,设置在植物根系周围的土壤水分传感器发出信号,水泵启闭装置启动水泵,泵水经过灌溉输水管道进行浇灌,当植物根系周围的土壤水分含量达到一定值时,设于根系周围的土壤水分传感器发出信号,水泵启闭装置会停止水泵工作。另外,当储水井中的水位低于水泵位置时,为避免损坏水泵,设置在储水井底部的低水位控制器将及时关闭水泵运行。

3. 有益效果

浇灌水在水泵的压力下可输送到足够远。无论绿化带地势较马路要高,还是较马路低都能浇灌,浇灌效率高。设置灌溉输水管道的工作量小,有利于维护。浇灌水可控制,自动化程度高,有利于植物生长,浪费水少。该结构简单适用,制造成本低,应用范围广。

4. 实施方式

下面结合图 14-8 说明该装置的具体实施方式。

如图 14-8 所示,一种绿化带集雨自动微喷灌装置包括雨水收集装置,该雨水收集装置包括集水过滤池 1 和储水井 2,所述集水过滤池 1 为敞口且敞口上盖有过滤水箅子1-1,其下部设有砾石和粗砂过滤材料 1-2;集水过滤池 1 下部设有连接储水井 2 的出水口 1-3,该出水口 1-3 处设有条缝板 1-3-1;集水过滤池 1 上部设有溢流口 1-4,该溢流口 1-4 与城市排水系统相通;储水井 2 为封口井,该储水井 2 连通灌溉输水管道 2-1,灌溉输水管道 2-1通到需灌溉的绿化带,浅埋于地下,且灌溉输水管道 2-1 上设有旋转式微喷头 2-1-1。

微喷灌装置还包括水泵 3、水泵启闭装置 4 和土壤水分传感器 5;水泵 3 与水泵启闭装置 4 安装在储水井 2 中,且水泵 3 的出水口 3-1 与灌溉输水管道 2-1 相连接;土壤水分传感器 5 安装在需灌溉的绿化带根系土壤中,土壤水分传感器 5 和水泵 3 分别与所述水泵启闭装置 4 连接;储水井 2 底部设有低水位控制器 6,该低水位控制器 6 与所述水泵启闭装置 4 连接。

14.2.2.4　绿化带太阳能雨水灌溉装置

1. 背景技术

道路绿化带是城市绿化的重要组成部分,既能分隔交通,又起到美化城市;同时具有如道路滞尘、减弱噪声、吸收有害气体等环保作用。近年来,我国城市道路发展迅速,道路绿化带灌溉用水量也在迅速增加。目前,道路绿化带的灌溉方式主要是用洒水车和人工漫灌浇水,不但劳动强度高,而且费时、费水,造成水源、能源和人力的极大浪费。洒水车

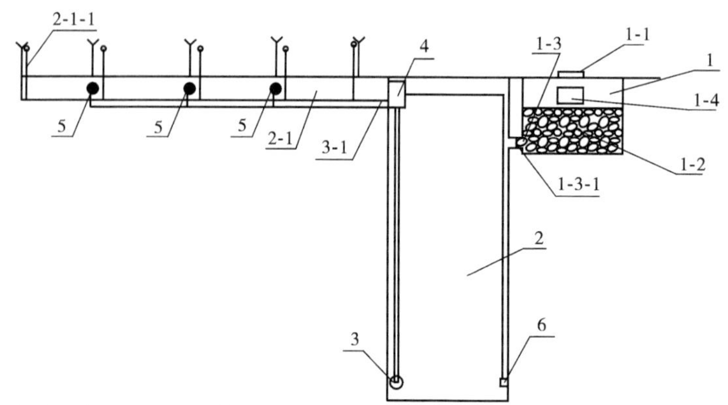

1—集水过滤池;1-1—过滤箅子;1-2—砾石和粗砂过滤材料;1-3—储水井2的出水口;
1-3-1—条缝板;2—储水井;2-1—灌水输水管道;2-1-1—旋转式微喷头;3—水泵;
3-1—水泵的出水口;4—水泵启闭装置;5—土壤水分传感器;6—低水位控制器

图 14-8

占用行车道进行灌溉作业,速度缓慢,不利于车辆的安全通行。在城市快速路上常造成拥堵,交通事故也时有发生。洒水车不仅用水量大,而且灌水质量不高,下渗的水会渗向路面结构,造成路面水损坏。绿化带的灌溉水大面积流向人行道的现象时有发生,影响到行人的通行,如果每次浇水都像这样有那么多的水白白流走,将会是一种很大的浪费。随着水资源的日趋紧张,绿化带维护养护需水量的增大,雨水作为一种水资源越来越受到重视,城市道路雨水资源化利用对降低排水管网负荷、节约自来水、缓解城市用水压力、降低绿地养护成本都具有重要意义。

2. 解决方案

为改进现有技术的缺陷,而提供一种采用太阳能作为动力能源,且结构简单实用、成本低廉、应用广泛、便于维护的用于绿化带的太阳能雨水灌溉装置。

用于绿化带的太阳能雨水灌溉装置包括雨水收集装置,该雨水收集装置包括集水过滤池和储水井,集水过滤池顶部设有敞口,该敞口上设有过滤水箅子,储水井为封口井;集水过滤池下部设有出水口,该出水口通过管道与储水井贯通连接;灌溉装置还包括输水装置和为输水装置提供动力的太阳能驱动装置。输水装置上设于集水过滤池内,且该输水装置上设有进水管道和出水渗灌管道,出水渗灌管道通到所需灌溉的绿化带。

太阳能驱动装置设于地表面上,太阳能驱动装置包括太阳能板、蓄电池和逆变器;太阳能板、蓄电池和逆变器依次连接在一起,逆变器与输水装置通过缆线连接。

输水装置上所设的进水管道的进水口设置在储水井的底部,进水口处设有过滤层。

集水过滤池下部设有过滤层,该过滤层从上至下依次为粗滤网、粗砾石和砂砾。

集水过滤池上部设有溢流口,该溢流口与城市排水系统相通;储水井上部设有中水进水口。

雨水灌溉装置主要用来收集道路的雨水径流,雨水通过在集水过滤池顶部所设的敞口上设置的雨水箅子过滤后进入集水过滤池中,集水过滤池内铺设有三层过滤材料,最上层为粗滤网,中间层为粗砾石,最下层的过滤材料采用较细的砂砾作为过滤料,集水过滤池上部设置溢流口,溢流口和市政排水管道连接,当储水井储满水时,多余的雨水将通过溢流口排入市政雨水管道中,在集水过滤池下部设有出水口,储水井通过管道与集水过滤池下部设的出水口连接,且储水井上设有当没有雨水时的中水进水口,在储水井中安装有输水装置,输水装置的动力装置与太阳能驱动装置的蓄电池连接,为输水装置提供能源。在绿化带林木的根系层中铺设出水渗灌管道,当需要灌溉时,启动输水装置,储水井中的雨水就可通过出水渗灌管道进入绿化带林木的根系层中,达到灌溉绿化带林木的目的。

3. 有益效果

提出的用于绿化带的太阳能雨水灌溉装置采用太阳能作为动力能源,灌溉方式采用渗灌技术,避免了地表灌溉设施的损坏问题。既可满足绿化带多种植乔木、灌木等林木根系较深的绿化带植物的需水要求,又能适合根系较浅的城市绿化带常用的乔木或松柏类等;而且较好地缓解了城市绿地用水紧张的矛盾,推广前景广阔,经济效益和社会效益显著,环境保护意义重大。

4. 实施方式

如图14-9所示。太阳能雨水灌溉装置收集的道路雨水径流,雨水通过在集水过滤池1上部敞口1-1设置的雨水箅子1-1-1后进入集水过滤池1中,集水过滤池1内铺设有三层过滤材料,最上层为粗滤网1-3,中间层为粗砾石1-4,最下层的过滤材料采用较细的砂砾1-5作为过滤料,集水过滤池1上部设置溢流口1-6,溢流口1-6和市政排水管道连接,当储水井2储满水时,多余的雨水将通过溢流口1-6排入市政雨水管道中,在集水过滤池1下部设有出水口1-2,储水井2通过管道1-2-1与集水过滤池1下部设有出水口1-2连接,且储水井2上设有当没有雨水时的中水进水口2-1,在储水井2中安装有输水装置3,输水装置3的出水渗灌管道3-2通向绿化带林木的根系层,输水装置3由太阳能驱动装置提供电力,太阳能驱动装置由太阳能板4-1、蓄电池4-2、逆变器4-3组成。当需要灌溉时,由太阳能驱动装置提供能源,启动输水装置3,储水井2中的雨水或中水就可通过出水渗灌管道3-1进入绿化带林木的根系层中,达到灌溉绿化带林木的目的。

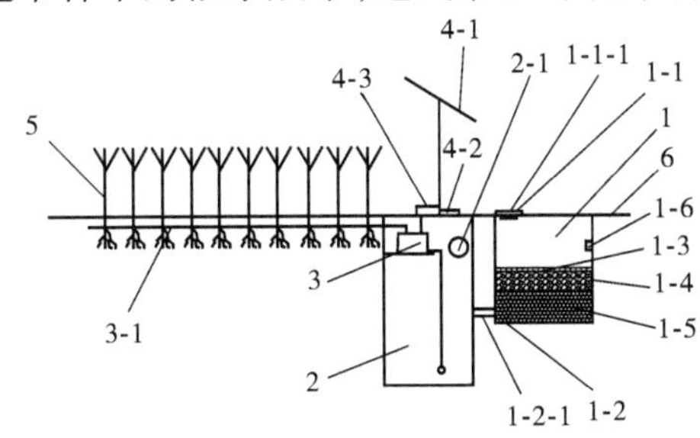

1—集水过滤池;1-1—集水过滤池上部敞口;1-1-1—雨水箅子;1-2—集水过滤池下部敞口;1-2-1—管道;1-3—粗滤网;1-4—粗砾石;1-5—细砂砾;1-6—溢流口;2—储水井;2-1—中水进水口;3—输水装置;3-1—渗灌管道;4-1—太阳能板;4-2—蓄电池;4-3—逆变器

图14-9

14.2.3　城市雨水利用装置

14.2.3.1　住宅雨水综合利用系统与装置

1. 背景技术

随着社会经济的迅速发展和城市化进程的加快,雨水资源利用势在必行。雨水资源利用将是城市开发水资源、节约用水、减轻城市洪涝灾害、缓解排水管道负担、减少污染负荷、改善城市水环境状态的有效措施。对改善城市生态环境、缓解水资源紧张局面和经济社会可持续发展具有十分重要的意义。

住宅雨水综合利用系统与装置对雨水资源采用综合利用，首先利用储存雨水的势能，自流冲洗卫生间或浇灌花园；其次利用地面设置的储水箱也可自流利用，将多余的雨水收集到设置在地下的储水过滤系统进行过滤后，进入回灌井中，对地下水进行补充回灌。该装置在技术上可行、经济合理，对雨水资源进行充分地利用，不仅具有显著的节水效益，还具有显著的社会效益和环境效益。

2. 解决方案

屋面是住宅小区中最常用的雨水收集面。屋面雨水水质较好、径流量大、便于收集利用，是住宅小区雨水收集利用的重要途径。住宅雨水综合利用系统与装置克服了现有公知技术中的不足，如对所收集的雨水利用方法单一，当降雨量大时，多余的储存不了的雨水资源只能白白地流失。提出的综合利用系统与装置采用无动力装置对雨水资源进行综合利用，对雨水资源的收集利用具有非常重要的意义。

该雨水综合利用系统与装置由雨水收集槽、雨水弃流和过滤装置、高位储水箱、地面储水箱、雨水过滤池、渗透井和进、溢流管道等组成。该综合利用系统与装置对雨水资源采用综合利用，首先将弃流、过滤后的雨水储存在高位的储水箱，充分利用储存雨水的势能自流冲洗卫生间或浇灌花园，多余的雨水通过高位储水箱上部设置的溢流口，通过管道进入地面储水箱，地面储水箱中的雨水也可以自流使用，当地面储水箱储满时，雨水通过地面储水箱上部设置的溢流口，通过管道进入设置在地面以下的雨水过滤池，过滤后进入设置的回灌井中，通过回灌井渗入到地下土壤中。

雨水资源综合利用的系统与装置包括雨水收集槽 1，汇流槽 2，雨水弃流和过滤装置 3，高位储水箱 4，地面储水箱 5，雨水过滤池 6，渗透井 7 和进、溢流管道等组成（见图 14-10）。屋檐雨水收集槽 1、雨水收集槽收集的雨水通过汇流槽 2 经管道进入初雨弃流装置和雨水过滤装置 3，过滤后的雨水首先通过管道 8 进入设置在高位的储水箱 4，当雨水的径流量较大时，雨水径流会通过高位储水箱上部设置的出水口 9 通过管道依次进入设置在地面的储水箱 5 和雨水过滤池 6 中，过滤后的雨水通过管道进入渗水井 7 中；屋檐雨水收集槽 1 为 PVC 材料的“U”形槽状。对于需要在两边屋檐处收集雨水的，还应在雨水收集槽之间设置汇流槽 2；高位的储水箱 4 设置的房屋墙体的高位，为塑料水箱，储水箱上部分别设置雨水收集槽的雨水进水管 8 和出水口 9，储水箱的底部设置雨水利用的出流口，并通过管道 10 连接自室内或室外花园、绿地；地面储水箱 5 设置在地面，可以是各种材料的储水容器，地面储水箱上部设置进水口，与高位储水箱的溢流口通过管道相连接，下部设置雨水利用的出流口 15；雨水过滤池 6 设置在地面以下，周围和底部由砖砌成，可以是圆形，也可以是方形；雨水过滤池底部设置过滤材料 11，在过滤材料下设置进水口 12，进水口的水量来自地面储水箱的溢流，雨水过滤池中上部设置进水口 13；渗水井 7 由无砂混凝土管或周围开孔的 PVC 管，上部设置进水口 13，进水口的雨水来自雨水过滤池；渗水井的雨水通过渗水井管的底部和周围渗入地下。高位储水箱和地面储水箱的出水口上设置有阀门 14、15。

3. 有益效果

为了缓解水资源危机，开发、利用雨水资源已成为许多国家和地区解决水危机的重要途径。屋面是住宅小区中最常用的雨水收集面。屋面雨水水质较好、径流量大、便于收集利用，是住宅小区雨水收集利用的重要途径。屋顶作为集雨面通过收集、过滤、输水、储存、回灌系统，可最大限度地利用雨水资源，这种系统可以设置为单体建筑的分散式系统，也可在建筑群体或小区中集中设置，合理利用雨水资源，可节约水资源，减轻城市排水设施的负担。雨水经过处理后回用，可起到减少自来水用水量，降低城市引水、净水费用的作用。经净化后的雨水可用于灌溉绿地、冲洗厕所、道路洒水和补给地下水等多种用途。

4. 实施方式

首先将该系统装置的各个部分按照附图（见图14-10）说明安装好，高位水箱可根据用水量、安装方便程度确定其容积，同理，地面处的储水箱的容积可根据需要确定，地下过滤池中的过滤材料，根据当地雨水中所含杂物和污染物的情况选用合适的过滤材料。连接各部分的管道采用塑料管材。本综合利用系统与装置对雨水资源采用综合利用方式，首先将弃流、过滤后的雨水储存在高位储水箱，充分利用储存雨水的势能自流冲洗卫生间或浇灌花园，多余的雨水通过高位储水箱上部设置的溢流口，通过管道进入地面储水箱，地面储水箱中的雨水也可以自流使用，当地面储水箱储满时，雨水通过地面储水箱上部设置的溢流口，通过管道进入设置在地面以下的雨水过滤池，过滤后进入设置的回灌井中，通过回灌井渗入地下土壤中。该综合利用的系统与装置实现了对雨水资源的最大限度的利用，对雨水资源的收集利用具有非常重要的意义。

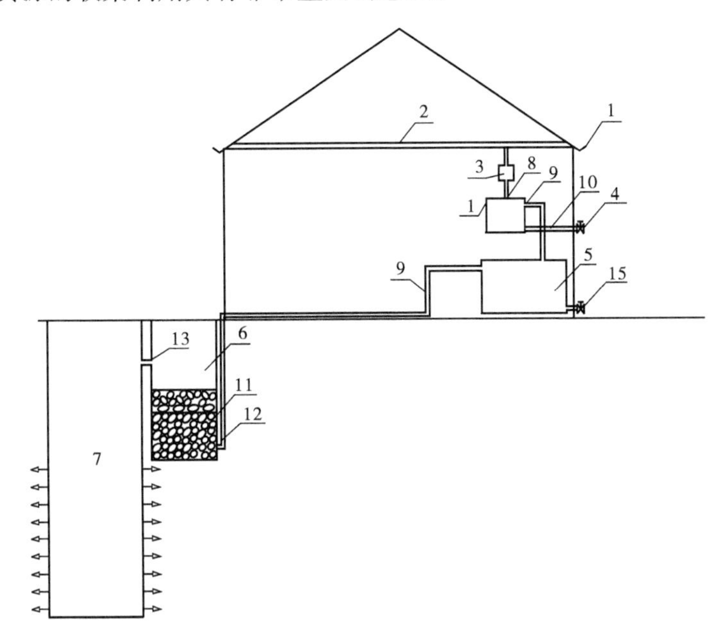

1—雨水收集槽；2—汇流槽；3—雨水弃流和过滤装置；4—高位储水箱；
5—地面储水箱；6—雨水过滤池；7—渗透井；8、10—管道；9—出水口；
11—过滤材料；12—进水口；13—出水口；14、15—阀门

图14-10

14.2.3.2　雨水利用装置

1. 背景技术

雨水资源利用可减少地面径流量,减少城市排水和河道的压力,增加可利用水源,涵养地下水,缓解地下水位下降等问题。随着社会经济的迅速发展和城市化进程的加快,雨水资源利用势在必行。雨水资源利用方法和技术的发展,对进一步推动我国雨水的广泛利用具有重要的意义。

2. 解决方案

雨水利用装置由屋顶集雨面、地面集雨面、雨水初期过滤装置、储水池、屋顶水箱、抽水装置和输水管道、阀门等组成(见图14-11)。收集的屋面和地面雨水径流首先经过过滤,然后储存到储水池中,储水池内装置有抽水装置,该抽水装置将储存的可利用雨水输送到设置的屋顶的水箱中,屋顶水箱底部出水口通过管道与室内的用水管道相连接,可用来冲洗厕所、洗衣服等。另外,通过抽水装置加压的水流可以连接灌溉设施,也可以冲洗车辆等。

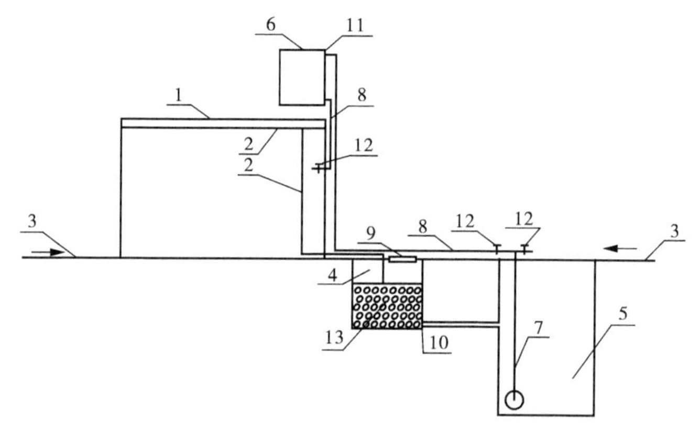

1—屋顶集雨面;2—屋顶雨水收集装置;3—地面集雨面;4—雨水过滤装置;5—储水池;6—屋顶水箱;7—抽水装置;8—输水管道;9—雨水箅子;10—出水口;11—进水口;12—阀门;13—滤料

图14-11

首先将通过屋顶和地面收集到的雨水进行过滤,然后将可利用的雨水径流储存到设置在地面以下的储水池中,通过抽水装置将储水池中的雨水输送到设置在屋顶的水箱中,利用屋顶水箱中水的重力,可自流冲洗厕所、洗衣服等。对需要一定压力的水流,如冲洗车辆,灌溉草坪、花园等,可开启设置在储水池中的抽水装置直接利用。

3. 有益效果

采取各种有效措施提高雨水利用能力和效率,是解决水资源危机的有效措施之一。通过雨水利用装置,可实现最大化的雨水收集,收集的雨水不仅可用于道路浇洒和绿化,还可用于冲厕所、洗衣服等,通过雨水集蓄利用,可节约大量的自来水。随着国内外雨水利用技术的不断应用和成熟,雨水收集利用技术将成为城市建设以及住宅小区开发建设中不可缺少的一项内容。

该装置设计新颖,造价低廉,雨水利用充分,有利于推广普及。

4. 具体实施方式

收集的屋面和地面雨水径流首先经过过滤,然后储存到储水池中,储水池内装置有抽水装置，该抽水装置将储存的可利用雨水输送到设置的屋顶的水箱中，屋顶水箱底部出水口通过管道与室内的用水管道相连接。在抽水装置的出水口部分连接有三通管，三通管一端连接屋顶水箱，一端连接灌溉或冲洗车辆管道，三通管道上装有阀门，平时关闭阀门，当需要向屋顶水箱充水时，打开连接屋顶水箱端的阀门，当需要灌溉或冲洗车辆时，打开连接的另一个阀门，然后开启抽水装置即可。

14.2.3.3　雨水多用途利用系统

1. 背景技术

由于淡水资源日益紧缺，雨水资源的收集、利用已越来越受到重视，并已初步显示出雨水资源开发利用的巨大潜力。采取行之有效的措施对雨水收集和利用，充分开发雨水资源则将成为解决城市水资源短缺的有效措施之一。通过雨水集蓄利用工程，可节约大量的自来水，并可为城市居民生活和工业用水等提供水源。目前，我国对天然降雨的利用率偏低，可利用的潜力很大。

2. 解决方案

雨水多用途利用系统首先将楼层的顶部和地面作为集雨面，通过集雨面收集的雨水经过楼房的落水管和地面集雨面的一定的坡度进入设置在地下的雨水沉淀过滤池中，雨水沉淀过滤池中铺设一定厚度的砂石材料作为过滤材料，过滤后的雨水经过设置在雨水沉淀过滤池下端的管道进入储水池中，在储水池的上部设置有溢流口，该溢流口通过管道与回灌井的上部相连通。储水池中设置有水泵，水泵的出水管道上设置有三通管道，分别通过阀门一端连接到设置在楼房顶部的水箱上端，另一端可连接到其他的用水装置。通过对楼层顶部的雨水和地面的雨水径流进行收集及雨水沉淀，并在过滤池中过滤，储水池中的水泵将过滤后的雨水送到楼层项部设置的水箱中，水箱底部的出水管分别与各层用户的用水装置相连接，在重力的作用下，各层用户打开阀门可实现自流应用，如冲洗卫生间或作它用；在水泵的出水口管道上设置有两个阀门，一方面可将雨水送一楼层顶部的水箱，另一方面也可实现冲洗道路、灌溉花草等。当储存的雨水较多时，可通过设置在储水池上部的溢流管道进入渗水井中，达到对地下水进行回灌的目的。

3. 有益效果

雨水是可利用水资源重要的一部分，为了缓解水资源危机，开发、利用雨水资源已成为许多国家和地区解决水危机的重要途径。采取各种有效措施充分利用雨水，提高雨水利用能力和效率，是解决水资源危机的有效措施之一。雨水可用于冲厕所、洗衣服、园林灌溉和补给地下水等，雨水集蓄工程建设可降低城市排水管网设计负荷，降低雨水管道投资，通过雨水集蓄利用工程，可节约大量的自来水。雨水经过处理后回用，可起到减少自来水用水量，降低城市引水、净水费用的作用。经净化后的雨水可用于灌溉绿地、冲洗厕所、道路洒水和补给地下水等。

4. 实施方式

雨水多用途利用系统由楼房顶部集雨面，地表集雨面，雨水沉淀过滤池、储水池、水泵、渗水井、楼层顶部的水箱和若干连接管道组成（见图 14-12）。在具体的实施过程中，首先根据当地的降水量和雨水集雨面的大小，确定过滤池和储水池的体积，按一定级配确定过滤池中的砂石过滤材料。渗水井可单眼或多眼，雨水沉淀过滤池下部出水口和储水池上部的溢流口、连接渗水井的管道应在同一水平面上，楼层顶部的水箱可根据过滤后的雨水量的大小确定。当需要向楼房顶层设置的水箱供水时，打开通往水箱管道上的阀门，关闭另一侧的阀门，开启水泵就可向水箱充水，各层的用户打开各自管道上的阀门用水即可；当需要向其他用水设施供水时，关闭通往水箱管道上的阀门，打开另一侧的阀门即可。储水箱中的溢流口将多余的过滤后的雨水输送到渗水井中，通过渗水井下部的渗水孔，对地下水进行回灌补充。

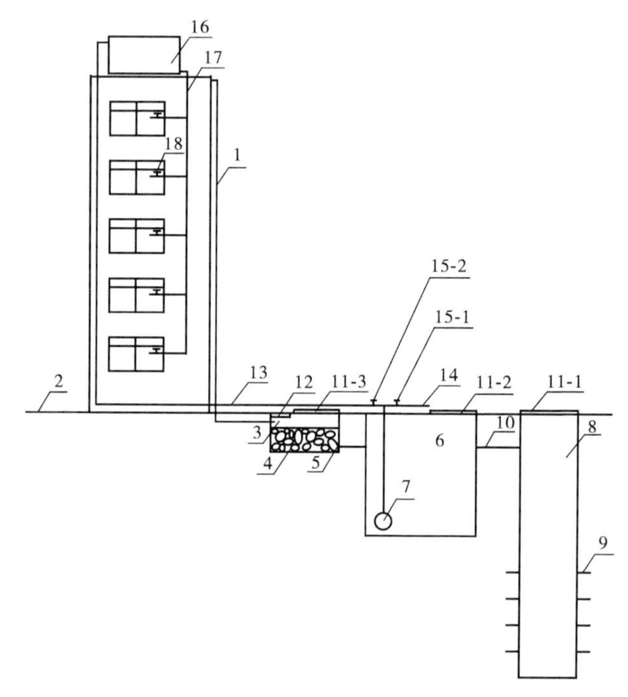

1—雨水收集管道；2—地面集雨面；3—沉淀过滤池；4—砂石过滤材料；5—过滤池下端出水口；6—储水池；7—水泵；8—渗水井；9—渗水孔；10—连接管道；11-1、11-2、11-3 检查孔；12—雨水箅子；13—输水管道；14—用水口；15-1、15-2 阀门；16—楼顶水箱；17—入户管道；18—分户控制阀门

图 14-12　装置结构图

14.2.3.4　路面雨水收集及利用系统

1. 背景技术

就近收集道路雨水径流作为路边绿化带的补充水源，不仅可以减小管道长度、节省管网造价、提高雨水利用率，更可以大大降低绿地养护成本。不同的路面材料和路面结构收集雨水的效率不同，原土翻夯路面集水效率为 23%，沥青混凝土路面的集水效率为 70%，水泥混凝土路面集水效率为 75%。道路坡度越大，其集流效率也越大。道路雨水利用可实现节水、水资源涵养与保护、控制城市水土流失和水涝灾害、减轻城市排水和处理系统的负荷、减少水污染和改善城市生态环境等，雨水资源的充分利用，可以大大缓解城市水资源的不足。

2. 解决方案

路面雨水收集及利用系统包括设置在道路一侧的雨水汇流沟和储水箱，储水箱上部与雨水汇流沟贯通连接；储水箱与雨水汇流沟贯通连接处设有至少一层过滤网。

路面雨水收集及利用系统包括至少两个与雨水汇流沟贯通连接的储水箱，储水箱之间通过管道连通。管道设置在储水箱下部。路面雨水收集及利用系统还包括移动抽水灌溉车。

雨水收集及利用系统以小区或公园的道路作为集雨面，这样的道路没有机动车通行，雨水中的污染物就不需要复杂的处理过程，简单经过过滤处理就可以作为冲洗或绿化等用水使用，沿道路一侧的雨水汇流沟间隔一定的距离设置储水箱，储水箱与雨水汇流沟贯通连接处设有过滤网，各个储水箱之间在底部用管道相连通，当需要冲洗或灌溉绿化时，只需要将移动抽水灌溉车推到相应的地方即可，同时本系统就近收集道路径流雨水作为路边绿化带的补充水源，具有分段收集、分段使用的实用价值，减小了管道长度、节省管网造价、雨水利用率高、节水效果显著，可以大大降低绿地养护成本，有利于推广应用。

3. 有益效果

道路雨水利用可实现节水、水资源涵养与保护、控制城市水土流失和水涝灾害、减轻城市排水和处理系统的负荷、减少水污染和改善城市生态环境等，雨水资源的充分利用，可以大大缓解城市水资源的不足。该系统结构简单实用、经济合理，不仅具有显著的节水效益，还具有显著的社会效益和环境效益。

4. 实施方式

下面结合图 14-13 说明本系统的具体实施方式。

如图 14-13 所示，一种路面雨水收集及利用系统，包括设置在道路 5 一侧的雨水汇流沟 1 和三个储水箱 2，储水箱 2 上部与雨水汇流沟 1 贯通连接；各个储水箱 2 之间通过管道 2-1 连通，管道 2-1 设置在储水箱 2 下部；储水箱 2 与雨水汇流沟 1 贯通连接处 3 设有两层过滤网 4。

该路面雨水收集及利用系统还包括用于抽取储水箱 2 中所储存雨水的移动抽水灌溉车。

在储水箱与雨水汇流沟贯通连接处设置过滤网的目的是：过滤掉进入储水箱雨水中的树叶等较大杂物；储水箱为砖石砌成的矩形，内部用混凝土抹面，相邻两个储水箱之间用管道贯通连接。移动抽水灌溉车由小推车、柴油机和水泵组成。在某一区域需要用水时，就将移动抽水灌溉车移动到需要浇水的地方，就近抽取储水箱中所储存的雨水，由于储水箱之间是通过管道连通的，不会出现某一储水箱无水，其他储水箱有水用不上的现象，不仅可以减小取水管道长度、节省管网造价、提高雨水利用率，更可以大大降低绿地养护成本。

14.2.3.5　雨水收集分质利用装置

1. 背景技术

雨水利用是实现水资源可持续发展的一条重要途径，它具有广泛的社会效益、环境效益和生态效益，有着不可忽视的利用价值。雨水入渗设施包括渗井、渗沟、渗池等，这些设施占地面积小，可因地制宜地修建在楼前屋后。将雨水渗沟、渗塘和透水地面作为城市整体规划的组成部分。通过绿色屋顶收集雨水，储存到雨水调蓄池，用于冲洗厕所和浇灌绿地。

雨水资源利用将是节约用水、减轻城市洪涝灾害、缓解排水管道负担、改善水环境状态的有效措施，对改善生态环境、缓解水资源紧张局面具有十分重要的意义。

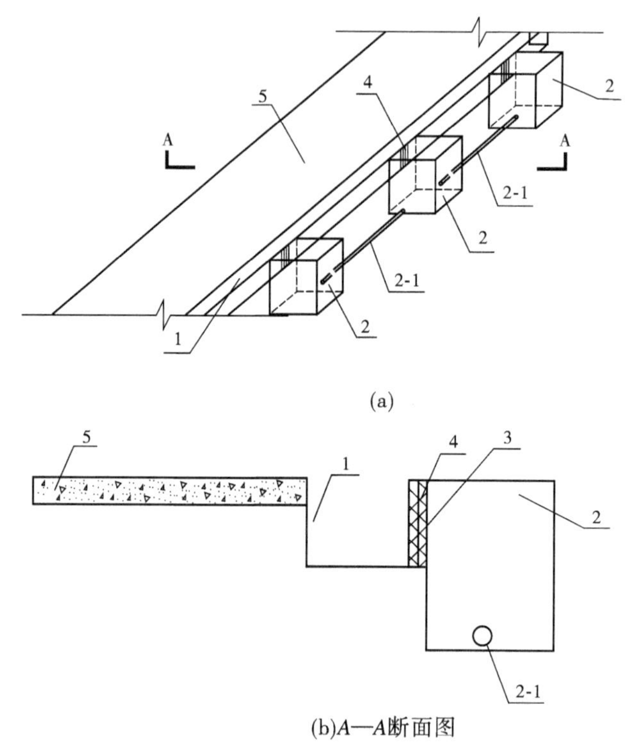

(b)*A—A*断面图

1—雨水汇流沟;2—储水箱;2-1—储水箱连接管;3-1—储水箱进水口;4—过滤网;5—道路

图 14-13

2. 解决方案

雨水收集分质利用装置由雨水集雨面、雨水过滤池、储水池、提水装置、超滤消毒箱和雨水分质水箱等组成(见图 14-14)。雨水分质利用装置对雨水资源采用分质利用,将收集的雨水经过雨水过滤池过滤后,一部分通过提水装置输送到雨水分质水箱中自流冲洗卫生间或浇灌花园;另一部分通过提水装置经过超滤消毒箱储存到雨水分质水箱中,这部分雨水可用于洗衣服、做饭等。雨水分质水箱通过不同的管道连接到室内的用水设施,实现了对雨水资源分质利用,做到了雨水资源的多用途利用。

3. 有益效果

雨水收集分质利用可最大限度地利用雨水资源,这种系统可以设置为单体建筑的分散式系统,也可在建筑群体或小区中集中设置,合理利用雨水资源,可节约水资源,减轻城市排水设施的负担。雨水经过处理后回用,可起到减少自来水用水量,降低城市引水、净水费用的作用。经净化后的雨水可用于冲洗厕所、洗衣服、饮用等多种用途。不仅具有显著的节水效益,还具有显著的社会效益和环境效益。

利用地面、屋顶作为集雨面充分地收集雨水,并根据雨水的应用途径以及对水质的不同要求,选择相应的处理技术,扩大了雨水的使用范围,使雨水资源得到了充分利用,对雨水资源的收集利用具有非常重要的意义。

4. 实施方式

对地面集雨面进行压实或硬化处理,雨水过滤池、储水池用砖砌成并用混凝土抹面,

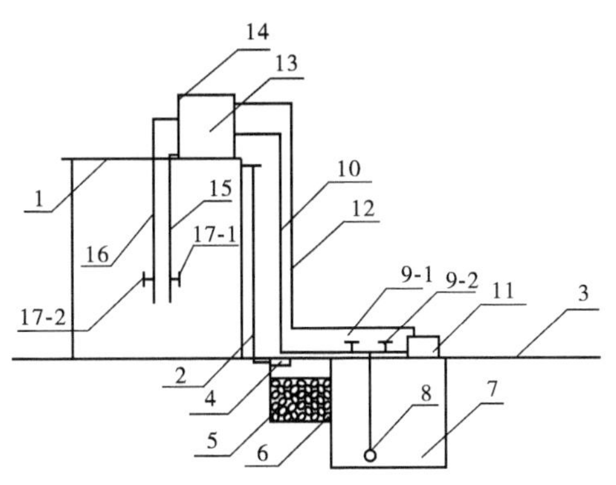

1—屋顶集雨面;2—屋顶集雨管道;3—地面集雨面;4—栅网;5—过滤池;6—过水孔;7—储水池;8—提水装置;
9-1、9-2—阀门;10—连接管道;11—超滤消毒箱;11、12—管道;13—雨水分质水箱;14—分质水箱出水口
15、16—用水管道;17-1、17-2—分质水箱阀门

图 14-14　雨水收集利用装置

雨水过滤池顶部的栅网由于是用于过滤树叶、树枝等大的杂物,栅网的网格设置得大一些即可,雨水过滤池中的过滤材料采用无烟煤滤料、石英砂滤料及细碎的砂砾,当采用两种以上的过滤材料时,各层滤料之间应利用无纺布隔开,达到分层过滤,同时也方便了清洗。雨水过滤池下部设置的过水孔可以是方孔,也可以是圆孔,并用纱网与底层的滤料隔开;超滤消毒箱由超滤膜组件组成,当使用时,放入氯片作为消毒剂。一般过滤水水箱和日常用水水箱可以设置成一体的,如设置成一体,中间要隔开,也可以采用两个水箱的形式,一般过滤水水箱和日常用水水箱的下部分别用带有阀门的管道连接到室内的用水设施。

14.2.3.6　雨水收集渗透回灌系统

1. 背景技术

近年来,由于地下水的集中开采,使地下水水量急剧减少,地下水位逐年降低,沉降漏斗范围不断扩大,地质结构也发生了显著变化,不少地区甚至出现了严重的地面沉降和断裂带。地面沉降造成城市排污、防洪效能降低,建筑物开裂等。城市区域硬地化也改变了自然水循环的方式,使自然循环形成的地下水量大大减少。所以,应采取有效措施,利用雨水进行合理的地下回灌。雨水回灌是一种雨水利用技术,是合理利用和管理雨水资源,改善生态环境的有效方法之一。将雨水回灌地下,可减少雨水径流量,补充涵养地下水资源,改善生态环境,缓解地面沉降,减少水涝和水体污染等。

2. 解决方案

雨水收集渗透回灌系统采用浅阔型的沉淀过滤池,方便清理。沉淀过滤池中的过滤材料采用砾石和粗砂,为避免雨水径流中的枝叶等杂物进入沉淀过滤池,在沉淀过滤池进水口设置雨水箅。在沉淀过滤池下部设置宽浅沟连接梅花形布设的渗透回灌井,在宽浅沟底部铺设过滤层,使其水流以低流速通过,达到二次沉淀的目的。渗透回灌井采用无砂混凝土滤水管或大口径 PVC 开孔塑料管。

雨水收集渗透回灌系统在地面以下设置浅阔型的沉淀过滤池,以梅花形布置的无砂混凝土滤水管或大口径 PVC 开孔塑料管渗透回灌井,连接沉淀过滤池和渗透回灌井的宽浅沟。当汇集的雨水径流经过雨水箅进入沉淀过滤池,经过沉淀过滤后的雨水经沉淀过滤池下部设置的连接渗透回灌井的宽浅沟，进入渗透回灌井中，而后经过渗透回灌井井壁周围的孔隙渗透回灌到地下，达到补充地下水的目的。

雨水收集渗透回灌系统由沉淀过滤池、渗透回灌井、连接沉淀过滤池和渗透回灌井的矩形沟道和过滤层组成(见图 14-15)。沉淀过滤池为方形，深度浅，沉淀过滤池的进水口处设置雨水箅，进水口设置在沉淀过滤池的上部，下部设置有出水口，出水口设置条缝过滤片。渗透回灌井的井管采用大口径无砂混凝土滤水管或大口径 PVC 开孔塑料管，渗透回灌井的井底深度应距地下水位有一定的距离。无砂混凝土滤水管或 PVC 开孔塑料管的孔隙率或开孔率应尽量大，一般孔隙率或开孔率为 20% ~30%。矩形浅沟连接沉淀过滤池和渗透回灌井，沟壁用混凝土衬砌，在宽浅沟底部铺设过滤层，使其水流以低流速通过，达到二次沉淀的目的。沉淀过滤池和矩形浅沟中铺设的过滤材料为砾石或粗砂。渗透回灌井采用梅花形布置。

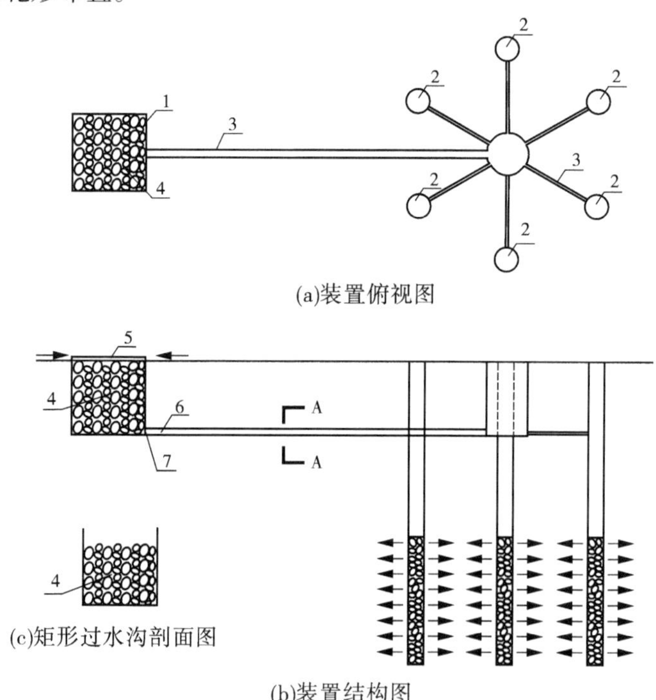

1—沉淀过滤池；2—渗透回灌井；3—矩形沟道；4—过滤层；5—雨水箅；6—出水口；7—条缝过滤片

图 14-15

3. 有益效果

使用各种人工设施强化雨水渗透，使更多雨水渗入地下以涵养地下水，是地下水得到快速补充的一个有效途径。利用雨水进行回灌能取得多方面的有益效果：一是涵养地下水。利用雨水渗透和储留能够适当提高地下水位，补充地下水的涵养量，有效控制海水入侵、地面沉降等，保护生态环境。二是减轻城市排水系统压力。将雨水就地收集、就地利用或下渗后回补地下水，可有效地减小城市的雨水径流量，从总量上减少排入市政管网的水量，节省工程投资，还可以延滞汇流时间，减轻城市防洪压力，防止因城市排涝设施不足而导致的城市洪涝灾害的发生，减少防洪投资和洪灾损失。三是改善区域生态环境，将雨水就地收集回补地下水，可维持河川、湖泊水量，有效改善区域生态环境。

4. 具体实施方式

过滤池为浅阔型，沉淀过滤池的进水口处设置雨水箅，进水口设置在沉淀过滤池的上部，下部设置有出水口，出水口设置条缝过滤片，沉淀过滤池不宜过深，目的是便于清洗和更换其中的过滤材料，渗透回灌井采用大口径无砂混凝土滤水管或大口径 PVC 开孔塑料管，井底的深度应距地下水位有一定的距离，目的是让回灌水经过一定厚度的土层再补充到地下水中，使回灌水在经过土层中得到再一次的过滤，保证回灌水的进一步净化。渗透回灌井采用梅花形状布置。连接沉淀过滤池和渗透回灌井的宽浅沟沟壁用混凝土衬砌，在宽浅沟底部铺设砾石或粗砂过滤层，使其水流以低流速通过，达到二次沉淀。当雨水产生的径流汇集到沉淀过滤池中后，经过沉淀过滤，由连接沉淀过滤池和渗透回灌井的宽浅沟进入各回灌渗透井中，再通过渗透回灌井井壁的孔隙进入土层中，最后经过土层补充到地下水中。

参考文献

[1] 河南省统计局.河南统计年鉴[M].北京:中国统计出版社,2015.
[2] 河南省水资源编纂委员会.河南省水资源[M].郑州:黄河水利出版社,2005.
[3] 河南省水利厅.河南省水资源公报,2014.
[4] 河南省水利厅.河南省水资源公报,2015.
[5] 杜华民.河南省水资源承载力评价[J].南北水调与水利科技,2014,12(6):58-62.
[6] 张吉献,李敏纳,宋绪钦.河南省水资源承载力评价研究[J].地域研究与开发,2005,24(2):121-124.
[7] 黄洁.中原城市群资源环境承载力分析[D].武汉:华中师范大学,2014.
[8] 祝稳,赵锐锋,谢作轮.基于水足迹理论的河南省水资源利用评价[J].水土保持研究,2015,22(1):293-304.
[9] 冯峰,靳晓颖,谢秋皓.区域水资源可持续发展能力的模糊可变评价[J].人民黄河,2017,39(3):45-54.
[10] 朱光亚,邵坚,等.河南省引黄灌区水资源承载力浅析[J].灌溉排水学报,2007,26(4):27-28.
[11] 河南省水利厅.河南省水资源综合利用规划[G].2016.
[12] 焦士兴,王腊春,等.基于集对分析原理和熵权理论的水资源安全评价——以河南省安阳市为例[J].安全与环境学报,2011,11(6):92-97.
[13] 焦士兴.安阳市现状水资源承载力研究[J].水资源保护,2007,23(2):47-69.
[14] 焦士兴.安阳市理论条件下的水资源承载力研究[J].节水灌溉,2005(5):11-14.
[15] 郝安林,杨铭.加强安阳市水资源的利用和保护[J].安阳大学学报:16-20.
[16] 方樟,马喆,等.河南省安阳市平原区地下水控制性管理水位研究[J].水利学报,2014,45(10):1205-1213.
[17] 杜光华.试论安阳市水资源的可持续利用[J].安阳师范学院学报,2005(5):146-147.
[18] 赵春魁.鹤壁市水资源开发利用中的问题及解决措施[J].河南水利,1999(4):15.
[19] 李文忠,马志林,等.焦作市水资源的优化配置研究[J].长江科学院院报,2014,31(6):12-17.
[20] 官楠,齐永安,王长征.焦作市水资源承载指数的计算与分析评价[J].工业安全与环境,2006,32(4):46-47.
[21] 刘硕勋,王丹.焦作市水资源评价及需水量预测[J].河南水利与南北水调,2013(18):30-31.
[22] 孙红霞.南北水调与焦作市水资源的可持续利用[J].城市问题,2013(8):48-51.
[23] 冯峰,贾洪涛,等.基于二元模式和多重赋权的开封市水资源承载力评价研究[J].黄河水利职业技术学院学报,2016,28(2):15-21.
[24] 马震,马绍君,梁红伟.开封市水资源现状和引黄用水分析及对策[J].水电与新能源,2016,140:47-60.
[25] 洪林,李明罡,李远华.开封市水资源利用平衡分析[J].中国农村水利水电,2006(3):16-18.
[26] 赵志贡,荣晓明,马绍君.开封市水资源供需分析及可持续利用策略[J].中国农村水利水电,2005(1):52-54.
[27] 赵军凯,李九发,等.基于熵模型的城市水资源承载力研究——以开封市为例[J].自然资源学报,2009,24(11):1944-1951.
[28] 韩鹏飞,刘超.开封市水资源承载能力的模糊综合评价[J].人民黄河,2008,30(2):45-49.

[29] 刘芳芳,童彤,高志旭.漯河市水资源可持续发展问题对策[J].河南水利与南北水调,2009(10):33-34.

[30] 聂卫杰.漯河市水资源承载力分析[J].河南水利与南北水调,2014(7):60-61.

[31] 朱自慎.漯河市水资源管理现状与建议[J].地下水,1999,21(3):116-117.

[32] 雷勤明,宋少磊,艾孝玲.漯河市水资源开发利用现状与对策[J].地下水,2004,26(1):63-64.

[33] 张占江,李吉玫,等.阿克苏河流域水资源承载力模糊综合评价[J].干旱区资源与环境,2008,22(7):138-143.

[34] 戴明宏,王腊春,汤淏.基于多层次模糊综合评价模型的喀斯特地区水资源承载力研究[J].水土保持通报,2016,36(1):151-156.

[35] 杨秋林.基于模糊综合评价的水资源承载力分析[J].国土与自然资源研究,2009(3):65-66.

[36] 张晓鹏,张鑫.基于模糊综合评价法的区域水资源承载力研究[J].中国农村水利水电,2009(7):18-21.

[37] 段新光,栾芳芳.基于模糊综合评判的新疆水资源承载力评价[J].中国人口·资源与环境,2014,24(3):119-122.

[38] 戴明宏,王腊春,魏兴萍.基于熵权的模糊综合评价模型的广西水资源承载力空间分异研究[J].水土保持研究,2016,23(1):193-199.

[39] 周丽.模糊综合评价法在水资源承载力中的应用[J].浙江水利科技,2017(2):16-19.

[40] 徐菲.濮阳市用水现状及节水对策浅析[J].河南水利与南北水调,2013(12):16-17.

[41] 刘福义.水资源供需平衡分析法在区域水资源合理配置中的作用:以濮阳市为例[J].中国矿业,2014(23):112-115.

[42] 杨慧芳,徐菲.浅析濮阳市水资源现状及可持续利用技术措施[J].河南水利与南水北调,2014(18):3-5.

[43] 宰松梅,温季,等.河南省新乡市水资源承载力评价研究[J].水利学报,2011,42(7):783-788.

[44] 朱玉祥.新乡市水资源承载力研究[J].河南水利与南水北调,2012(9):9-10.

[45] 田炳占,宋建明.新乡市"十二五"规划水资源供需平衡分析[J].黑龙江水利科技,2012(9):217-218.

[46] 王振艳,鲍林林,陈增松.新乡市水资源现状分析及可持续利用策略研究[J].广东农业科学,2012(5):128-131.

[47] 周念清,杨硕,朱勍.承载指数与模糊识别评价许昌市水资源承载力[J].水资源保护,2014,30(6):25-30.

[48] 宋磊.加强郑州水资源保护建设节水型社会[J].河南水利与南水北调,2010(3):27-28.

[49] 李小萌.郑州市水资源承载力评价研究[D].开封:河南大学,2016.

[50] 高志慧,梁洁.郑州综合承载力探讨[J].2009(5):76-77.

[51] 张超,赵嵬,张春满.黄河郑州段水资源可持续利用研究[J].人民黄河,2008,30(3):42.

[52] 高传昌,谢虹.基于多目标动态规划的郑州水资源承载力研究[J].人民黄河,2009,31(4):55-56.

[53] 李喜娟,万永程,等.驻马店市节水型社会建设存在的问题及解决对策[J].水利科技与经济,2015,21(5):92-103.

[54] 徐军用.驻马店市水资源开发利用现状及保护对策研究[J].水利科技与经济,2014,20(4):55-58.

[55] 张玉顺,路振广,王敏,等.河南省农田灌溉水有效利用系数测算分析[J].中国农村水利水电,2017(1):9-12.

[56] 刘增进,张敏,等.基于神经网络的郑州市水资源可持续利用综合评价[J].中国农村水利水电,2008(12):55-62.

[57] 马书华. 许昌市水资源开发利用存在的问题及对策[J]. 河南水利与南北水调,2012(12):6-7.
[58] 张扬. 许昌市水资源开发利用现状及对策[J]. 河南水利与南北水调,2011(20):32-34.
[59] 赵轩府,李骚. 郑州市水资源发展分析[J]. 河南水利与南北水调,2011(14):16-17.
[60] 雷宏军,刘鑫,等. 郑州市水资源可持续利用的模糊综合评价[J]. 灌溉排水学报,2008,27(2):77-81.
[61] 李喜娟,万永程,等. 驻马店市节水型社会建设存在的问题及解决对策[J]. 水利科技与经济,2015,21(5):92-103.
[62] 康莉,魏佳,周园. 驻马店市水资源特点及治水对策分析[J]. 河南水利与南北水调,2013(13):39-40.
[63] 李贺丽,邱小如,徐文霞. 驻马店市水资源状况及问题分析[J]. 河南水利与南北水调,2009(3):19-20.
[64] 李玉璞,徐军用,等. 驻马店市城市水资源优化配置初探[J]. 地下水,2007,29(5):10-11.
[65] 许雪燕. 模糊综合评价模型的研究及应用[D]. 成都:西南石油大学,2011.
[66] 苏伟,刘景双,李方. BP 神经网络在水资源承载力预测中的应用[J]. 水利水电技术,2007,38(11):1-4.
[67] 韩胜娟. SPSS 聚类分析中数据无量纲化方法比较[J]. 科技广场,2008(3):229-231.
[68] 姚慧,郑新奇. 多元线性回归和 BP 神经网络预测水资源承载力——以济南市为例[J]. 资源开发与市场,2006,22(1):17-19.
[69] 穆广杰. 河南省水资源可持续利用指标体系构建[J]. 地域研究与开发,2011,30(5):135-142.
[70] 岳伟丽. 河南省引黄灌区井渠结合水资源优化配置研究[J]. 河南科技学院学报,2006,34(2):25-28.
[71] 李远远,刘光前. 基于 AHP－熵权法的煤矿生产物流安全评价[J]. 安全与环境学报,2015,15(3):29-33.
[72] 薛先贵,黎路. 基于 BP 神经网络的贵州水资源承载力评价研究[J]. 福建电脑,2015(8):8-9.
[73] 杨琳琳,李波,付奇. 基于 BP 神经网络模型的新疆水资源承载力情景分析[J]. 北京师范大学学报,2016,52(2):216-222.
[74] 王佩. 基于 FAHP 与熵权法水资源配置指标权重融合[J]. 水电能源科学,2015,33(1):20-22.
[75] 李帅,魏虹,等. 基于层次分析法和熵权法的宁夏城市人居环境质量评价[J]. 应用生态学报,2014,25(9):2700-2708.
[76] 郭晓英,陈兴伟,等. 基于粗糙集 BP 神经网络组合法的水资源承载力动态变化分析[J]. 河南水利与南北水调,2015,13(2):136-240.
[77] 张瑾,马良. 基于加权绝对值距离 Steiner 最优树的选址问题[J]. 数学的实践与认识,2008,38(16):80-84.
[78] 赵彦峰,李辉,高海燕. 基于加权欧氏距离法的设计模式分类研究[J]. 科技风,2009,12(18):19.
[79] 乔鞯鞯,吴成茂. 基于绝对值距离的图像阈值化分割新算法[J]. 计算机应用与软件,2010,27(8):259-262.
[80] 张志清,任慧,陈瑞. 基于欧氏距离法分析再生集料的性能差异[J]. 北京工业大学学报,2012,38(9):1321-1325.
[81] 毛毅钢. 基于熵权法的高校体育教师评价指标体系的建立[J]. 重庆理工大学学报,2015,29(1):150-154.
[82] 杨志超,张成龙,等. 基于熵权法的绝缘子污闪状态模糊综合评价[J]. 电力自动化设备,2014,34(4):90-94.
[83] 熊黑钢,付金花,王凯龙. 基于熵权法的新疆奇台绿洲水资源承载力评价研究[J]. 中国生态农业学报,2012,20(10):1382-1387.

[84] 刘树锋,陈俊合.基于神经网络理论的水资源承载力研究[J].资源科学,2007,29(1):99-105.
[85] 欧阳帆,董鸿瑜.基于无量纲化处理和模糊层次分析法的水上交通安全评价研究[J].中国水运,2013,7(2):44-45.
[86] 郝家友,陈生,张燕.绩效定量考核指标的选择及无量纲化处理方法[J].丹东纺专学报,1999,6(4):48-49.
[87] 魏敏兰,刘瑞元.加权绝对值距离及应用[J].宝鸡文理学院学报,2007,27(2):122-124.
[88] 李秀庆,谢占川,等.加权欧氏距离法对湟水河监测断面的水质综合评价[J].三峡环境与生态,2012,34(4):33-46.
[89] 李凡修,梅平,陈武.加权欧氏距离模型在水环境质量评价中的应用[J].环境保护科学,2004,30(121):58-66.
[90] 胡钟胜,陈晶波,等.模糊评判与欧氏距离法在烟叶化学成分评价中的应用[J].烟草化学,2012(11):33-37.
[91] 丁华,张志勇,潘绍明.欧氏距离法在电测深找水中应用的可行性探讨[J].物探与化探,2001,25(4):285-289.
[92] 许莉,赵嵩正,杨海光.水资源承载力的BP神经网络评价模型研究[J].计算机工程与应用,2008,44(8):217-219.
[93] 崔萌.水资源配置效果评价指标体系和模型研究[D].郑州:郑州大学,2005.
[94] 江文奇.无量纲化方法对属性权重影响的敏感性和方案保序性[J].系统工程与电子技术,2012,34(12):2520-2523.
[95] 李炳军,朱春阳,周杰.原始数据无量纲化处理对灰色关联序的影响[J].河南农业大学学报,2002,36(2):199-202.
[96] 陶洁,左其亭,等.中原城市群水资源承载力计算及分析[J].水资源与水工程学报,2011,22(6):56-61.
[97] 魏亚蕊.中原城市群水资源承载力分析与对策研究[D].开封:河南大学,2009.
[98] 杨霞,朱素芬,牛广伟.浅谈洹河蓄水工程对安阳市水资源的影响[J].水资源开发与管理,2015(2):12-20.
[99] 杨瑞娟.濮阳市水资源开发利用存在问题及对策[J].河南水利与南北水调,2010(8):225-226.
[100] 郭唯,左其亭,马军霞.河南省人口－水资源－经济和谐发展时空变化分析[J].资源科学,2015,37(11):2251-2260.
[101] 方相林,焦士兴,张喜旺.河南省水资源开发利用评价[J].地域研究与开发,2005,24(1):115-118.
[102] 张芳,潘国强,等.河南省水资源问题及节水型社会建设成效评价[J].中国农村水利水电,2011(3):62-65.
[103] 吴泽宁,高申,等.中原城市群水资源承载力调控措施及效果分析[J].人民黄河,2015,37(2):6-9.
[104] 陶洁,左其亭,等.中原城市群发展战略与水资源约束研究[J].中国水利,2011(21):20-23.
[105] 赵伶俐,王福平.宁夏引黄灌区智能节水灌溉模式与技术研究[J].节水灌溉,2015(12):93-95.
[106] 许迪,程先军,谢崇宝,等.田间节水灌溉新技术应用研究[J].节水灌溉,2001(4):7-11、20-43.
[107] 周春生,史海滨.节水灌溉技术研究综述[J].内蒙古农业大学学报(自然科学版),2009(4):314-320.
[108] 逢焕成.我国节水灌溉技术现状与发展趋势分析[J].中国土壤与肥料,2006(5):1-6.
[109] 朱美玲.田间农业高效用水核算与评价指标体系构建研究——基于高效节水技术应用[J].节水

灌溉,2012(12):54-57.

[110] 阳眉剑,吴深,于赢东,等.农业节水灌溉评价研究历程及展望[J].中国水利水电科学研究院学报,2016(3):210-218.

[111] 佘昌福.高效节水灌溉的发展现状与管理模式的探究[J].吉林水利,2004(11):14-16.

[112] 孟夏.节水灌溉适宜技术选择方法研究[D].济南:山东农业大学,2008.

[113] 杨旭,曾赛星,王蔚斌,等.节水灌溉综合评价指标体系与量化方法[J].黑龙江水利科技,2005(4):27-28.

[114] 李俊利,张俊飚.农户采用节水灌溉技术的影响因素分析——来自河南省的实证调查[J].中国科技论坛,2011(8):141-145.

[115] 白丹,王新.区域农业节水最优规划数学模型及应用[J].黑龙江大学工程学报,2010(4):40-44.

[116] 黄修桥.灌溉用水需求分析与节水灌溉发展研究[D].杨凌:西北农林科技大学.2005.

[117] 李英能.对节水灌溉工程规划若干问题的探讨[J].水利规划与设计,2005(3):1-5.

[118] 邱象玉,王福军.滴灌系统 CAD 管网布置模型及应用[J].农业工程学报,2008,24(8):10-14.

[119] Graham H , Peter IRRICAD-computerized irrigation design [J]. irrigation and Drainage Division of the ASCE ,1993 ,1(3):835-841.

[120] Sohag M A , Mahessar A A. Irrigation network regulation through CAD system [J]. Proceedings of 1st International Conference on Information and Communication Technomology, ICICT 2005,5(1):170-175.

[121] 严雷,罗金耀,陈大雕.管道式喷灌系统 CAD 软件的研究[J].节水灌溉,2001(3):11-12.

[122] 张学锋,何浩,王福军,等.图形开发技术在喷灌 CAD 中的应用[J].节水灌溉,2003(4):53-57.

[123] 何新林.刘华梅,等.计算机辅助设计在大田棉花喷灌设计中的应用[J].农业系统科学与综合研究,2004,(4):271-274.

[124] 欧建锋,金兆森.微灌工程规划设计专家系统的研究[J].扬州大学学报(自然科学版),2002,(1):62-66.

[125] 郑文刚,赵春江,王纪华.滴灌系统辅助设计中材料表的自动产生[J].节水灌溉,2003(5):19-20.

[126] S. K. Jain, K. K. Singh, R. P. Singh. Microirrigation Lateral Design using Lateral Discharge Equation[J]. Journal of Irrigation and Drainage Engineering, Vol. 128, No. 2, April 1, 2002: 125-128.

[127] 山仑,康绍忠,吴普特.中国节水农业[M].北京:中国农业出版社,2003.

[128] 刘晓敏,王慧军.河北省农户采用小麦玉米微喷灌节水技术意愿及影响因素分析[J].节水灌溉,2015(12):73-76.

[129] 徐远军.微灌技术初探[J].农业科技与装备,2014(1):69-70.

[130] 代利峰.基于文献计量学的我国微灌技术发展阶段和特点分析[D].杨凌:西北农林科技大学,2016.

[131] 李援农,马孝义.节水灌溉新技术——喷灌、微灌技术(2)[J].农村实用工程技术,2002(12):13-15.

[132] 李茂稳.山地果树微喷灌系统设计[J].喷灌技术,1985(4):9-10.

[133] 李光永.世界微灌发展态势[J].节水灌溉,2001(1):24-27.

[134] 刘晓扬,杨路华,柴春岭,等.微喷头水量分布仿真及组合优化研究[J].节水灌溉,2016(3):24-26,30.

[135] 微灌灌水器 - 微喷头 SL/T 67. 3—1994[S].1994.

[136] 李琪.全国农村雨水集蓄利用系统及其发展[J].中国农村水利水电,2003(7):24-27, 1-3.

[137] 水利部农村水利司农水处.雨水集蓄利用技术与实践[M].北京:中国水利水电出版社,2001.